国家职业教育专业教学资源库配套教材
广东省“十四五”职业教育规划教材
职 业 教 育 课 程 改 革 创 新 教 材

电工工艺与安全技术实训

（修订版）

蔡幼君　主编

王亚妮　主审

科 学 出 版 社

北　京

内 容 简 介

本书以任务为导向，旨在培养服务于智能制造的新一代产业技术技能人才须掌握的电工工艺与安全技术的技能基本功。全书内容包括常用电工工具和安全用具的使用、常用电工仪表的使用、导线连接与绝缘恢复、配电箱（含电度表）电路的安装接线、简单照明电路的安装、家居综合照明电路的设计与安装、典型三相异步电动机控制线路的安装接线与调试、触电急救及电气火灾的扑救方法等。

本书内容注重实用性，强化价值引领，增强学生的社会担当意识、安全意识、环境意识、质量意识及创新精神和工匠精神，既有图文详解，又有视频示范，可作为高等职业教育工科类各专业的电工实训、电工工艺与安全技术实训等实践性课程的教学用书，也可作为企业新入职员工电工技能操作的岗前培训教材，还可供电工作业爱好者、电工特种作业考证培训人员自学使用。

图书在版编目（CIP）数据

电工工艺与安全技术实训 / 蔡幼君主编．—北京：科学出版社，2022.3（2024.12 修订）

ISBN 978-7-03-070256-2

Ⅰ．①电…　Ⅱ．①蔡…　Ⅲ．①电工技术－高等职业教育－教材　②电工－安全技术－高等职业教育－教材　Ⅳ．① TM

中国版本图书馆 CIP 数据核字（2021）第 215724 号

责任编辑：孙露露　王会明 / 责任校对：王万红

责任印制：吕春珉 / 封面设计：东方人华平面设计部

科学出版社 出版

北京东黄城根北街 16 号

邮政编码：100717

http://www.sciencep.com

北京中科印刷有限公司印刷

科学出版社发行　各地新华书店经销

*

2022 年 3 月第 一 版　开本：787×1092　1/16

2024 年 12 月第四次印刷　印张：14

字数：331 000

定价：56.00 元

（如有印装质量问题，我社负责调换）

销售部电话 010-62136230　编辑部电话 010-62135397-2010

前　言

“电工工艺与安全技术实训（电工实训）”是高等职业教育工科类相关专业的重要专业课程，电工工艺与安全技术的技能操作是从事装备制造、电子信息、轨道交通、电气工程等行业相关的专业技术技能人员所必须掌握的技能基本功。本书是国家职业教育铁道供电技术专业教学资源库配套教材，以立德树人为根本任务，根据国家“双高计划”铁道供电技术专业群对教材建设的新要求，及时吸收行业发展的新技术、新工艺，结合编者多年教学成果编写而成。

与同类教材相比，本书主要具有以下几个特色。

1. 落实立德树人根本任务，培养工匠精神

本书以习近平新时代中国特色社会主义思想为指导，坚持“为党育人、为国育才”的原则，要求学生按照项目任务的要求设计实施方案，按照节能、物尽其用的原则，规范实训材料的使用；按照 7S 管理原则，保持实训场地干净、整洁；要求团队协作完成工作任务，培养团队合作精神；工艺要求达到企业的生产标准，任务完成时需要测试相关的技术指标并测试工艺的规范性，如电动机控制线路的布线必须做到横平竖直，导线连接的接线头的长度等必须符合规范，树立注重细节、注重安全、保证质量的职业意识，培养学生精益求精的工匠精神。

2. 校企“双元”合作共同编写，理念新颖

本书邀请行业一线专家参与项目选取和教材编写，以工作任务为导向，以强化安全、节能为价值引领，以培养工匠精神为主线，遵循由简单到复杂的学习规律，通过行业典型生产项目展开教学，使学生易学乐学。

3. 教材内容选取与职业岗位能力对接

选材对接“电工特种作业操作证”内容要求，以实际应用项目为载体，将课程的教学内容分解、重构为 9 个项目：项目 1 常用电工工具和安全用具的使用，项目 2 常用电工仪表的使用，项目 3 导线连接与绝缘恢复，项目 4 配电箱（含电度表）电路的安装接线，项目 5 简单照明电路的安装，项目 6 家居综合照明电路的设计与安装，项目 7 典型三相异步电动机控制线路的安装接线与调试，项目 8 触电急救，项目 9 电气火灾的扑救方法，并将每个项目拆分为若干学习任务，每个学习任务对应培养一项技能。学生通过完成所有学习任务，可以考取电工特种作业操作证。

4．教学方法以学生为中心

依据职业岗位工作过程，在教学设计方面，注重“以学生为中心”，引导学生在学习中将项目分解为若干个工作任务，创设“在完成工作任务中学习”的情境，实现“学中做”“做中学”，培养学生自主学习、探究学习的能力。教师根据学生填写的理论知识考核评价表和任务实施考核评价表给出最后的成绩，对学生职业岗位的工作能力和职业素养进行综合评价。

5．以教材为核心，形成立体化、移动式教学资源库

本书配套丰富的教学资源，为方便教师教学和学生自学，将电工作业的每一个知识点、技能点进行归类，制作了相关的微课视频。每一个视频针对一个特定的知识点、技能点，如工具类、仪表类等，方便查找。微课视频的长度控制在学生注意力能够比较集中的时间范围内，符合学生的身心发展特征。微课视频具有暂停、回放等功能，方便学生自我控制，有利于学生自主学习。微课视频可扫描书中的二维码观看；本书还配有教学课件，可到科学出版社网站（www.abook.cn）下载或联系编辑（邮箱：360603935@qq.com）索取。

本书由广州铁路职业技术学院蔡幼君高级实验师任主编，全国铁道供电专业教学指导委员会主任委员、广州铁路职业技术学院王亚妮教授任主审。参与本书编写的人员有广州铁路职业技术学院刘晓冰、谭海刚、潘伟、康利梅，广州地下铁道总公司运营事业部谭冬华高级工程师，中国南方电网有限责任公司广东电网有限责任公司东莞供电局涂智豪高级工程师，中国铁路广州局集团有限公司广州供电段侯赋亚高级工程师。其中，蔡幼君负责总体设计、统稿，以及项目2、项目8和项目9的编写；刘晓冰负责项目7的编写；谭海刚负责项目5和项目6的编写；潘伟负责项目1、项目3和项目4的编写；涂智豪、谭冬华提供企业安全生产规范及操作规程等技术资料；康利梅、侯赋亚负责收集信息，并为本书各个项目教学目标的设计、内容的安排、视频的制作等提出了很多宝贵意见；王亚妮为本书进行终审把关。

本书引用了大量的规范、专业文献和资料，恕未在本书中一一标明，在此对有关作者致以诚挚的谢意。

由于成书时间紧，书中难免存在一些不妥之处，真挚地希望广大读者对书中存在的缺点和疏漏提出批评和建议，以便在下一轮的修编时更正和完善，编者不胜感激。

目　录

项目 1

常用电工工具和安全用具的使用

任务 1.1 常用电工工具的使用

教学目标

知识目标

1）了解各种常用电工工具的作用、结构及规格。

2）熟知各种常用电工工具的使用注意事项。

能力目标

1）能够掌握各种常用电工工具的正确使用方法。

2）能够根据使用目的选用合适的电工工具。

素质目标

1）通过对工具使用前良好性能的检查，排查安全隐患，确保工具安全可靠，培养安全意识。

2）通过工具和材料的有序摆放，严格执行 7S 管理[①]，培养卫生整洁、工作有序的良好习惯。

任务描述

电工常用工具一般是指专业电工进行作业时经常使用的工具。电工工具质量的好坏、是否规范或使用方法是否正确，都将直接影响电气工程的施工质量及工作效率，甚至会造成生产事故和安全事故，危及施工人员的安全。因此，电气操作人员掌握电工常用工具的结构、性能和正确的使用方法，对提高工作效率和安全生产都具有重要的意义。电工常用工具有电工刀、螺丝刀、钢丝钳、剥线钳、尖嘴钳、斜口钳、电笔、活动扳手等。本任务主要训练学生正确使用常用电工工具。

本任务的重点：常用电工工具的正确使用。

本任务的难点：用尖嘴钳弯制线耳（线鼻子）。

① 7S 管理起源于日本，是指在生产现场对人员、机器、材料、方法、信息等生产要素进行有效管理，包括整理（seiri）、整顿（seiton）、清扫（seiso）、清洁（seiketsu）、素养（shitsuke）、安全（safety）和节约（save）。

任务实施

电工刀剥绝缘层（视频）

1. 电工刀的正确使用

电工刀是一种切削工具，主要用于剖削导线绝缘层、削制木榫、切割木台、裁割绝缘带等。

（1）电工刀剖削导线绝缘层的操作步骤

1）打开电工刀，左手持导线，右手握刀柄，刀口倾斜向外，如图 1.1 所示。

2）刀口以 45° 左右的角度倾斜切入绝缘层，当切至接近线芯时，即停止用力，如图 1.2 所示。

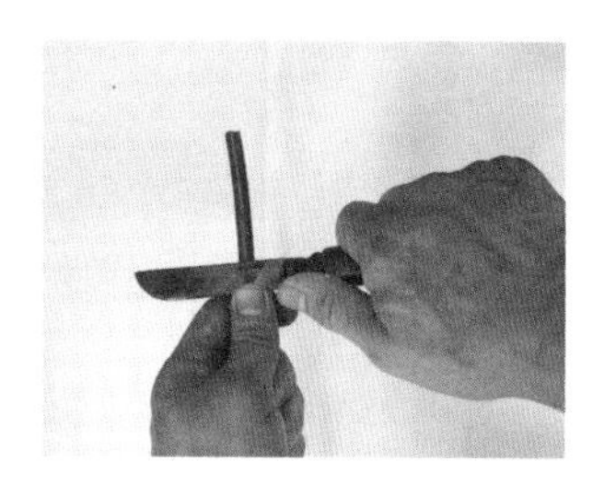

图 1.1　线头剖削步骤一

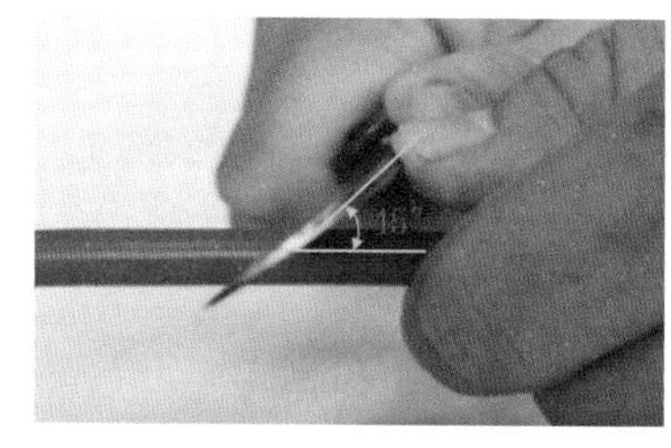

图 1.2　线头剖削步骤二

3）改变刀面的倾斜角度为 10° ～ 15°，沿着芯线表面向线头端部推削，如图 1.3 所示。

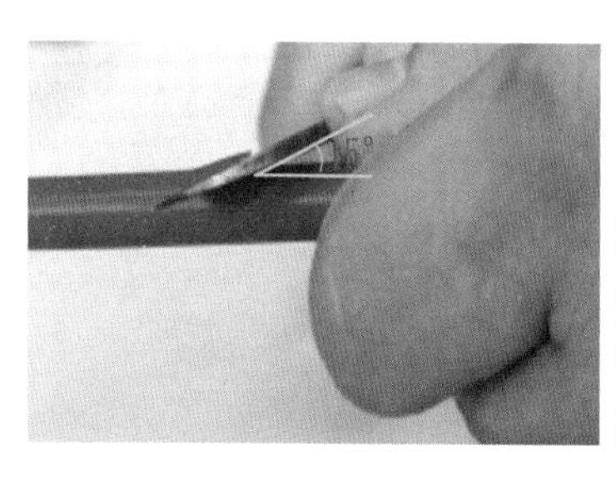

图 1.3　线头剖削步骤三

4）旋转导线，同时电工刀再次以 45° 左右的角度倾斜切入起始端绝缘层至接近线芯，最后把残存的绝缘层剥离线芯，如图 1.4 所示。

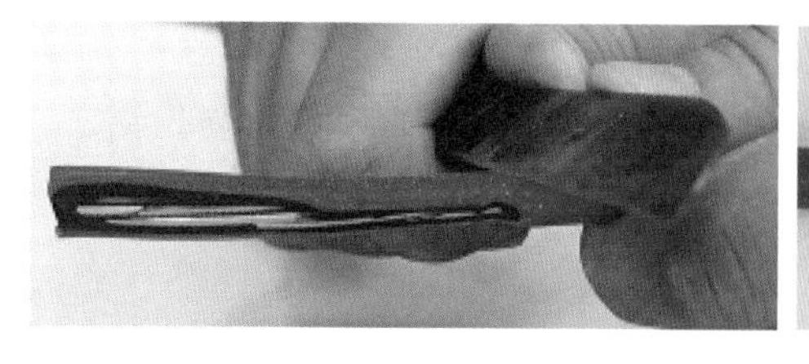

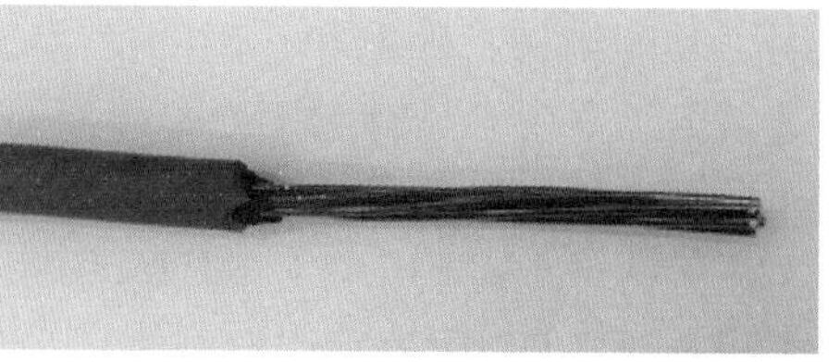

图 1.4　线头剖削步骤四

5）剖削完毕，必须将刀身折进刀柄内，然后与其他工具材料一起摆放整齐。

（2）电工刀使用注意事项

1）使用电工刀时，刀口必须朝外，同时前方不允许有人或者障碍物，以防用力过度时发生伤人伤己事故。

2）不得垂直切割导线绝缘层，刀片垂直剖削容易损伤线芯。

3）电工刀用完必须将刀身折进刀柄内，以防碰掉落地伤人。

4）电工刀的柄部无绝缘保护，不能带电作业，使用时应注意防止触电。

2. 螺丝刀的正确使用

螺丝刀的使用（视频）

螺丝刀主要用于旋紧和松开螺钉。

（1）螺丝刀旋紧和松开螺钉的操作方法

1）用螺丝刀的把柄顶部贴掌心，手指抓紧把柄，如图1.5所示。

2）将螺丝刀放进螺钉顶部的槽坑内，螺丝刀与螺钉顶部垂直，如图1.6所示。

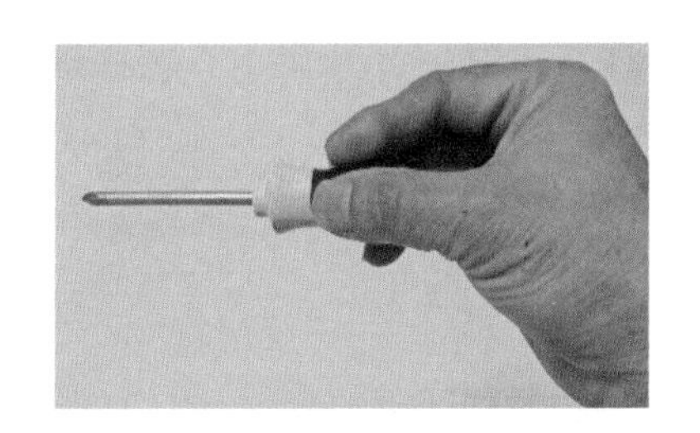

图1.5　螺丝刀的握法

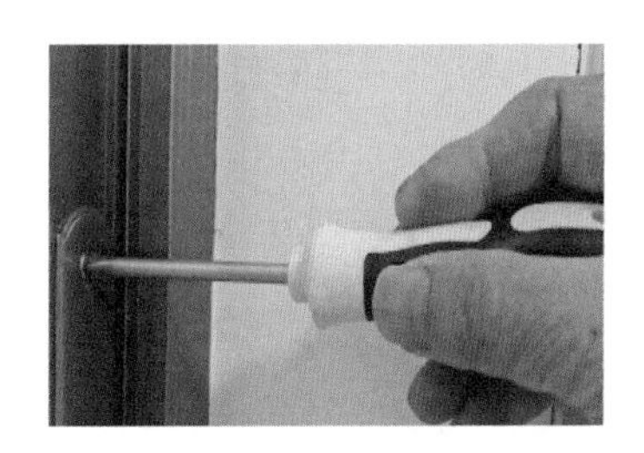

图1.6　螺丝刀与螺钉顶部垂直

3）旋紧螺钉时，掌心需给螺丝刀顶部加压，沿顺时针方向旋转。当感到有一定阻力时要放慢转动，感到阻力较大时要停止转动，检查螺钉是否拧紧。此时，如果加大力度转动，很有可能会扫掉螺纹，损坏螺钉。

4）松开螺钉时，掌心稍加压力，沿逆时针方向旋转即可。

（2）螺丝刀使用注意事项

1）使用螺丝刀紧固或拆卸带电的螺钉时，手不得触及螺丝刀金属杆，以免发生触电事故。

2）为了避免螺丝刀的金属杆触及皮肤或触及邻近带电体，应在金属杆上穿套绝缘管。

3）使用螺丝刀时，要选用合适的型号，不允许以大代小，以免损坏电器元件。

4）在旋转过程中，必须保持螺丝刀与螺钉顶部垂直。

3. 电工钢丝钳的正确使用

钢丝钳的使用（视频）

电工钢丝钳是用来剪切或夹持电线、金属丝和工件的常用工具。

（1）电工钢丝钳的操作方法

1）电工钢丝钳的握法如图1.7所示。五指分成拇指、中间三指和小指三部分。拇指和中间三指握钳柄，小指放在两钳柄之间。

2）松钳：手指放松，小指往外顶。

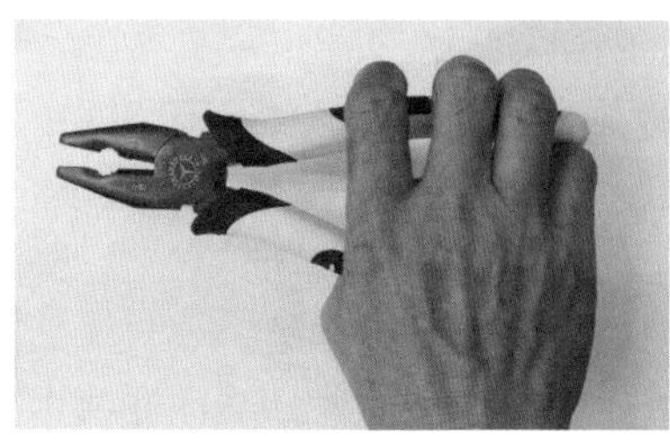
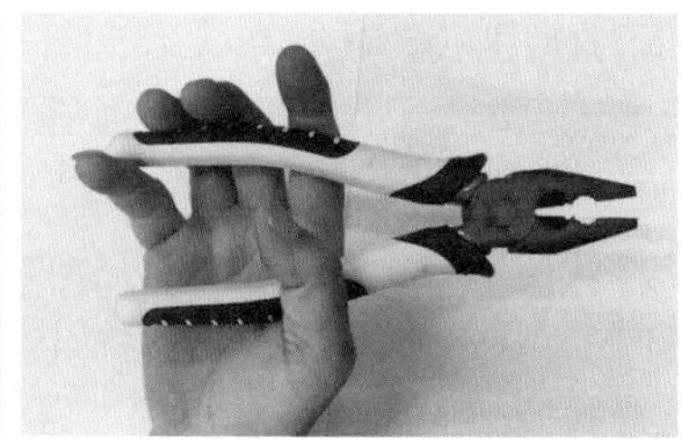

图 1.7　电工钢丝钳的握法

3）收钳：手指往掌心收紧。

（2）电工钢丝钳使用注意事项

1）带电操作时，首先要查看柄部绝缘是否良好，检查完好方可工作，以防触电。为保证安全，手离金属部分的距离应不小于 2cm。

2）用来剪切带电导线时，不得用刀口同时剪切相线和零线，以防发生短路事故。

3）握电工钢丝钳时，不能将食指放进两柄之间用于打开钳子，这样很容易夹伤食指。

4）不得用电工钢丝钳的钳头代替铁锤使用，以免损坏钢丝钳。

4. 剥线钳的正确使用

剥线钳适用于剥去塑料、橡胶绝缘电线的线头绝缘层。

（1）剥线钳剥绝缘电线线头绝缘层的操作方法

1）剥线钳的握法与电工钢丝钳的握法相同，但剥线钳的切口要对着自己，如图 1.8 所示。

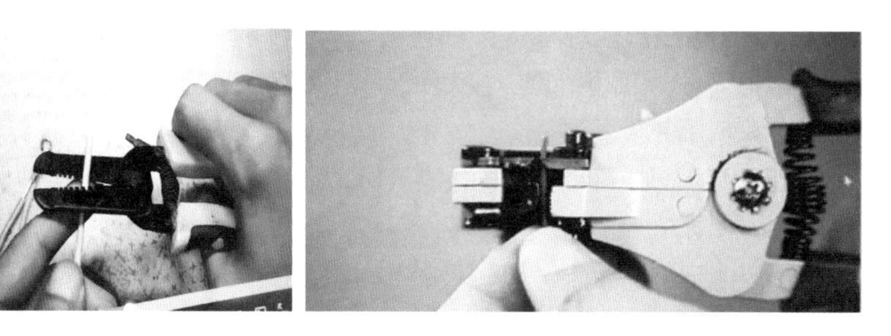

图 1.8　剥线钳剖削导线的操作

2）根据绝缘导线的粗细型号选择相应的剥线切口。

3）将绝缘导线放入选定的剥线切口，选择好要剥线的长度。

4）握住剥线钳手柄，将绝缘导线夹住，缓缓用力使导线绝缘层慢慢剥落。

5）松开剥线钳手柄，取出导线，这时导线金属整齐地露出，其余绝缘层完好无损。

（2）剥线钳使用注意事项

1）使用时应注意剥线钳切口的大小和电线的金属丝直径相对应。切口选大了会使绝缘层不易被剥下，切口选小了又会损伤或切断导线，甚至损坏剥线钳。

2）不允许把剥线钳当钢丝钳使用，以免损坏剥线钳。

3）带电操作时，首先要查看柄部绝缘是否良好，检查完好方可工作，以防触电。为保证安全，手离金属部分的距离应不小于 2cm。

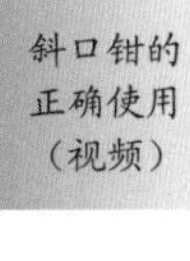

5. 斜口钳的正确使用

斜口钳主要用于切剪较细的金属丝，如电线、细铁丝等。

（1）斜口钳的操作方法

1）斜口钳的手握方法与钢丝钳相同，如图 1.9 所示。

2）松钳：手指放松，小指往外顶。

3）收钳：将导线放进斜口钳刀口，手指往掌心用力收紧，导线即可切断，如图 1.10 所示。

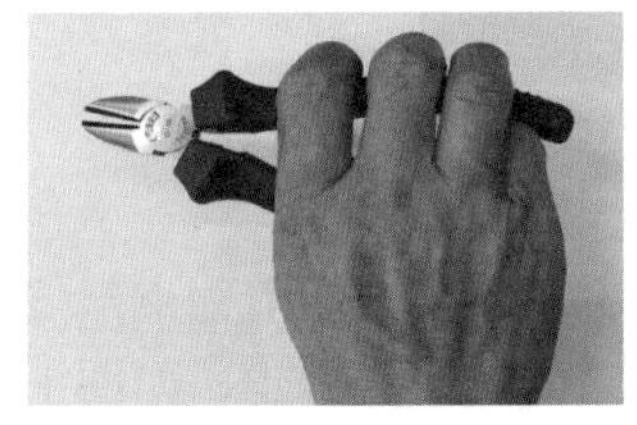
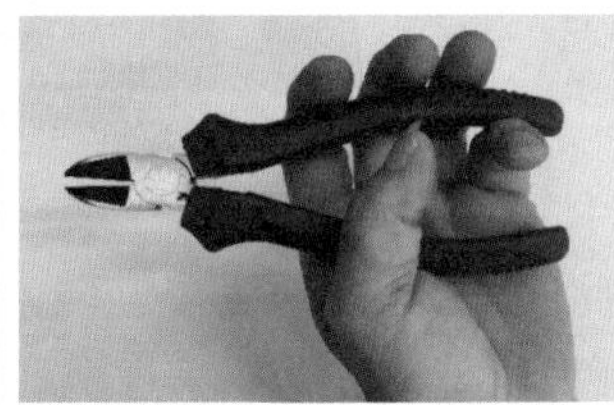

图 1.9　斜口钳的手握方法

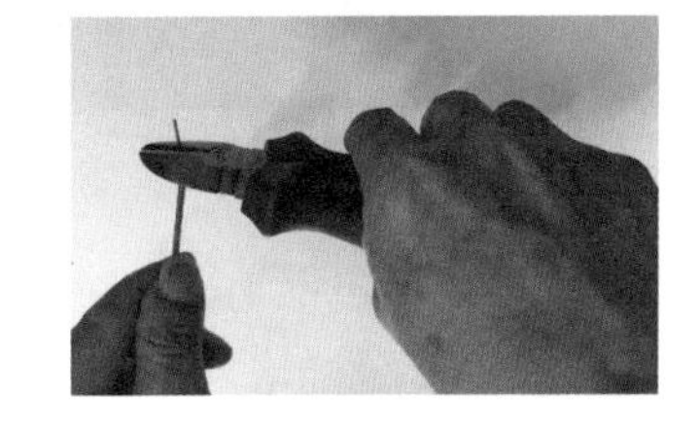

图 1.10　斜口钳切导线

（2）斜口钳使用注意事项

1）不能夹持导线，因为它没有夹持能力，会损伤导线。

2）剪切的金属丝不能过于粗大，以免损坏斜口钳。

3）带电操作时，首先要查看柄部绝缘是否良好，检查完好方可工作，以防触电。为保证安全，手离金属部分的距离应不小于 2cm。

尖嘴钳的正确使用（视频）

6. 尖嘴钳的正确使用

尖嘴钳主要用于剪断细小的导线、金属丝以及夹持较小的螺钉、垫圈、导线，也可用于将单股导线端头弯成线耳（线鼻子）。

（1）尖嘴钳的操作方法

1）尖嘴钳的握法与钢丝钳相同，如图 1.11 所示。

2）松钳：手指放松，小指往外顶。

3）收钳：将导线放进尖嘴钳刀口，手指往掌心用力收紧，导线即可切断，如图 1.12 所示。

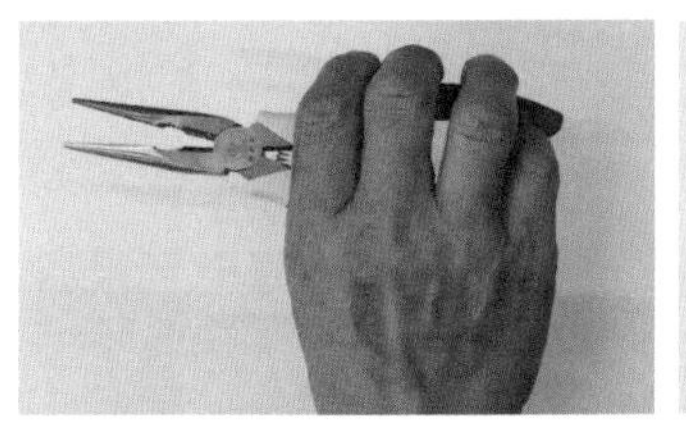
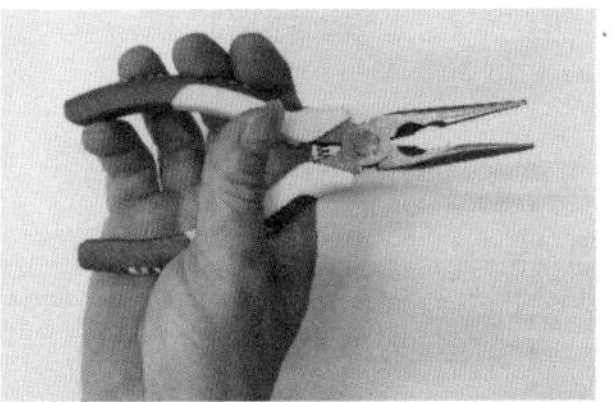

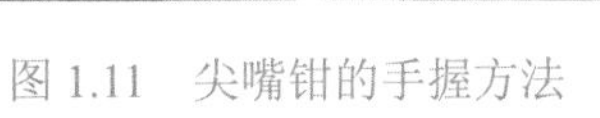

图 1.11　尖嘴钳的手握方法

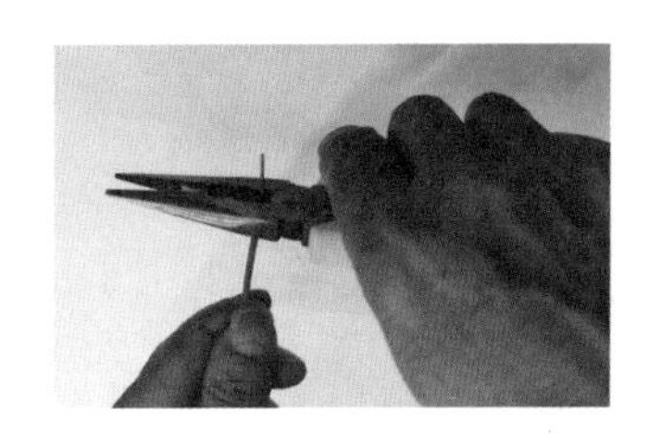

图 1.12　尖嘴钳切导线

（2）线耳（线鼻子）的制作步骤

1）根据螺栓直径 D 的大小剥导线线芯长度，通常为 $(3 \sim 5)+1.2\pi D$mm，然后在距绝缘层 3 ～ 5mm 处用尖嘴钳弯折 90°，如图 1.13 所示。

2）右手正确握尖嘴钳，手腕沿逆时针方向转 90°，打开尖嘴钳，嘴尖夹紧线芯端头，如图 1.14 所示。

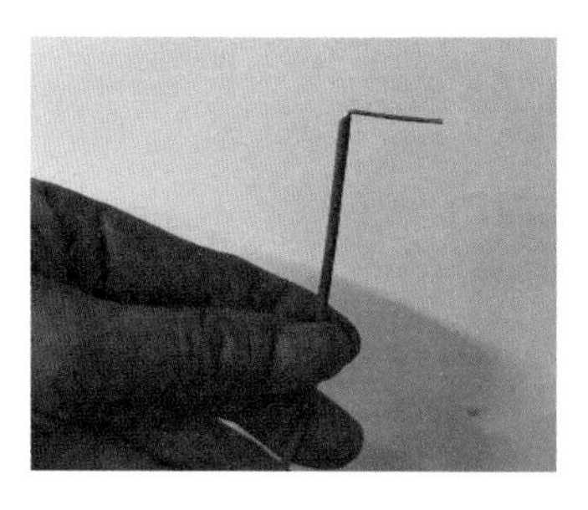

图 1.13　线耳制作步骤一

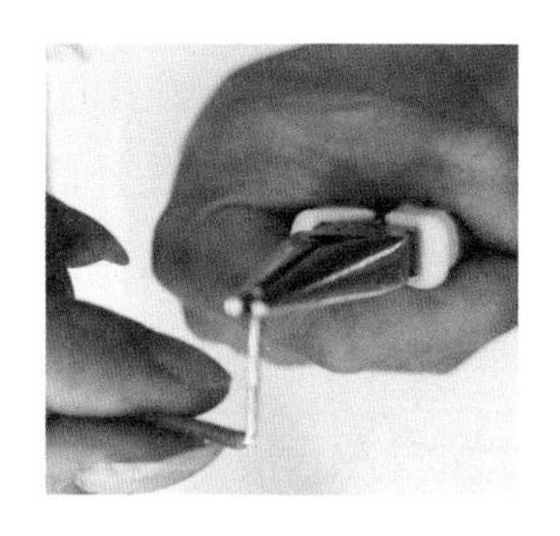

图 1.14　线耳制作步骤二

3）左手固定不动，右手手腕沿顺时针方向缓慢旋转，并将旋转力矩着力点从线芯弯折处开始，缓慢地向线芯端头移动，弯曲线芯，直至弯到线芯端头为止，如图 1.15 所示。

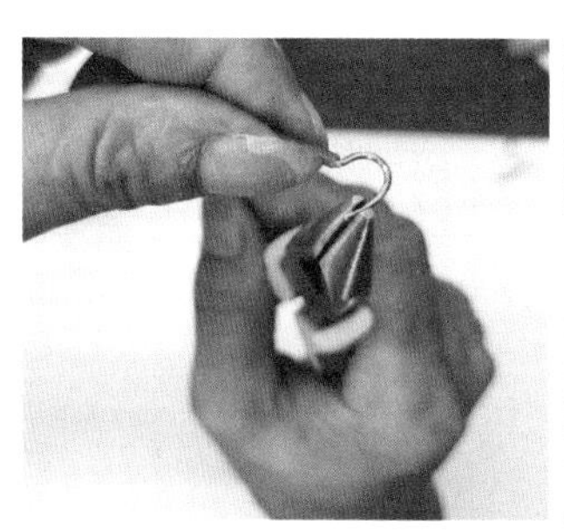

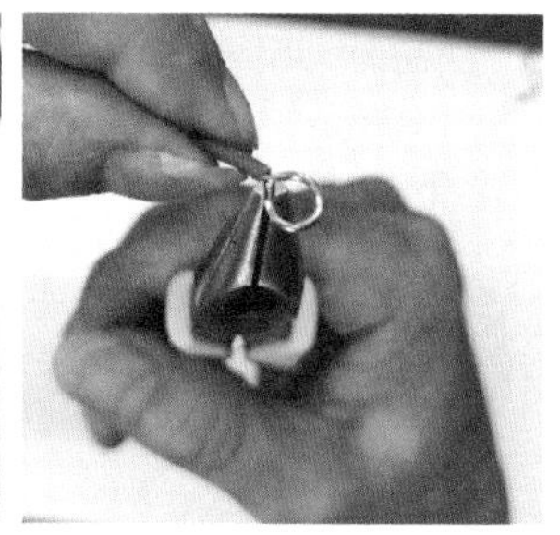

图 1.15　线耳制作步骤三

4）线耳修整：如果线耳不够圆，可用尖嘴钳的嘴尖夹着线芯进行局部修整，使线耳更加圆滑。如果线耳太大，可用斜口钳剪去线芯端头一小段，再用尖嘴钳修整。

（3）尖嘴钳使用注意事项

1）使用时，不能剪切 2mm 直径以上的金属丝。

2）用于弯绕金属丝时，直径不宜过大；否则，尖嘴部分容易折断。

3）带电操作时，首先要检查把柄上的绝缘是否良好，检查完好才能工作，以防触电。为保证安全，手离金属部分的距离应不小于 2cm。

7. 电笔的正确使用

电笔主要用于检验低压电线、电器及电气装置是否带电。任何电气设备未经验电，一律视为有电，不得用手触摸。

（1）使用电笔检验 220V 插座是否带电的操作方法

1）电笔的握法。如图 1.16 所示，钢笔式握法时，掌心必须与笔尾金属体（帽）接触。螺丝刀式握法时，食指必须与笔尾金属体（帽）接触。

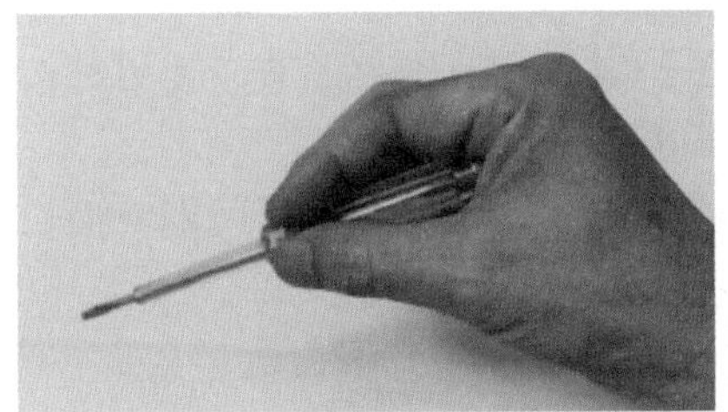
（a）钢笔式握法

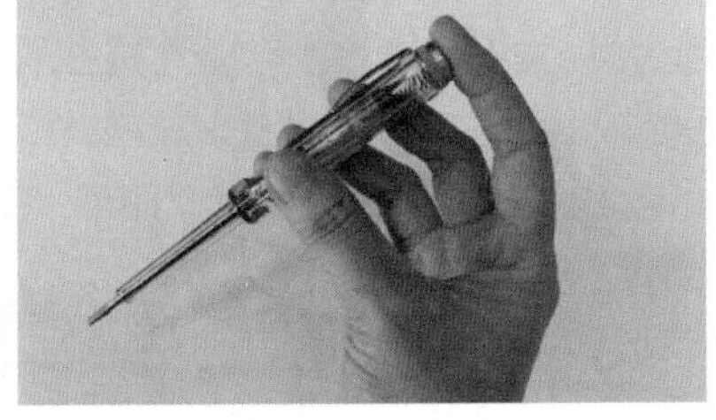
（b）螺丝刀式握法

图 1.16 电笔的正确握法

2）检查。穿绝缘鞋，检查电笔外表有无损坏、有无缺元件，检查完好后，到确认带电的电气设备或线路上检测电笔，验明良好，方可使用。

3）检测。根据被测对象高度、环境灵活选用电笔握法，垂直接触被测对象，并保证电笔与设备或线路接触良好。

（2）电笔使用注意事项

1）使用前，必须对电笔进行检查，并到确认带电的带电体上验明良好，方可使用。

2）使用电笔时，必须穿绝缘鞋。

3）在明亮光线下测试时，应注意避光仔细测试。

4）测量线路或电气设备是否带电时，如果电笔氖胆不亮，应多测 2 ～ 3 次，以防误测。

8. 活动扳手的正确使用

活动扳手主要用于紧固和松开正方形、六角形螺钉以及各种螺母。

（1）活动扳手紧固和松开螺母的操作方法

1）沿顺时针方向紧固螺母时，扳口套入螺母后，要让扳手的开口线与螺母的六角边平行，活动扳唇、蜗轮、呆扳唇要沿顺时针方向排列，不要把扳手放在螺母的 6 个角上就开始使用，会损坏部件，如图 1.17 所示。

2）沿逆时针方向松开螺母时，刚好相反，扳口套入螺母后，活动扳唇、蜗轮、呆扳唇要沿逆时针方向排列。

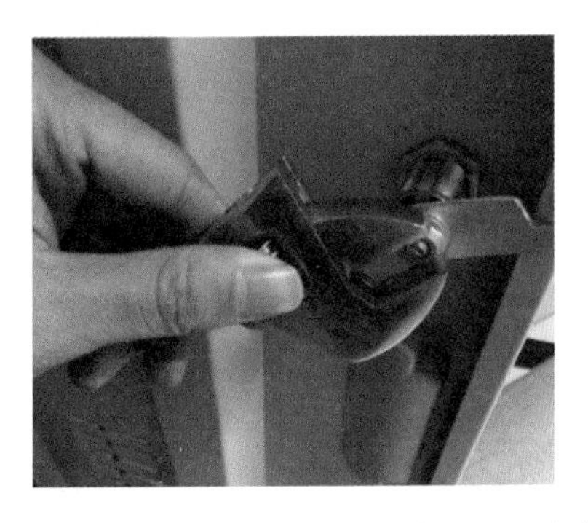

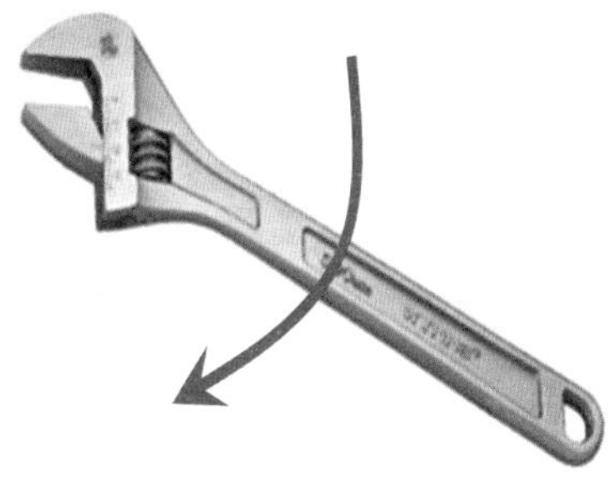

图 1.17 活动扳手的使用

（2）活动扳手使用注意事项

1）活动扳手不可反用，以免损坏活动扳唇。

2）活动扳手的开口尺寸可以通过蜗杆在一定尺寸范围内调节，使用时按照要拧部件的尺寸调整扳手的钳口，使钳口与部件无间隙，防止打滑而损坏部件。

3）扳动大螺母时，需要较大力矩，手应握在手柄尾部，不可用钢管接长来施加较大的扳拧力矩。

4）扳动较小螺母时，需要力矩不大，但螺母过小易打滑，故手应握在手柄根部，拇指可随时调节蜗轮，收紧活动扳唇防止打滑。

5）不能把活动扳手当撬棒或手锤使用。

相关知识

常用电工工具简介如下。

1. 电工刀

电工刀有普通型和多用型两种，按刀片长度分有大、小号，大号长 112mm，小号长 88mm。普通型电工刀主要由刀挂、刀把、刀片及刀刃构成，如图 1.18（a）所示。多用型电工刀还有锯片、铁锥、一字起子等，如图 1.18（b）所示。

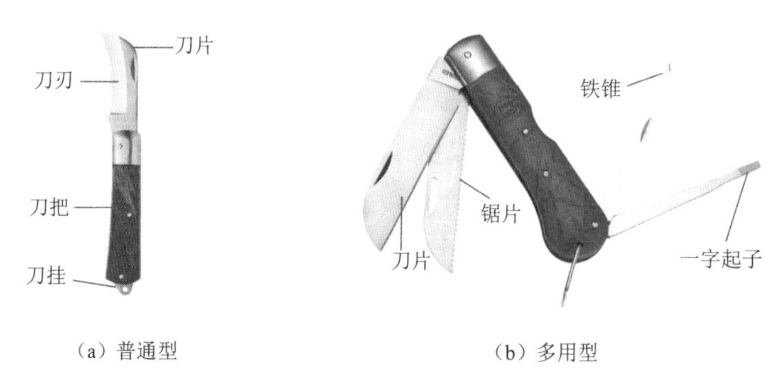

（a）普通型　　（b）多用型

图 1.18　电工刀

2. 螺丝刀

螺丝刀（又称起子）有木柄和塑料柄两种，按头部形状的不同可分为一字形和十字形（俗称一字批和十字批），如图 1.19 所示。按柄部以外刀体长度的毫米数来分，常有 75mm、100mm、150mm、200mm、300mm 和 400mm 6 种规格。

（a）一字形螺丝刀　　（b）十字形螺丝刀

图 1.19　螺丝刀

3. 电工钢丝钳

电工钢丝钳的构造如图 1.20 所示，其规格用钢丝钳总长的毫米数表示，常用的有 150mm、175mm 和 200mm 3 种规格。

1）钳柄套有绝缘套（耐压 500V），可用于适当的带电作业。

2）钳口可用来绞绕电线的自缠连接或弯曲芯线、钳夹线头。

3）齿口可旋动有六角小型螺母。

4）刀口可剪断电线或拨铁钉，也可剖削软导线绝缘层。

5）侧口用来切钢丝、导线线芯等较硬金属。

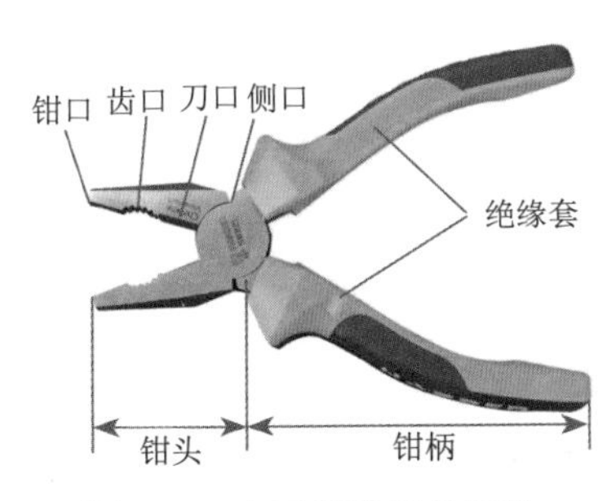

图 1.20 电工钢丝钳的构造

4. 剥线钳

剥线钳有专用剥线钳和简易剥线钳两种，其柄部均套有绝缘管（500V），可带电剖剥导线的绝缘层，如图 1.21 所示。常用的有 140mm、160mm 和 180mm（均指长度）3 种规格。

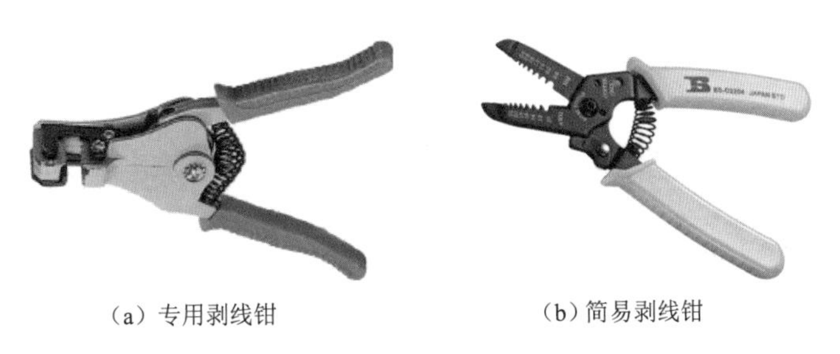

（a）专用剥线钳　　（b）简易剥线钳

图 1.21 剥线钳

5. 斜口钳

斜口钳有圆弧形的钳头和上翘的刀口，其柄部套有绝缘管（500V），可进行带电作业，如图 1.22 所示。斜口钳按长度分为 130mm、160mm、180mm 和 200mm 4 种规格。

6. 尖嘴钳

尖嘴钳的头部尖细，有细齿，适用于在狭小的工作空间操作，柄部套有绝缘管（耐压 500V），可带电作业，如图 1.23 所示。尖嘴钳按长度分为 130mm、160mm、180mm 和 200mm 4 种规格。

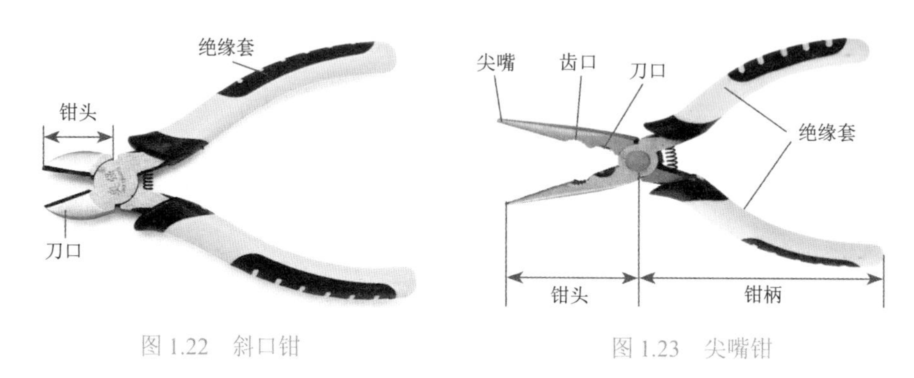

图 1.22　斜口钳　　图 1.23　尖嘴钳

7. 电笔

常见的电笔有钢笔式、螺丝刀式和电子数字式 3 种，如图 1.24 所示。

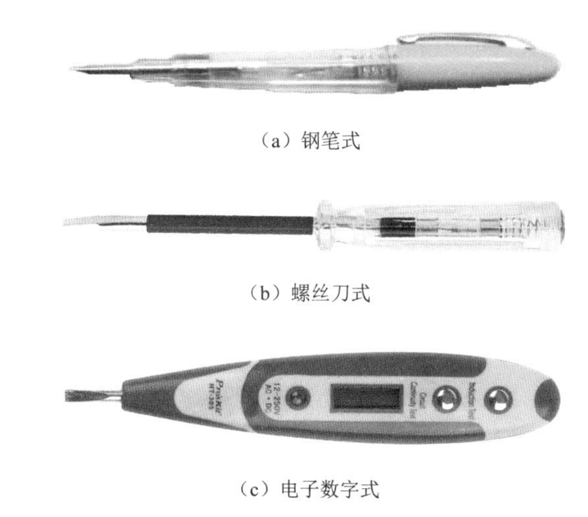

（a）钢笔式

（b）螺丝刀式

（c）电子数字式

图 1.24　电笔

传统电笔主要由笔尖（工作触头）、安全电阻、氖胆（发光氖管）、金属弹簧和笔尾金属帽组成，如图 1.25 所示。

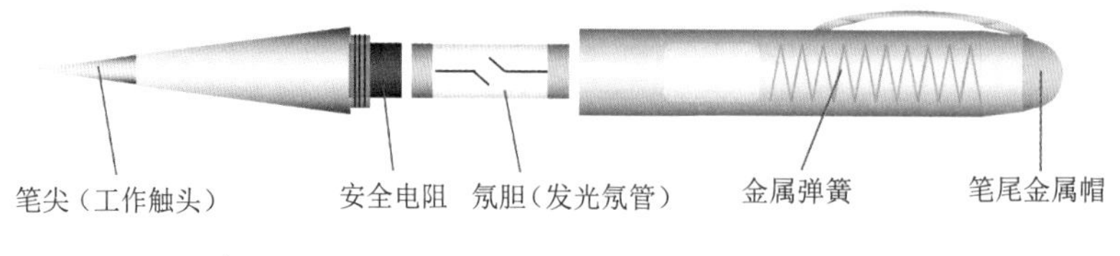

图 1.25　电笔的构造

它的内部构造是一只有两个电极的灯泡，灯泡内充有氖气，俗称氖胆，它的一极接到笔尖，另一极串联一只高电阻后接到笔的另一端。当氖胆的两极间电压达到一定值时，两极间便产生辉光，辉光强弱与两极间电压成正比。当带电体对地电压大于氖胆起始的辉光电压，并将电笔的笔尖接触它时，电笔的另一端则通过人体接地，因此电笔会发光。电笔中电阻的作用是用来限制流过人体的电流，以免发生危险。

8. 活动扳手

活动扳手主要由活动扳唇、呆扳唇、扳口、蜗轮、轴销和手柄等组成，如图 1.26 所示。扳手的规格以长度×最大开口宽度表示，常用的有 150×19（6in[①]）、200×24（8in）、250×30（10in）、300×36（12in）等。

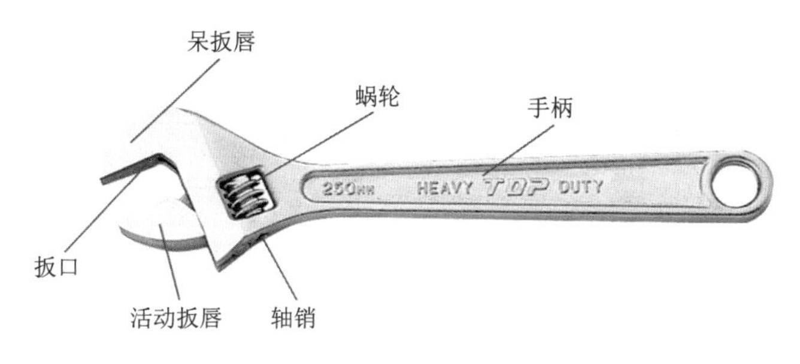

图 1.26 活动扳手的构造

考核评价

1. 理论知识考核（表 1.1）

表 1.1 常用电工工具和安全用具的使用理论知识考核评价表

班级		姓名		学号	
工作日期		评价得分		考评员签名	
1）电笔由哪些部分组成？（15 分）					
2）电笔的作用是什么？（15 分）					

① 1in≈2.54cm。

续表

3）使用电笔时应注意什么？（25 分）
4）使用电工刀时应注意什么？（20 分）
5）使用螺丝刀时应注意什么？（25 分）

2. 任务实施考核（表 1.2）

表 1.2 常用电工工具和安全用具的使用任务实施考核评价表

班级		姓名		最终得分	
序号	评分项目	评分标准		配分	实际得分
1	制订计划	包括制订任务、查阅相关的教材、手册或网络资源等，要求撰写的文字表达简练、准确：		10	
2	材料准备	列出所用的工具材料：		5	

续表

序号	评分项目		评分标准	配分	实际得分
3	实作考核	工具认识	工具认识错误，每次扣5分 工具用途不清楚或混淆，每次扣5分	10	
		验电	有准备工作或准备不全，扣2～5分 握持工具不规范，扣5分 测试结果错误，扣15分	15	
		松紧螺钉	握持工具不规范，扣3分 工具与螺钉不垂直，扣3分 紧螺钉时，松紧度不适合，扣5分 紧螺钉时出现扫纹现象，扣6分 松紧螺钉时出现刮伤槽坑现象，扣3分 不能选择大小合适的螺丝刀，扣3分	10	
		弯线鼻子	线芯受损，扣5分 线鼻子过大或小，扣3分 反向安装线鼻子，扣4分 安装线鼻子时导线绝缘层被压，扣4分 松紧螺钉时出现刮伤槽坑现象，扣3分 线鼻子不是圆形，扣2～4分	10	
		剥单股绝缘导线	不会用钳子剖削导线的绝缘层，扣2分 用剥线钳剖削导线时，咬口选大了，扣2分 用剥线钳剖削导线时，咬口选小了，扣2分 线芯受损，扣5分	10	
		剥多股绝缘导线	剖削长度不符合要求，扣1分 刀口朝向身体进行剖削导线作业，扣3分 线芯受损，扣2分 剖削作业完毕，没有将刀口折回刀把柄内，扣2分	5	
4	安全防护		在任务的实施过程中，需注意的安全事项： ________ ________ ________ ________	10	
5	7S管理		包括整理、整顿、清扫、清洁、素养、安全、节约： ________	5	
6	检查评估		包括对整个工作过程和结果进行检查评估，针对出现的问题提出建设性的意见或建议： ________ ________ ________ ________	10	

注：各项内容中扣分总值不应超过对应各项内容所分配的分数。

任务 1.2 常用电工安全用具的使用

教学目标

知识目标

1）了解常用电工安全用具的作用、结构及规格。

2）熟悉常用电工安全用具的使用注意事项。

能力目标

能够掌握各种常用电工安全用具的正确操作方法。

素质目标

1）通过对工具使用前良好性能的检查，排查安全隐患，确保安全用具安全可靠，培养安全意识。

2）通过对工具和材料的有序摆放，严格执行 7S 管理，培养卫生整洁、工作有序的良好习惯。

任务描述

电工安全用具是电工作业人员在安装、运行、检修等操作中，用于防止触电、坠落、灼伤等危险的电工专用用具，包括起绝缘作用、起验电和测量作用的绝缘安全用具，用于登高作业的登高安全用具，以及用于检修工作的临时接地线、遮栏、标示牌等检修安全用具。本任务主要训练学生正确使用安全用具。

本任务的重点：安全用具的正确操作。

本任务的难点：正确使用踏板上下电杆的要领。

任务实施

梯子的正确使用方法（视频）

1. 梯子的正确使用

电工常用的梯子有竹梯和人字梯。竹梯通常用于室外登高作业，而人字梯通常用于室内登高作业。

（1）使用梯子的操作步骤

1）选择梯子。根据工作地点的环境、工作高度选择合适的梯子。

2）检查梯子。检查是否牢固可靠，竹梯是否有虫蛀及折裂现象，能否承受人体的荷重，检查合格方可使用。

3）做好防滑措施。根据靠放位置的不同，分别采取梯脚包扎麻布片、梯脚套防滑橡胶套、梯脚加防滑铁尖或梯顶上部加防滑挂钩等措施。

4）梯子的摆放。放置牢靠、平稳，竹梯与地面的夹角以60°～70°为宜。

5）上下梯。面对梯子上下梯，上下梯时手必须扶着梯子。

6）作业。在作业期间，始终确保身体重心点在梯内，双脚在同一梯档上，而且必须保持三点与梯接触（单手作业时，手、双脚三点；双手作业时，腿部、双脚三点），如图1.27所示。

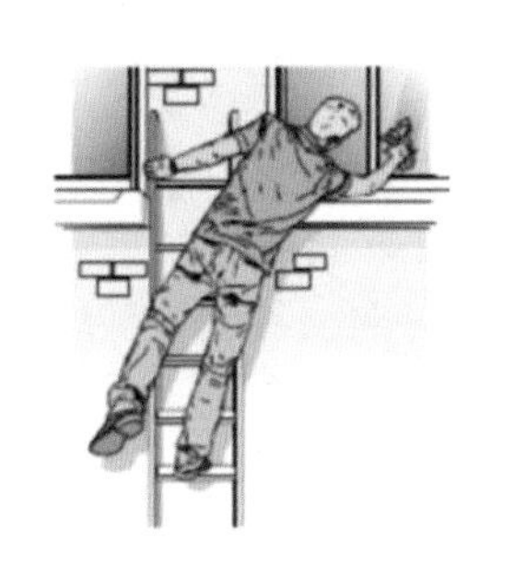

不正确，未保持三点接触，重心不在梯内

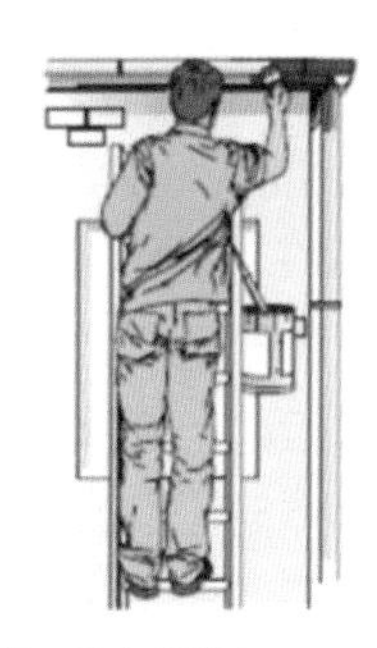

正确，保持三点接触，重心在梯内

图1.27　梯子的正误站立方法

（2）使用梯子的注意事项

1）使用梯子前，必须检查是否牢固、可靠，不准使用钉子钉成的木梯。

2）梯子不准垫高使用，也不可架在不可靠的支撑物上勉强使用。

3）梯子应放置牢靠、平稳，作业时必须保持三点接触梯子，并确保重心在梯内。梯子与地面的夹角以60°～70°为宜，夹角不应小于60°，也不应大于70°。

4）使用梯子前必须做好防滑措施，梯子脚部包扎麻布片或套防滑橡胶套。梯子靠在电线或管道上使用时，上部应用牢固的防滑挂钩；在泥土地面上使用时，梯子应加防滑铁尖。

5）人字梯张开后应将钩挂好，不得将工具和材料放在最上层。

6）在梯子上工作时，梯顶一般不应低于工作人员的腰部，切忌在梯子的最高处或最上面一、二级横档上工作，而且站立姿势要正确。

7）在3m以上的梯子上工作时，地面必须有工作人员扶梯，以防梯子倾斜翻倒。扶梯人员应戴安全帽，站在梯子的侧面，用一只脚尖顶梯子脚部，并用一只手扶梯。

8）梯子的放置应与带电部分保持足够的安全距离。

2. 脚扣的正确使用

脚扣是登杆的专用工具，有木杆和水泥电杆两种脚扣，如图1.28所示，木杆脚扣有铁齿。

（1）脚扣登杆步骤

脚扣登杆训练（视频）

1）系好保险绳，检查脚扣是否牢固、可靠，并做人体冲击试验。

2）调整脚扣。根据电杆的粗细调整脚扣的大小，使脚扣能牢靠地扣住电杆，以防从空中掉下来。

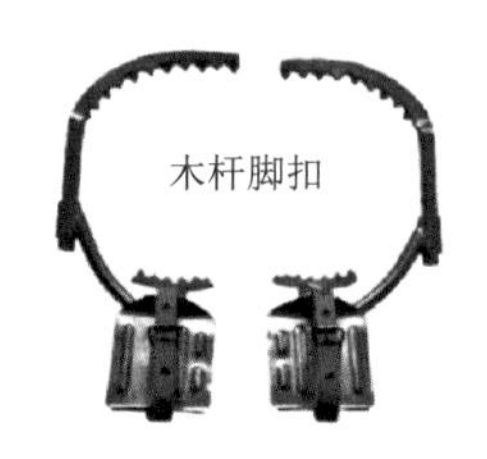

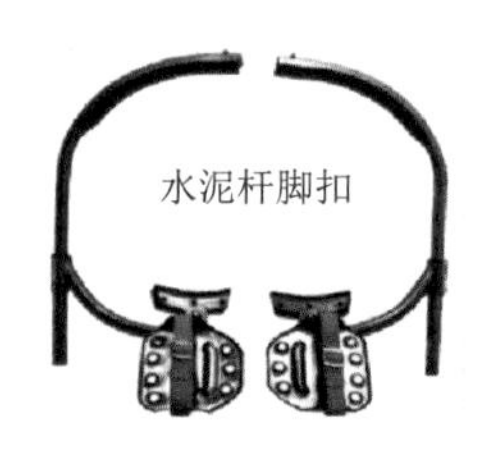

图 1.28　脚扣

3）穿脚扣。调整脚扣皮带的松紧度，不能太松也不能太紧，否则脚扣容易脱落。穿脚扣时，脚尖应比脚跟高，这样脚扣难以脱落。

4）上杆。双手扶住电杆，右脚抬起，使脚扣平面与电杆垂直，套入电杆并扣紧。扣好脚扣之后，右脚用力向上蹬并伸直，使身体向上移，右手同时向上移动扶住电杆。左脚抬起，使脚扣平面与电杆垂直，套入电杆扣紧，扣好之后左脚用力向上蹬并伸直，使身体向上移，左手同时向上移动扶住电杆。左、右脚如此反复进行，就可登上电杆的顶部，如图 1.29 所示。

5）下杆。上面的脚松开脚扣，将脚扣退出电杆，然后另一只脚弯曲使身体下移，退出电杆的脚下伸，将脚扣重新扣紧电杆，下方脚伸直，并将身体重心移到这个脚上，同时对应的手也应向下扶住电杆。如此反复进行，就能下到地面。

注意：上下电杆时，身体应呈弓形，并与电杆保持一定的距离，不能抱电杆，也不能将身体贴紧电杆；否则，不易将脚扣扣好，并容易滑扣掉扣。

（2）脚扣登杆的注意事项

1）使用前必须仔细检查脚扣各部分有无断裂、腐朽现象，脚扣皮带是否牢固可靠；脚扣皮带若损坏，不得用绳子或电线代替。

2）一定要按电杆的规格选择大小合适的脚扣；水泥杆脚扣可用于登木电杆，但木电杆脚扣不能用于登水泥电杆。

3）雨天或冰雪天不允许用脚扣登水泥杆。

4）在登杆前，应对脚扣进行人体载荷冲击试验。

5）上、下电杆时，两只脚扣不能相碰撞。上下杆的每一步，必须使脚扣环完全套入，并可靠地扣住电杆，才能移动身体；否则，容易造成滑杆事故。

6）上、下电杆时，身体应呈弓形，并与电杆保持一定的距离，不能抱电杆也不能将身体贴紧电杆；否则不易将脚扣扣好，并容易滑扣掉扣。

7）登杆工作前，必须选择合适的登杆位置，即上方没有拉线、横担、导线等器材，以免登杆时不小心碰头。到了杆顶，选好工作点，脚扣定好位置，如图 1.30 所示，系好安全带，方可工作。

3. 踏板的正确使用

踏板也叫登高板，由脚板、绳索、套环及铁钩组成。脚板采用质地坚韧的木材制成，

图 1.29　脚扣登杆方法

图 1.30　脚扣定位

绳索应采用直径为 16mm 的 3 股白棕绳或尼龙绳，绳的两端系结在脚板两头的扎结槽内，顶端装上铁制挂钩，系结后应与使用者的身材相适应，一般保持在一人一手长左右，如图 1.31 所示。踏板的白棕绳应能承受 300kg 重量，每半年要进行一次载荷试验。

踏板登杆训练（视频）

（1）踏板登杆步骤

1）登杆步骤。

① 检查踏板是否牢固、可靠，并做人体冲击试验，检查合格后方可使用。

② 将其中一只踏板反挂在肩上，并将另一只踏板钩挂在电杆上，高度按登杆者能跨上为准，如图 1.32 所示。

③ 用右手握住挂钩上的双根棕绳，并用大拇指顶住挂钩，左手握住左边贴近木板的单根棕绳，把右脚跨上脚板，然后用力使人体上升（如果脚板挂得较高，右脚不能直接跨到，可先将左脚登着电杆，然后左脚和右手同时用力，使身体向上提升，同时右脚迅速提起踩在木板上），使人体重心移到右脚。

④ 人体站直，同时左手向上扶住电杆，然后将左脚绕过左边单根棕绳踩在脚板上，膝盖后侧紧压棕绳，同时使两只脚的跟部站在木板中间，木板紧贴电杆，两只脚的内侧要夹紧电杆，以防踏板摆动，如图 1.33 所示。

图 1.31　踏板

图 1.32　挂钩方法

图 1.33　踏板的正确站法

⑤ 将肩上的踏板取出，挂在电杆上。

⑥ 用右手握住上方踏板挂钩上的双根棕绳，并用大拇指顶住挂钩，左手握住左边贴近木板的单根棕绳，把右脚跨上脚板，然后用力使人体上升（如果脚板挂得较高，右脚不能直接跨到，可先将左脚登着电杆，然后左脚和右手同时用力，使身体向上提升，同时右脚迅速提起踩在木板上），使人体重心移到右脚，身体蹲下，右脚膝盖内侧紧压右边单根棕绳，左脚伸直，脚尖贴紧电杆，防止下面的踏板滑掉。

⑦ 左手将下面的踏板解下，然后右手和右脚同时用力，使身体站直，左手跟随向上扶住电杆，将左脚绕过左边单根棕绳踩在脚板上，膝盖后侧紧压棕绳，同时使两只脚的跟部站在木板中间，木板紧贴电杆，两只脚的内侧要夹紧电杆，以防踏板摆动。

⑧ 将左手上的踏板挂在电杆上，重复⑥、⑦步骤，直至攀登到所需高度为止。

2）下杆步骤。

① 人体站稳在现用的踏板上（左脚绕过左边单根棕绳踩在木板上，膝盖后侧紧压棕绳），把另一只踏板的挂钩从上方踏板双根棕绳与电杆之间穿过，并挂在电杆上。

② 右手紧握上踏板挂钩处的双根棕绳，并用大拇指顶住挂钩，左手握住下踏板挂钩处的双根棕绳，然后左脚退出上脚板向下伸，人体也随即下降蹲下，重心移到右脚。同时左手将下踏板移到适当的位置挂好并收紧绳索。

③ 左手紧握下踏板棕绳，大拇指顶住挂钩，右手也下移握紧上方踏板棕绳。双手逐渐伸直，使身体下降，直到左脚踩到下踏板为止。

④ 右手继续紧握上方踏板绳索，右脚离开上方踏板，也站在下方踏板上。左脚绕过左边的绳子，重新站在下方踏板上并登直。然后左手扶电杆，右手向上晃动上方踏板的绳索，松开上方踏板。

⑤ 重复步骤①～④，直至到达地面为止。

（2）踏板登杆的注意事项

1）使用踏板前，一定要检查脚板有无断裂或腐朽，绳索有无断股或霉变。

2）踏板挂钩时必须正勾，钩口向外向上，切勿反勾，以免造成脱钩事故。

3）登杆前，应先将踏板钩挂好，用人体做冲击载荷试验，检查踏板是否合格、可靠。

4）为了保证在杆上作业时人体的平稳，不使登板摇晃，站立时两脚前掌内侧应夹紧电杆，其姿势如图 1.33 所示。

4. 安全带的正确使用

安全带是登杆作业的必备保护用具，无论用脚扣还是踏板进行高空作业，都必须与安全带配合使用。安全带由腰带、保险绳和腰绳三部分组成，如图 1.34 所示。腰带是用来系挂保险绳、腰绳和吊物绳的。保险绳是用来保护工作人员，防止工作人员下掉的。腰绳用来固定人体腰下部，以扩大上身的活动幅度。

（1）安全带的正确使用方法

1）检查安全带。检查合格方可使用。

2）系腰带。将安全带的腰带系在臀部上部（髋骨）。系腰带时应将其尾部穿过铁扣的内孔，然后返回穿过铁扣的外孔拉紧，最后将腰绳、保险绳放在肩膀上。

3）对腰绳、保险绳做冲击试验。站在电杆底部，取下腰绳，将腰绳绕过电杆扣到腰带铁环上并锁好保险锁，双手分别抓紧靠近腰带的腰绳，用力向身后对腰绳进行冲击试验。用同样的方法对保险绳进行冲击试验。试验完毕，将腰绳、保险绳放回肩膀上。

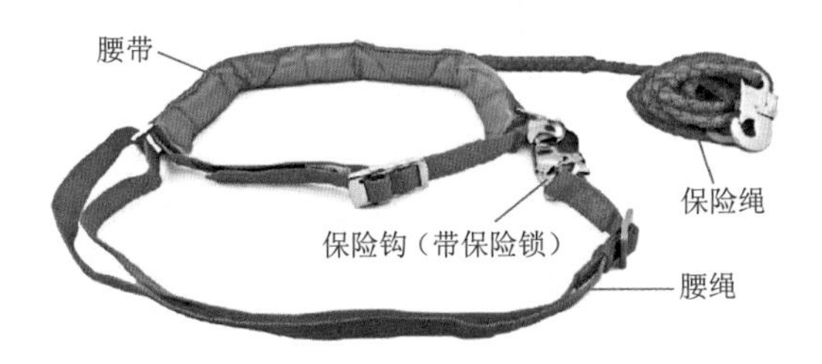

图 1.34　安全带

4）工作位系腰绳。登上电杆工作位置后，用手将安全带的腰绳从肩上取下，绕过电杆，用手掌将腰绳压在电杆上，并防止人往后翻倒。另一只手接过腰绳，将腰绳的保险钩打开，勾在腰带的铁环上，并锁好保险锁。然后双手分别抓着两侧的腰绳，身体慢慢向后移动，使腰绳拉紧。

5）挂保险绳。最后用手将保险绳从肩上取下，打开保险钩，挂在牢固的横担或抱箍上。勾好保险绳之后，可以开始杆上作业。

6）解保险绳、腰绳。作业完毕，分别打开保险绳、腰绳的保险钩，将保险绳、腰绳取下放在肩上，准备下杆。

（2）安全带使用的注意事项

1）使用安全带之前，一定要检查安全带是否牢固、可靠，并仔细检验各部分的外表是否有损坏现象，如有应立即更换，不能用任何绳子代替安全带。登杆前要对安全带做人体冲击荷载试验。

2）腰带应系在臀部上部（髋骨），不得系在腰间；否则，操作时既不灵活又容易扭伤腰部。系腰带时，禁止取用从外孔进内孔出的方法，以免脱扣造成工伤事故。

3）保险绳一端要可靠地系在腰带上，另一端用保险钩挂在牢固的横担或抱箍上。

4）腰绳应系在电杆横担或抱箍的下方，不得挂在电杆的顶端或横担上，以防腰绳脱出造成工伤事故。

5）安全带的长短要调节适中，作业时保险锁一定要扣好，以防出事。

6）使用后，安全带应保管好，挂在通风干燥的地方。

5. 高压验电器的正确使用

高压验电器的构造由握手部分、绝缘部分和工作部分组成，如图 1.35 所示。工作部分由电子电路、发光发声元件、微触自检开关、电池等组成，有电时会发出光和声音。

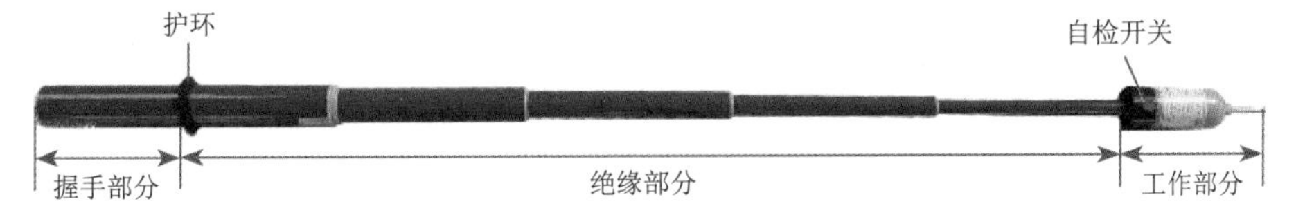

图 1.35　高压验电器的构造

（1）高压验电器的验电步骤

1）穿绝缘靴、戴棉线手套或绝缘手套和安全帽。

2）对验电器进行检查。首先按微触自检开关，自检合格后在确认有电处进行检验，检验时应渐渐靠近带电相线至发光或发声为止，证明验电器性能良好，方可使用。

3）到被测设备或线路相线的下方，垂直向上渐渐靠近被测相线，当高压验电器发光或发出声音时，证明被测相线有电。如果高压验电器接触被测相线也不发光或发出声音，则证明被测相线无电。

4）垂直向下离开被测相线，然后再到另一根被测相线的下方，用步骤（3）的方法测量，直至3根相线测量完毕为止。

（2）高压验电器的使用注意事项

1）使用前，必须对验电器进行检查。首先按微触自检开关，自检合格后在确认有电处进行检验。检验时，让高压验电器渐渐靠近带电设备至发光或发声为止，证明验电器性能良好，方可使用。

2）使用高压验电器测量高压电时，必须穿戴电压等级合格的绝缘手套和绝缘靴，使用符合该电压等级的验电器。

3）必须设专人监护，注意与带电体保持足够的安全距离（10kV 高压为 0.7m），并要防止发生相间或对地短路事故。

4）验电时，不能直接接触带电体，而只能逐渐靠近带电体，直至灯亮（同时有声音报警）为止。只有不发光不发声，才可与被测物体直接接触。

5）室外使用高压验电器时，必须在气候条件良好的情况下进行。在雪、雨、雾及湿度较大的情况下，不宜使用，以防发生危险。

6）使用时应特别注意握手部位不得超过护环。

相关知识

1. 梯子的规格

1）竹梯常用的规格有7挡、9挡、11挡、13挡、15挡、17挡、19挡、21挡和25挡，竹梯最上面的一挡和最下面的一挡应用镀锌铁线加以缠绕固牢，规格大的竹梯在中间也应用镀锌铁线缠绕固牢。

2）人字梯常用的规格有7挡、9挡、11挡、13挡。

2. 绝缘棒

（1）绝缘棒的构造与用途

绝缘棒（也叫拉杆）由握手部分、绝缘部分和工作部分组成，如图1.36所示。绝缘棒主要用于操作高压跌落式熔断器、单极隔离开关、柱上油断路器及装卸临时接地线等。绝缘棒一般用浸过漆的木材、硬塑料、胶木、环氧玻璃布棒或环氧玻璃布管制成。

（2）绝缘棒使用注意事项

1）必须使用具有合格证的绝缘棒。

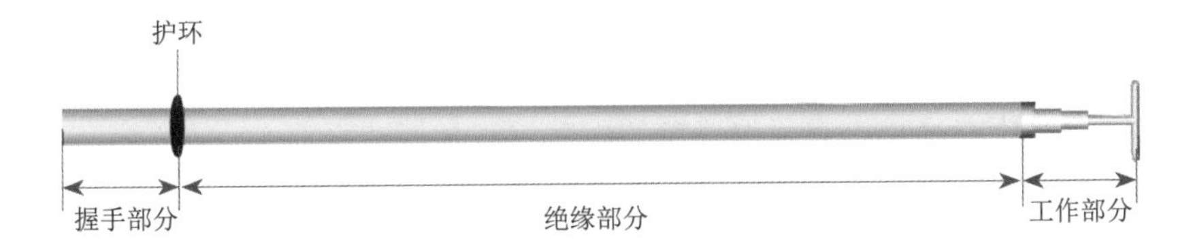

图 1.36　绝缘棒的构造

2）操作前，绝缘棒表面应用清洁的干布擦净，使绝缘棒表面干燥、清洁。

3）操作时，应穿戴与其绝缘电压等级匹配的绝缘手套、绝缘靴，站在绝缘垫上，并必须在切断负载的情况下进行操作。

4）操作者握手部位不得越过护环。

5）在下雨、下雪或潮湿的天气，且在室外使用绝缘棒时，棒上应装有防雨的伞形罩，没有伞形罩的绝缘棒不宜在上述天气中使用。

6）绝缘棒必须放在通风干燥的地方，宜悬挂或垂直插放在特制的木架上。

7）绝缘棒应按规定进行定期绝缘试验。

3. 高压绝缘夹钳

（1）高压绝缘夹钳构造

高压绝缘夹钳由握手部分、绝缘部分和工作部分组成，如图 1.37 所示。高压绝缘夹钳主要用于安装或拆卸熔断器，是用浸过漆的木材、硬塑料、胶木、玻璃布钢制成的。

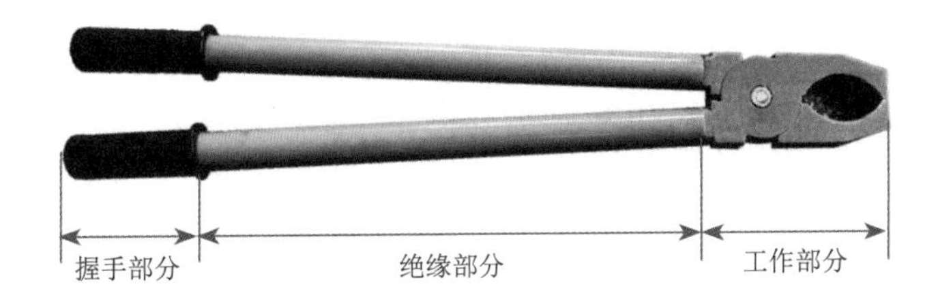

图 1.37　高压绝缘夹钳构造

（2）高压绝缘夹钳使用注意事项

1）必须使用具有合格证的高压绝缘夹钳。

2）操作时，高压绝缘夹钳应清洁干燥。

3）操作时，应穿戴与其绝缘电压等级匹配的绝缘手套、绝缘靴，站在绝缘垫上，戴护目眼镜，同时必须在切断负载的情况下进行操作。

4）高压绝缘夹钳应按规定进行定期试验。

绝缘靴和绝缘手套的正确使用（视频）

4. 绝缘手套和绝缘靴

（1）绝缘手套和绝缘靴的用途

绝缘手套和绝缘靴都是用绝缘性能良好的橡胶制成的，两者均为辅助安全用具，但绝缘手套可作为低压工作的基本安全用具，绝缘靴可作为防护跨步电压危险的基本安全用具。

（2）绝缘手套和绝缘靴使用注意事项

1）使用前要检查绝缘手套或绝缘靴的电压等级是否符合要求。

2）检查绝缘手套或绝缘靴的试验周期是否已过。

3）检查绝缘手套或绝缘靴的外表有无毛刺、裂纹、碳印等。

4）使用橡皮绝缘手套时，绝缘手套应内衬一副棉线手套。

5. 临时接地线

临时接地线也称携带型接地线，是高低压电气设备和线路的停电检修工作必用的安全防护用具。当工作人员需要在停电的高低压电气设备或线路上进行检修维护工作时，必须先进行验电，验明无电后，在有可能突然来电或产生感应电的方向，均应挂接临时接地线，挂接临时接地线后方可进行工作。临时接地线对保证检修维护工作人员的安全十分重要，因此，临时接地线常被现场工作人员称为“保命线”。

（1）临时接地线的构造

临时接地线主要由多股裸体软铜导线和接线夹组成。3 根短的软导线一端各接一个接地棒，用于接三相导线；另一端均与一根长的软导线通过接线板连接在一起，长的软导线的另一端接接线夹，用于连接接地体。临时接地线的接线夹必须坚固有力，软导线的截面积不应少于 25mm^2，各部分连接必须牢固可靠、接触良好，如图 1.38 所示。挂装临时接地线是为了防止停电检修维护时，高低压电气设备或线路突然来电，或邻近高压带电设备对停电设备所产生的感应电压对人体的伤害。

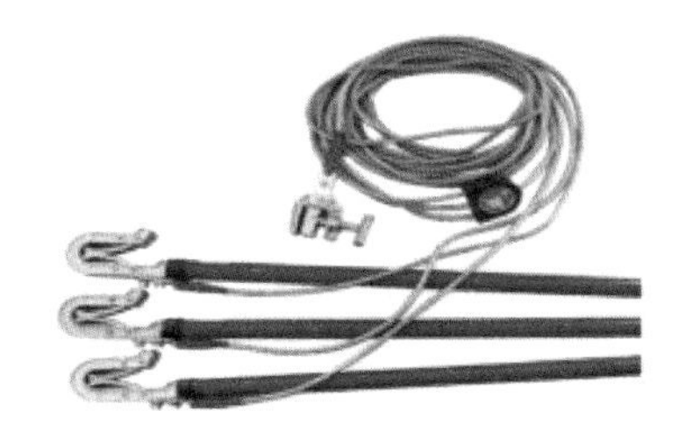
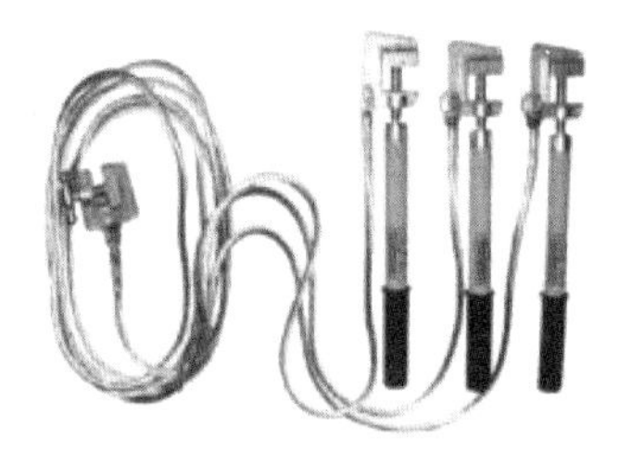

图 1.38　临时接地线

（2）装拆临时接地线的注意事项

装拆临时接地线时，必须按规定装拆顺序进行。装设临时接地线时，应先接接地端，后接线路或设备端；拆临时接地线时，与装设顺序相反，先拆接三相导线的短的软导线，后拆接地端。

6. 遮栏

（1）遮栏的构造

遮栏用干燥的木材或其他绝缘材料制成，主要用于防止工作人员无意接触或过分接近带电体，也用作检修安全距离不够时的安全隔离装置，在过道和入口处可采用遮栏。

（2）遮栏使用注意事项

遮栏必须安装牢固，但不能影响工作，并必须挂上“止步，高压危险！”等警告标志。遮栏高度及其与带电体的距离应符合屏护的安全要求。

考核评价

1．理论知识考核（表 1.3）

表 1.3　常用电工安全用具的使用理论知识考核评价表

班级		姓名		学号	
工作日期		评价得分		考评员签名	
1）新式高压验电器由哪几部分组成？（10 分）					
2）安全带由哪几部分组成？（10 分）					
3）使用安全带时应注意什么？（20 分）					
4）使用绝缘手套和绝缘靴时应注意什么？（30 分）					
5）使用高压验电器验电时应注意什么？（30 分）					

2. 任务实施考核（表 1.4）

表 1.4　常用电工安全用具的使用任务实施考核评价表

<table>
<tr><td colspan="3">班级</td><td>姓名</td><td>最终得分</td><td></td></tr>
<tr><td>序号</td><td colspan="2">评分项目</td><td>评分标准</td><td>配分</td><td>实际得分</td></tr>
<tr><td>1</td><td colspan="2">制订计划</td><td>包括制订任务、查阅相关的教材、手册或网络资源等，要求撰写的文字表达简练、准确：
____
____
____
________________</td><td>10</td><td></td></tr>
<tr><td>2</td><td colspan="2">材料准备</td><td>列出所用的工具材料：
____
________________</td><td>5</td><td></td></tr>
<tr><td rowspan="4">3</td><td rowspan="4">实作考核</td><td>脚扣登杆</td><td>没有检查用具就登杆，扣 5 分
没有做冲击试验，扣 5 分
没有扣好脚扣，每步扣 0.5 分
严重没有扣好脚扣，每步扣 1 分
上下杆时打滑或手扶脚扣，每次扣 2 分
上下电杆时没有保持弓形，扣 5 分
没在规定时间内完成上下杆，每过 10s 扣 2 分</td><td>20</td><td></td></tr>
<tr><td>踏板登杆</td><td>没有检查用具就登杆，扣 5 分
没有做冲击试验，扣 5 分
没有正钩挂踏板，每次扣 10 分
在踏板上站立不正确，扣 10 分
在上下杆中出现严重摆动，扣 5 分
在上下杆中出现严重打滑，每次扣 5 分
没在规定时间内完成上下杆，每过 30s 扣 5 分</td><td>20</td><td></td></tr>
<tr><td>系安全带</td><td>没有检查安全带就使用，扣 4 分
没有做冲击试验，扣 4 分
系腰带位置不正确，扣 3 分
腰绳挂靠位置不正确，扣 3 分
系腰绳后没有上保险锁，扣 3 分
保险绳挂靠位置不正确，扣 4 分</td><td>10</td><td></td></tr>
<tr><td>高压验电</td><td>没有检查用具，扣 10 分
穿工作服、绝缘鞋，戴安全帽，每缺一样扣 2 分
没有请求监护人（老师）监护就验电，扣 4 分
握验电器超过护环，扣 6 分
操作不当或错误，扣 6 分</td><td>10</td><td></td></tr>
</table>

续表

序号	评分项目	评分标准	配分	实际得分
4	安全防护	在任务的实施过程中，需注意的安全事项： ____________________ ____________________ ____________________ ____________________	10	
5	7S 管理	包括整理、整顿、清扫、清洁、素养、安全、节约： ____________________ ____________________	5	
6	检查评估	包括对整个工作过程和结果进行检查评估、针对出现的问题提出建设性的意见或建议： ____________________ ____________________ ____________________ ____________________	10	

注：各项内容中扣分总值不应超过对应各项内容所分配的分数。

学习笔记

项目2 常用电工仪表的使用

任务2.1 万用表的使用

教学目标

知识目标

1）熟知常用万用表的用途、类型、结构。

2）掌握万用表的工作原理及使用注意事项。

能力目标

1）掌握万用表的使用方法。

2）能够利用测量结果分析判断电路或电气设备的工作情况，并进行必要的调整。

素质目标

1）通过反复测量不同阻值的电阻，记牢每改变一次量程都必须进行欧姆调零，培养科学严谨的工作习惯。

2）通过用不同量程测量同一测量对象，比较测量误差值，培养精益求精的精神。

任务描述

万用表具有多功能、多量程，携带方便，电工可以通过万用表不同的使用功能进行相关电参数的测量。例如，用万用表的欧姆挡测量电器器件的电阻值是否与原值相同，从而判定其是否损坏；用万用表的电压挡检测电路中电压的大小，从而判定电路的故障位置。本任务训练学生用万用表检测各种电器元件的电阻值，使学生学会判断电器元件的好坏；训练学生用万用表测量交、直流电压和测量直流电流的操作方法，使学生学会检测分析电路。目前常用的万用表有指针式万用表和数字式万用表。

本任务的重点：用指针式万用表测量电阻电压。

本任务的难点：如何快速选定功能量程开关的量程位置及正确读出测量结果。

任务实施

1. 指针式万用表的检测

以 MF-47A 型万用表为例，面板如图 2.1 所示。在使用万用表之前，必须要对万用表进行检测，确定万用表完好才可进行测量。

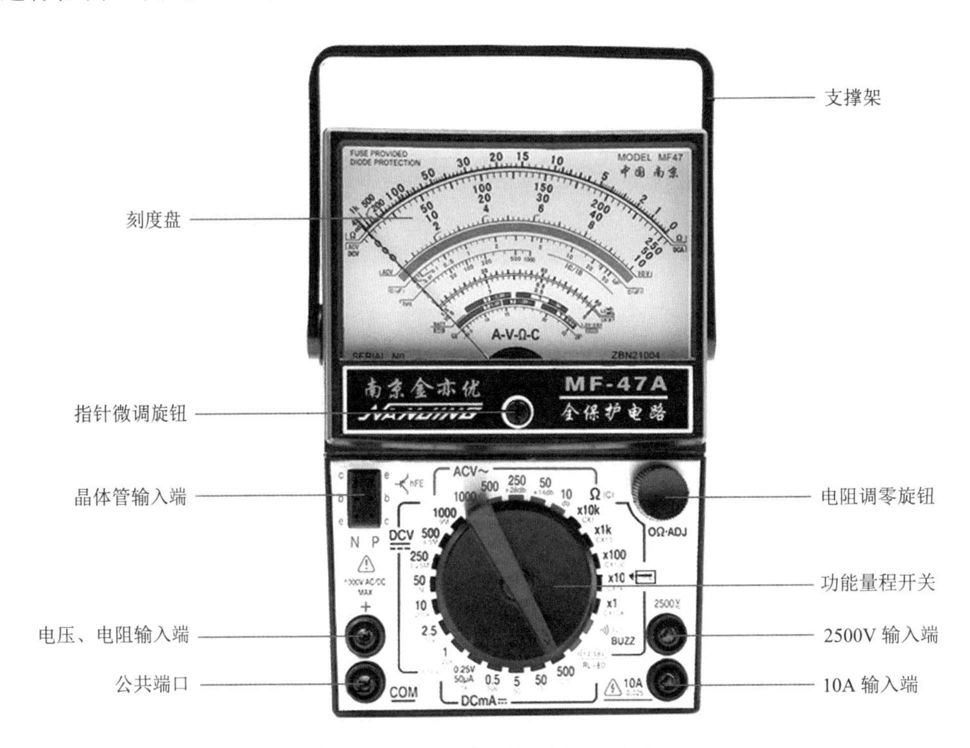

图 2.1 MF-47A 型万用表的面板结构

1）观察面板有无损坏、两表笔是否完好。

2）检查“功能量程开关”能否转动。

3）拆开万用表的后盖，装上电池，再将后盖螺钉拧紧。

4）进行机械调零。观察指针是否指在交、直流电压或电流刻度尺上的“0”位，电阻刻度尺上的“∞”，如果不是，调节“指针微调旋钮”，使指针指在交、直流电压或电流刻度尺上的“0”位上，这个过程称为机械调零。如果无法调到“0”位，则表示该仪表已损坏，不能使用。

5）进行欧姆调零。将“功能量程开关”旋到 ×1Ω 挡，红表笔插入“+”孔（电压、电阻输入端），黑表笔插入“COM”孔（公共端口），再将红、黑两表笔短接，观察指针是否指到电阻刻度尺的“0”位，如果不指在“0”位，调节“电阻调零旋钮”，使指针指在电阻刻度尺的“0”位，这个过程称为欧姆调零。如果多次调节“电阻调零旋钮”后，指针还不指在“0”位，可能干电池的电压不够，需更换新电池，再重新进行欧姆调零。如果还调不到“0”位，表示该仪表已损坏，不能使用。

2. 用万用表进行电阻、交流电压、直流电压和直流电流的测量

万用表测电阻（视频）

器材准备：MF-47A型指针式万用表1只、交流接触器1只、小型变压器1只、色环电阻若干、用过的锌锰干电池2节、用过的9V层叠电池2节、连接导线若干等。

（1）电阻的测量

1）测量色环电阻的电阻值。

① 欧姆调零。将“功能量程开关”旋到测量电阻“Ω”区域，如“×100”挡，将红、黑两表笔短接，观察指针是否指到“0”，如指针不指向“0”，则调节“电阻调零旋钮”，使指针指在“0”位置。

② 测量。一只手拿着被测电阻的一端和一支表笔的笔头并压紧，另一只手拿着另一支表笔（不要碰到金属部位），用金属部位去轻碰被测电阻的另一端，观察万用表指针的偏转情况，如果指针偏转角度太大则加大倍率，如改为“×1k”挡，如指针偏转角度太小则减少倍率，如改为“×10挡”，一直检测到指针指在表盘满刻度的1/2～2/3，才可以读出读数，这时读出的读数测量误差最小。注意，每改变一次量程，要重新进行欧姆调零。

③ 记录测量值。读出指针指定的数值，如指针指在5.6，要将该数值乘以倍率，如“×1k”挡，即5.6×1k=5.6kΩ才是测量值。

2）测量交流接触器各对常开开关和常闭开关的电阻值，判定交流接触器的好坏。

① 欧姆调零。将“功能量程开关”旋到测量电阻“Ω”区域，如“×100”挡，将红、黑两表笔短接，观察指针是否指到“0”位置，如指针不指向“0”位置，则调节“电阻调零旋钮”，使指针指在“0”位置。

② 测量。当交流接触器处于断电状态时，用红、黑表笔分别测量3对主开关的触点间电阻值，观察是否为∞，测量两对辅助常开开关的电阻值是否为∞，两对辅助常闭开关的触点间的电阻值是否为0；当接触器处于吸合状态时，3对主开关的电阻值是否为0，两对辅助常开开关的电阻值是否为0，两对辅助常闭开关的电阻值是否为∞，再检测该接触器的线圈电阻值是否正常。不同型号、不同电压的接触器线圈电阻值不同，而且相差较大，如线圈电压为380V的CJX1-12/22，线圈电阻约1900Ω；线圈电压为380V的CJT-20，线圈电阻约500Ω；线圈电压为36V的CJX1-12/22，线圈电阻约15Ω。

3）整理。测量完毕，将“功能量程开关”置于“ACV~”最大量程挡位置上，再将两根表笔取出放在指定位置上。

（2）墙壁插座交流电压的测量

万用表测交流电压（视频）

将“功能量程开关”置于测交流电压“ACV~”区域，选择合适的量程，其值由被测量电压的高低来确定。测量220V的电源插座，要选择“250V”量程挡，读出指针在该量程所指的数量即为测量结果。

需注意以下几点。

1）选择量程时应尽量使指针指在满刻度的2/3以上，使测量误差最小。

2）测量交流电压时，没有正、负极之分，只需将红、黑两表笔并联接到被测电路或电气元件的两端即可。

万用表测直流电压（视频）

（3）直流电压的测量

将“功能量程开关”置于测直流电压“DC V”区域，所选量程同样也由被测电压的高低来确定。以测量1.5V干电池为例，应选“2.5V”的量程，将红表笔接高电位，黑表笔接低电位，读出测量结果。

需注意以下几点。

1）选择量程时应尽量使指针指在满刻度的2/3以上，以使测量误差最小。

2）测量直流电压时正、负极不能搞错。若表笔接反，表头指针会反方向偏转，容易撞弯指针。

万用表测直流电流（视频）

（4）直流电流的测量

操作者可根据提供的器材，自己设计一闭合电路，如图2.2所示。再测量电路的电流，将“功能量程开关”置于测直流电流“DC mA”区域，选择适当的量程。测量时必须先断开电路，然后按电流从正极到负极的方向，将万用表串联接入被测电路中，读出测量结果。

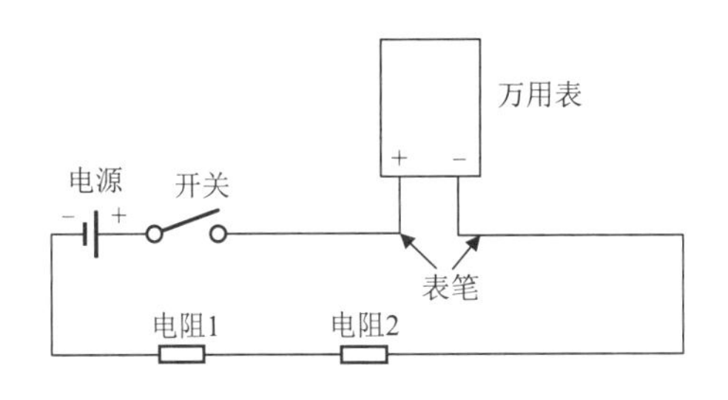

图2.2　直流电流的测量

需注意以下几点。

1）直流电流的测量对万用表量程的选择方法与测量直流电压类同。

2）测量电路的直流电流时，万用表一定要串联接入电路；否则，由于它的内阻很小，会造成短路，导致电线和仪表被烧毁。

3. 使用MF-47A型指针式万用表的注意事项

使用前要认真阅读说明书，充分了解万用表的性能，正确理解表盘上各种符号和字母的含义及各标度尺的读法。熟悉表盘上各开关旋钮和插孔的功能。

1）万用表应放置平稳，检查表笔是否完好、接线有无损坏、表内电池是否完好（使用欧姆挡），以确保操作安全。

2）红表笔的连接线插头与黑表笔的连接线插头不能插错插孔。

3）检查指针是否在零位，如不在零位，可用小螺丝刀调整表盘上的指针微调旋钮进行机械调零。

4）根据被测量的种类与数值范围，将“功能量程开关”拨转到相应位置，且每次测量前都应检查其位置是否正确。要养成习惯，决不能拿起表笔就测量。因为错用欧姆挡或电流挡去测量电压时，会烧坏仪表甚至危害人身安全。

5）根据“功能量程开关”位置，先看清该量程所对应的刻度线及其分格数值，防止在测量过程中寻找，影响读数速度和准确度。

6）注意，万用表的红表笔与表内电池负极相连，黑表笔与表内电池正极相连，这一点在测量电子元件时应特别注意。

7）不要带电拨动“功能量程开关”，在测量高电压或大电流时更应注意，以免切断电流瞬间产生电弧而损坏开关触点。

8）不能用万用表欧姆挡直接测量微安表、检流计等表头电阻，也不能直接测量标准电池。

9）用欧姆挡测晶体管参数时，一般应先用 R×100 或 R×1k 挡，因为晶体管所能承受的电压较低，允许通过的电流较小。万用表欧姆挡低倍率挡的内阻较小，电流较大，如 R×1 挡的电流可达 100mA，R×10 挡电流可达 10mA；高倍率挡的电池电压较高，一般 R×10k 以上的倍率挡电压可达十几伏，因此一般不用低倍率挡或高倍率挡去测量晶体管的参数。

10）万用表的面板有很多刻度标尺，应根据被测量的量程在相应的标尺上读出指针指示的数值。另外，读数时尽量使视线与刻度盘垂直，对有反光镜的万用表，应使指针与其像重合，再进行读数。

11）测量完毕，应将“功能量程开关”拨到空挡或交流电压的最大量程挡，以防测电压时忘记拨“功能量程开关”，用欧姆挡去测电压，将万用表烧坏。不用时不要把“功能量程开关”置于电阻各挡，以防表笔短接时使电池放电。电路中测量含有感抗的电压时，应在切断电源以前先断开万用表，以防自感现象产生的高压损坏万用表。

12）应在干燥、无强磁场、环境温度适宜、无摇晃或振动的条件下使用和保存万用表。长期不用的万用表，应将表内电池取出，以防电池因存放过久变质而漏出电解液，腐蚀表内元件。

相关知识

MF-47A 型指针式万用表的工作原理

万用表实际上都是采用磁电系测量机构，配合功能量程开关和测量线路实现的多量程直流电压表、多量程直流电流表、多量程整流式交流电压表和多量程欧姆表等仪表的总和，通过功能量程开关实现各种功能的选择，如图 2.3 所示，并通过表盘上多种刻度线和多种刻度单位指示出被测电量的大小。

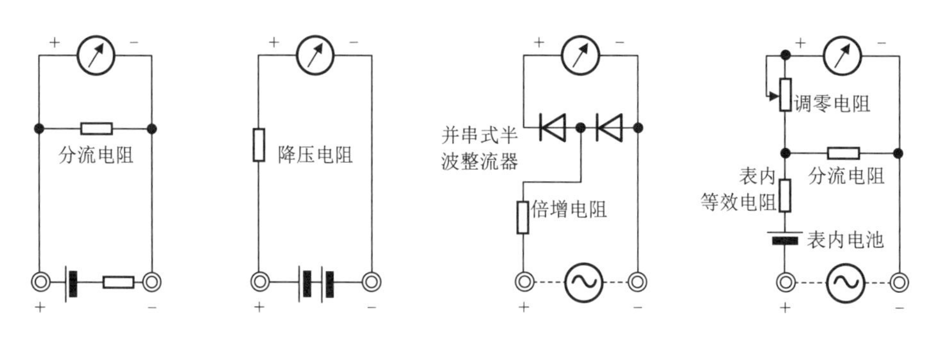

（a）测直流电流的原理图 （b）测直流电压的原理图 （c）测交流电压的原理图 （d）测电阻的原理图

图 2.3　指针式万用表工作原理

1. 直流电流的测量

图 2.3（a）所示为测量直流电流的简化电路图，将万用表的功能量程开关打到相应的直流电流量程挡位，就可按此量程测量直流电流。此时的万用表就是一块直流电流表，被测电流从外电路经万用表的“+”端流进，经相应的并联分流电阻和微安表头，再由“-”端流出，微安表头的指针偏转到相应的位置，根据相应量程的刻度尺进行读数，就可以测量出电流的数值。选用不同的分流器就可以制成多量程的直流电流表。

在实际使用时，如果对被测量电流的大小不了解，应先由最大挡量程试测，以防电流过大打坏指针。然后再选用适当量程，以减少测量误差。接线方法与测量直流电流方法一样，应把万用表串联在电路中，让电流从“+”端流进、“-”端流出。

2. 直流电压的测量

图 2.3（b）所示为测量直流电压的简化电路图，将万用表的功能量程开关拨至相应的直流电压量程上，此时的万用表就是一块直流表，被测电压加在“+”和“-”两端，产生的电流流经相应的串联降压电阻和微安表头，使微安表头的指针偏转到相应的位置，根据相应量程的刻度尺进行读数和换算，就可以测量出电压的数量，选择不同的串联降压电阻即改变了量程，形成多量程的直流电压表。

3. 交流电压的测量

若功能量程开关拨在交流电压挡上，万用表就成了交流电压表。磁电系仪表本身只能测量直流，但由于在线路中增加了整流元件，被测交流电压经二极管整流（半波整流或桥式整流）后把交流电变成直流电，构成了一个整流系电压表，再选用不同的串联分压电阻就可以制成多量程的交流电压表，其原理如图 2.3（c）所示。测量交流电压时会产生波形误差，这是因为分压取样后的电压值一般是很小的，通过与表头串联的电阻后，在微安表中流过电流，使微安表表头指针发生偏转，此电流值又与取样电压值成正比，通过表盘的刻度就可以显示出所测交流电压的值。若被测电压波形失真或者是非正弦波时，其测量结果会有波形误差。仪表的读数为交流电压的有效值，一般万用表可测量频率为45～100Hz的正弦交流电，不能测量非正弦周期量。

4. 电阻的测量

将功能量程开关拨至测量电阻的位置上，并把待测电阻R_x两端分别与两支表笔相接触，这时表内电池E、调节电阻R、微安表头及待测电阻R_x组成回路，便有电流通过表头使指针偏转，如图2.3（d）所示。显然，R_x阻值越大，电流越小，偏转角也越小，当被测电阻为无限大时，电流为零，指针不动，即电流、电压的0刻度为电阻的刻度；反之，R_x阻值越小，电流越大，偏转角也越大。当被测电阻为0时，电流最大，则指针指在电压、电流的最大刻度处，即为电阻的0刻度。电阻的刻度方向与电流、电压的刻度方向相反，阻值数等于刻度尺上指示数乘以该量程的倍率数。

拓展知识

数字式万用表的使用

指针式万用表的工作原理是把被测量转换成直流电流信号，使磁电系表头指针偏转。数字式万用表采用完全不同于传统的指针式万用表的转换和测量原理，使用液晶数字显示，使其具有很高的灵敏度和准确度，显示清晰美观，便于观看，具有无视差、功能多样、性能稳定、过载能力强等特点，因而得到广泛应用。

数字式万用表有手动量程和自动量程及手持式和台式之分。语音数字式万用表内含语音合成电路，在显示数字的同时还能用语音播报测量结果。高档智能数字式万用表内含单片机，具有数据处理、自动校准、故障自检、通信等多种功能。双显示万用表在数显的基础上增加了模拟条图显示器，能迅速反映被测量的变化过程及变化趋势。

1. 数字式万用表的特点

1）准确度高。数字式万用表的准确度远高于指针式万用表的准确度。以直流电压挡的基本误差（不含量化误差）为例，指针式万用表通常为±2.5%，而低档数字式万用表为±0.5%，中档数字式万用表为±（0.1～0.05）%，高档数字式万用表可达到±（0.005～0.000 03）%。

2）显示直观、读数准确。数字式万用表采用数显技术，使测量结果一目了然，不仅能使使用者准确读数，还能缩短测量时间。许多新型数字式万用表增加了标志符（测量项目、单位、特殊标记等符号）显示功能，使读数更加直观。

3）分辨力高。数字式万用表在最低量程上末位一个字所对应的数值，就表示分辨力。它反映仪表灵敏度的高低，并且随着显示位数的增加而提高。以直流电压挡为例，$3\frac{1}{2}$、$4\frac{1}{2}$仪表的分辨力分别为100μV、101μV。分辨力的指标也可用分辨率来表示。分辨率是指仪表所能显示的最小数字（零除外）与最大数字的百分比，如$3\frac{1}{2}$仪表的分辨率为1/1999≈0.05%。

4）测量速率快、测试功能强。数字式万用表在每秒钟内对被测量的测量次数叫测量速率。$3\frac{1}{2}$ 位和 $4\frac{1}{2}$ 位数字万用表的速率一般为 2 ～ 5 次 /s。

5）输入阻抗高、功耗低、保护电路比较完善。普通数字式万用表 DCV 挡的输入阻抗为 10MΩ，整机功耗极低，普通式数字万用表的整机功耗仅为 30 ～ 40mW，可采用 9V 叠层电池供电，而且具有较完善的过电流、过电压保护功能，过载能力强，使用中只要不超过极限值，即使出现误操作也不会损坏 A/D 转换器。

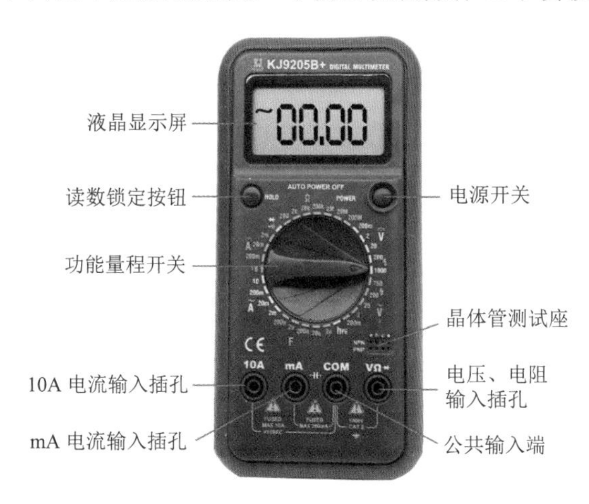

图 2.4　数字式万用表面板

2. 数字式万用表的组成及原理

数字式万用表面板部分由液晶显示屏、电源开关、读数锁定按钮、功能量程开关、各功能输入插孔、输出插孔（公共输入端）等组成，如图 2.4 所示。

数字式万用表是在数字电压表的基础上扩展而来的，因此，首先必须进行被测参数与直流电压之间的转换，由信号变换电路完成。由变换电路变换而来的直流电压经电压测量电路在微控制器（或逻辑控制电路）的控制下，将模拟电压量转换成数字量后，再经译码、驱动，最后显示在液晶或数码管显示屏上（也有的是一个芯片集成了 A/D、译码、驱动等多种功能的转换电路）。

3. 数字式万用表的使用方法（以 KJ9205B+ 为例）

（1）用前的准备工作

将黑表笔插入“COM”插孔内，红表笔插入相应的被测量的插孔内，然后将转换开关旋至被测种类区间内的量程，量程选择的原则和方法与指针式万用表相同，将电源开关拨向“ON”位置，接通表内工作电源。

（2）直流电流、交流电流的测量

测量直流电流时，当被测电流小于 200mA 时，将红表笔插入“mA”插孔内，黑表笔插入“COM”插孔内，将转换开关旋至“DCA”或“A-”区间内，并选择适当的量程（2mA、20mA、200mA），将万用表串入被测电路中，显示屏上即可显示出读数。测量结果单位是 μA。如果被测的电流值大于 200mA，则量程开关置于“10A”挡，同时要将红表笔插入“10A”插孔内，显示值以 A 为单位。

测量交流电流时，将量程开关旋至“ACA”或“A~”区间的适当量程上，其余与测量直流电流相同。

（3）直流电压、交流电压的测量

测量直流电压时，将红表笔连线插入“VΩ”插孔内，黑表笔连线插入“COM”

插孔内，将量程开关旋至“DCV”或“V−”区间内，并选择适当量程，通过两表笔将仪表并联在被测电路两端，显示屏上便显示出被测数值。一般直流电压挡有200mV、2V、20V、200V、1000V等几挡，选择200mV时，则显示的数值为单位mV；置于其他4个直流电压挡时，显示值均以V为单位。测量直流电压和电流时，不必像指针式万用表那样考虑“+”“−”极性问题，当被测电流或电压的极性接反时，显示的数值前会出现负号（−）。

测量交流电压时，将量程开关旋至“ACV”或“V~”区间的适当量程上，表笔所在插孔及具体测量方法与测量直流电压时相同。

（4）电阻的测量

将红表笔插入“VΩ”插孔内，黑表笔插入“COM”插孔不变，将量程开关旋至“Ω”区间并选择适当的量程，便可进行测量。测量时，要注意显示值的单位与“Ω”区间内各量程上所标明的单位相对应。

（5）二极管的测量

表笔位置与电压测量一样，将旋钮旋到“ ”挡；用红表笔接二极管的正极，黑表笔接负极，这时会显示二极管的正向压降。调换表笔，显示屏显示“1.”则为正常，因为二极管的反向电阻很大；否则此管已被击穿。

（6）晶体管的测量

表笔插位同上；其原理同二极管。先假定A脚为基极，用黑表笔与该脚相接，红表笔与其他两脚分别接触；若两次读数均为0.7V左右，再用红表笔接A脚，黑表笔接触其他两脚，若均显示“1.”，则A脚为基极；否则，需要重新测量且此管为PNP管。那么如何判断集电极和发射极呢？数字式万用表不能像指针式万用表那样利用指针摆幅来判断，该怎么办呢？可以利用“hFE”挡来判断：先将挡位打到“hFE”挡，可以看到挡位旁有一排小插孔，分为PNP和NPN管的测量。前面已经判断出管型，将基极插入对应管型“b”孔，其余两脚分别插入“c”孔和“e”孔，此时可以读取数值，即β值；再固定基极，其余两脚对调，比较两次读数，读数较大的管脚位置与“c”和“e”相对应。

4. 使用注意事项

1）数字式万用表在刚测量时，显示屏上的数值会有跳数现象，这是正常的，应当等显示数值稳定后（等待1～2s）才能读数。另外，被测元件的引脚因日久氧化或有锈污，应使表笔接触良好后再测量。

2）测量时，如果显示屏上只有“半位”上的读数1，则表示被测数值超出所在量程范围（二极管测量除外），称为溢出。这时说明量程选得太小，可换高一挡量程再测量。

3）转换量程开关时动作要慢，用力不要过猛。在开关转换到位后，再轻轻左右拨动一下，看是否真的到位，以确保量程开关接触良好，严禁在测量的同时旋动量程开关，特别是在测量高电压、大电流的情况下，以防产生电弧烧坏量程开关。

4）测10Ω以下精密电阻时，先将两表笔金属端短接，测出表笔电阻（约0.2Ω），然后在测量结果中减去这一数值。

5）万用表是按正弦量的有效值设计的，因此不能用来测量非正弦量。只有采用有效值转换电路的数字式万用表才可以测量非正弦量。

考核评价

1. 理论知识考核（表2.1）

表2.1 万用表的使用理论知识考核评价表

班级		姓名		学号	
工作日期		评价得分		考评员签名	
1）简述用万用表测量电阻时为什么要进行欧姆调零。（10分）					
2）简述MF-47A型万用表的工作原理。（40分）					
3）简述使用MF-47A型万用表的使用注意事项。（30分）					
4）简述用万用表测量电阻时如何减小测量误差。（20分）					

2. 任务实施考核（表 2.2）

表 2.2　万用表的使用任务实施考核评价表

<table>
<tr><td colspan="3">班级</td><td></td><td>姓名</td><td></td><td>最终得分</td><td></td></tr>
<tr><td>序号</td><td colspan="2">评分项目</td><td colspan="3">评分标准</td><td>配分</td><td>实际得分</td></tr>
<tr><td>1</td><td colspan="2">制订计划</td><td colspan="3">包括制订任务、查阅相关的教材、手册或网络资源等，要求撰写的文字表达简练、准确：
____
____
____
________________</td><td>10</td><td></td></tr>
<tr><td>2</td><td colspan="2">材料准备</td><td colspan="3">列出所用的工具材料：
____
________________</td><td>10</td><td></td></tr>
<tr><td rowspan="3">3</td><td rowspan="3">实作考核</td><td>测电阻</td><td colspan="3">不会机械调零，扣 2 分
不会欧姆调零，扣 2 分
红、黑表笔接错位置，扣 5 分
测量方法不正确（如将人体并联进去），扣 15 分
量程选择错误，扣 10 ～ 20 分
读数不准确，扣 5 ～ 10 分
改变量程时没有欧姆调零，扣 10 ～ 20 分</td><td>20</td><td></td></tr>
<tr><td>测电压</td><td colspan="3">量程选择错误，扣 10 ～ 20 分
量程选择不准确，扣 5 分
测量直流电压极性错误，扣 20 分
读数错误，扣 20 分</td><td>20</td><td></td></tr>
<tr><td>测直流电流</td><td colspan="3">接线错误导致短路，扣 10 分
量程选择错误，扣 5 ～ 10 分
读数错误，扣 10 分
电源极性连接错误，扣 10 分</td><td>10</td><td></td></tr>
<tr><td>4</td><td colspan="2">安全防护</td><td colspan="3">在任务的实施过程中，需注意的安全事项：
____
____
____
________________</td><td>10</td><td></td></tr>
<tr><td>5</td><td colspan="2">7S 管理</td><td colspan="3">包括整理、整顿、清扫、清洁、素养、安全、节约：
____
________________</td><td>10</td><td></td></tr>
</table>

续表

序号	评分项目	评分标准	配分	实际得分
6	检查评估	包括对整个工作过程和结果进行检查评估、针对出现的问题提出建设性的意见或建议： __________ __________ __________ __________	10	

注：各项内容中扣分总值不应超过对应各项内容所分配的分数。

任务 2.2 兆欧表的使用

教学目标

知识目标

1）了解常用兆欧表的型号及构造。

2）熟知兆欧表的选用原则。

能力目标

1）能够使用兆欧表测量电气设备、电气线路的绝缘电阻。

2）能够根据测量结果分析判断所测电气设备是否出现绝缘安全隐患。

素质目标

1）通过对运行中的电动机的绝缘电阻的测量操作练习，培养科学严谨的工作习惯。

2）通过兆欧表使用前进行的短路和开路试验，养成严格遵守设备的操作规程的良好习惯。

任务描述

兆欧表又称摇表，是一种简便的、常用来测量高电阻值的直读式仪表，一般用来测量线路、电动机绕组、电缆、电气设备的绝缘电阻。在地下铁道、铁路的设备和线路的检修中，或一般家用的洗衣机，电冰箱的检修中，常用它来检测其绝缘性能。本任务主要训练学生用兆欧表测量电动机的绝缘电阻值，并学会如何判定设备的绝缘性能好坏。

本任务的重点：如何选择合适的兆欧表进行测量。

本任务的难点：根据测量结果分析电气设备或线路的运行情况；对检查出绝缘受损的设备或线路进行必要的调整。

任务实施

1. 兆欧表的检测

1）将兆欧表擦拭干净，观察其外表是否损坏。表盘指针是否指到“0”位，如果没有指到“0”位，则调节“调零旋钮”进行机械调零，使指针指向“0”位。

2）将兆欧表水平放置，将两根连接导线L和E开路并平行放置，慢慢摇动手柄，使之达到120r/min，如指针指在“∞”处，再将L和E两连接导线短接，轻摇手柄半圈，如指针指在“0”处。说明兆欧表是良好的，可以使用；否则，该表不能使用。

2. 用兆欧表测量运行中电动机绝缘电阻

兆欧表测绝缘电阻（视频）

器材准备：500V兆欧表1只，小容量电机1台，十字形螺丝刀1把，剥线钳1把，连接导线若干等。

操作步骤如下。

1)停电。先断开负荷开关,后断隔离开关,并在隔离开关的操作手柄上挂“有人工作，禁止合闸”（或“线路有人工作，禁止合闸”）标示牌。

2）验电。使用验电器（电笔）对电动机的接线端子（或导线）进行验电。对于大容量的电动机，必须先放电后再验电。

3）确认没电后，拆除电动机接线盒的电源进线和端子的短接片，并将电动机表面的灰尘擦拭干净。

4）选择合适的兆欧表。如对于小容量电动机，可选500V的兆欧表。

5）检查兆欧表的好坏。先检查兆欧表外表及两条检测线是否良好，然后平稳放置兆欧表，连接好两根检测线，再进行短路试验和开路试验。开路试验：将两根检测线(L、E)开路，然后由慢到快摇动兆欧表手柄，指针应指在“∞”处。短路试验：将两根检测线（L、E）短接，然后缓慢摇动兆欧表手柄，指针应指在“0”处。如果指针没有指到相应位置，要更换仪表。

6）测量电动机各相绕组对地绝缘电阻。

① 将测量线L接电动机的其中一相绕组，测量线E接电动机外壳。

② 摇动手柄，转速由慢渐快，使转速约保持120r/min。

③ 摇至表针摆动到稳定处，读出数据。

④ 拆去兆欧表的测量线，再停止摇动手柄。测量完毕，进行放电。

⑤ 用同样的方法测量其他两相的对地绝缘电阻。

7）用同样的方法测量电动机的相间绝缘电阻。

8）恢复被拆线路，取下标示牌，经检查无误后送电。

3. 使用兆欧表的注意事项

1）放置应平稳。兆欧表应放在平整而无摇晃或振动的地方，使表身置于平稳状态。

2）接线要准确。兆欧表上有 3 个分别标 E（接地）、L（接相线）和 G（保护环或屏蔽端子）的接线柱。测量线路绝缘电阻时，可将被测端接于 L 接线柱上，而以良好的地线接于 E 接线柱上，在做电动机绝缘电阻测量时，将电动机绕组接于 L 接线柱上，测量电缆的缆芯对缆壳的绝缘电阻时，除将缆芯和缆壳分别接于 L 接线柱外，再将电缆和壳芯之间的内层绝缘物接于 E 接线柱上，以消除因表面漏电而引起的误差，如图 2.5 所示。

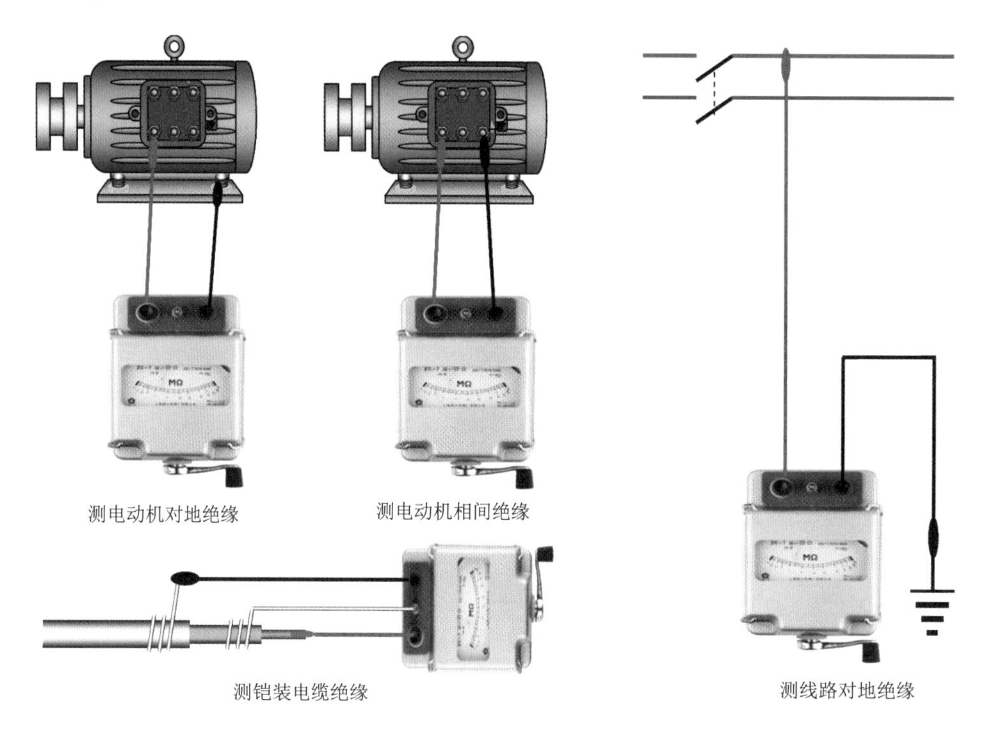

图 2.5 兆欧表测量的接线方法

3）连接用专线。接线柱与被测电路或设备间连接的导线不能用双股绝缘线或绞线，必须用单根线连接，避免因绞线绝缘不良而引起误差。

4）转速要均匀。摇动手柄的转速要均匀，一般规定为 120r/min，允许有 ±20% 的变化。通常都要摇动 1min 后，待指针稳定下来再读数。如被测电路有电容时，先持续摇动一段时间，让兆欧表对电容充电，指针稳定后再读数，读数时，应边摇边读数。测完后先拆去接线，再停止摇动。若测量中发现指针指零，应立即停止摇动手柄。

5）测完须放电。在兆欧表未停止转运前，切勿用手触及设备的测量部分或兆欧表的接线柱。测量完毕后，应对设备充分放电，否则容易引起触电事故。

6）雷电时禁用。禁止在雷电时或在邻近有高压导体的设备处使用兆欧表进行测量。

7）校验应定期。校验方法是直接测量有确定值的标准电阻，检查它是否有测量误差，是否在允许范围以内。

相关知识

1. 兆欧表的工作原理

兆欧表的工作原理如图 2.6 所示，它的磁电式流比计有两个互成一定角度的可动线圈，装在一个有缺口的圆柱铁芯上面，并与指针一起固定在一个转轴上，构成流比计的可动部分，被置于永久磁铁中，其中，磁铁的磁极与圆柱铁芯之间的气隙是不均匀的。这样，流比计不像其他仪表，它的指针没有阻尼弹簧，指针可以停留在任何位置。

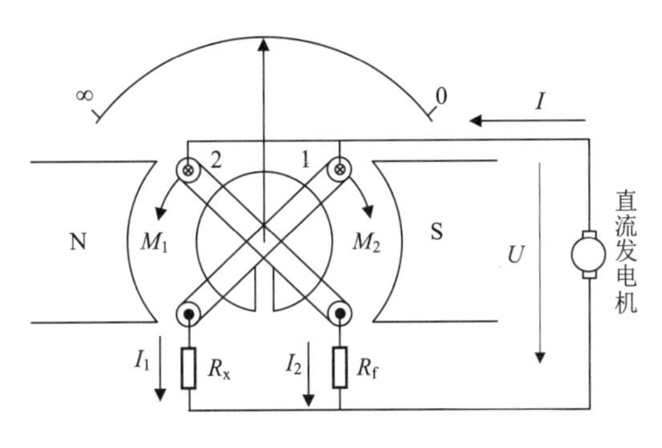

图 2.6　兆欧表的工作原理

摇动手柄，直流发电机即可输出电流，其中，一路电流 I_1 流入线圈 1 和被测电阻 R_x 的回路，另一路电流 I_2 流入线圈 2 与附加电阻 R_f 回路，设线圈 1 的电阻为 R_1、线圈 2 的电阻为 R_2，根据欧姆定律，有

$$\begin{cases} I_1 = \dfrac{U}{R_1 + R_x} \\ I_2 = \dfrac{U}{R_2 + R_f} \end{cases}$$

两式相比得

$$\frac{I_1}{I_2} = \frac{R_2 + R_f}{R_1 + R_x}$$

式中：R_1、R_2 和 R_f 为定值；R_x 是变量。可见 R_x 的改变必将引起电流比值 I_1/I_2 的改变，当 I_1 和 I_2 分别流过线圈 1 和线圈 2 时，受到永久磁铁磁场力的作用，使线圈 1 产生转动力矩 M_1，线圈 2 由于与线圈 1 绕向相反，产生了反作用转动力矩 M_2，两个力矩作用的合力矩使指针发生偏转。在 $M_1 = M_2$ 时，指针静止不动，这时指针所指出的就是被测设备的绝缘电阻值。由图 2.6 可见，兆欧表未接入电路前，相当于 $R_x = \infty$，线圈 1 回路开路，摇动手柄时 $I_1 = 0$，$M_1 = 0$，指针在 I_2 和 M_2 作用下向逆时针方向偏转，最后指在“∞”处。如将输出端 L 和 E 短接，即 $R_x = 0$，此时 I_1 最大，M_1 最大，M_1 和 M_2 综合作用的结果使指针沿顺时针方向偏转，指到标度尺的 $R_x = 0$ 处。

2. 兆欧表测量范围的选用原则

兆欧表测量范围的选用原则是：要使测量范围适应被测量绝缘电阻的数量；否则，

将发生较大的测量误差。例如，有些兆欧表的读数不是从 0 开始，而是从 1MΩ 或 2MΩ 开始，就不适合用它去测量潮湿环境中的电气设备或线路的绝缘电阻，因为这时被测电气设备和线路及绝缘电阻有可能小于 1MΩ 或 2MΩ，容易误将它的绝缘电阻判读为“0”。下面介绍一些选择兆欧表的示例，见表 2.3。

表 2.3　兆欧表选择举例

被测对象	被测设备或线路额定电压 /V	选用的兆欧表 /V
线圈的绝缘电阻	500 以下	500
线圈的绝缘电阻	500 以上	1000
电动机绕组绝缘电阻	380 以下	1000
变压器、电动机绕组绝缘电阻	500 以上	1000 ～ 2500
电气设备或线路绝缘	500 以下	500 ～ 1000
电气设备或线路绝缘	500 以上	2500
瓷瓶、母线、刀闸		2500 ～ 5000

考核评价

1. 理论知识考核（表 2.4）

表 2.4　兆欧表的使用理论知识考核评价表

班级		姓名		学号	
工作日期		评价得分		考评员签名	
1）简述兆欧表的结构。（10 分）					
2）简述兆欧表的工作原理。（40 分）					
3）简述使用兆欧表的注意事项。（30 分）					

续表

4）简述兆欧表使用前的准备工作。（20分）
____
____
____

2. 任务实施考核（表2.5）

表2.5 兆欧表的使用任务实施考核评价表

班级			姓名		最终得分	
序号	评分项目		评分标准		配分	实际得分
1	制订计划		包括制订任务、查阅相关的教材、手册或网络资源等，要求撰写的文字表达简练、准确： ____________________ ____________________ ____________________ ____________________		10	
2	材料准备		列出所用的工具材料： ____________________ ____________________		10	
3	实作考核	测量前准备	不会机械调零，扣2分 没有进行开路试验，扣5分 没有进行短路试验，扣5分 选表错误（耐压等级），扣10分 接线错误，扣20分 测量前没有断电和验电，扣25分		25	
		测量及结果处理	摇速不均、时快时慢，扣10分 摇速达不到120r/min，测量完毕没有放电，扣20分 操作错误，造成人体触电事故，扣25分		25	
4	安全防护		在任务的实施过程中，需注意的安全事项： ____________________ ____________________ ____________________ ____________________		10	
5	7S管理		包括整理、整顿、清扫、清洁、素养、安全、节约： ____________________ ____________________		10	

续表

序号	评分项目	评分标准	配分	实际得分
6	检查评估	包括对整个工作过程和结果进行检查评估、针对出现的问题提出建设性的意见或建议： ______ ______ ______ ______	10	

注：各项内容中扣分总值不应超过对应各项内容所分配的分数。

任务 2.3 接地电阻测量仪的使用

教学目标

知识目标

1）了解常用接地电阻测量仪的型号及构造。

2）了解接地电阻测量仪的用途。

能力目标

1）掌握常用 ZC-80 型接地电阻测量仪的使用方法。

2）掌握不同型号的接地电阻测量仪的接线方法。

素质目标

通过插入电流探针和电压探针的位置、插入地面的深度不同，观察接地电阻值是否一样，培养勇于探索的创新精神。

任务描述

接地电阻测量仪（又称接地电阻测试仪）是一种检验测量接地电阻的常用仪表，也是电气安全检查与接地工程竣工验收不可缺少的工具。本任务以用 ZC-8 型接地电阻测量仪来测量 10kV 输电线路的接地电阻值为例，训练学生正确规范操作仪表。

本任务的难点：找准电流探针和电压探针的安装位置和插入地面的深度。

本任务的重点：准确读数。

任务实施

1. 接地电阻测量仪的校正

将接地电阻测量仪的表面擦拭干净，检查其外表有无损坏，将仪表短接后摇动手柄做短路实验，指针能灵活偏转，并调节检流计的指针，看是否与刻度盘上的中心线“测量黑线”重合，如果不重合，调节“检流计指针校正旋钮”，使指针与“测量黑线”重合，这一过程也叫仪表的校正；检查手摇发电机的摇把能否正常转动。如果仪表不能校正或摇把不能转动，说明仪表损坏不能使用，需另选正常的仪表。

接地电阻测量仪的使用方法（视频）

2. 用接地电阻测量仪测量10kV电力线路的接地电阻的操作方法

（1）器材准备（图2.7）

ZC-8型接地电阻测量仪1只、铁锤1把、锉刀1把、扳手1把、卷尺1把等。

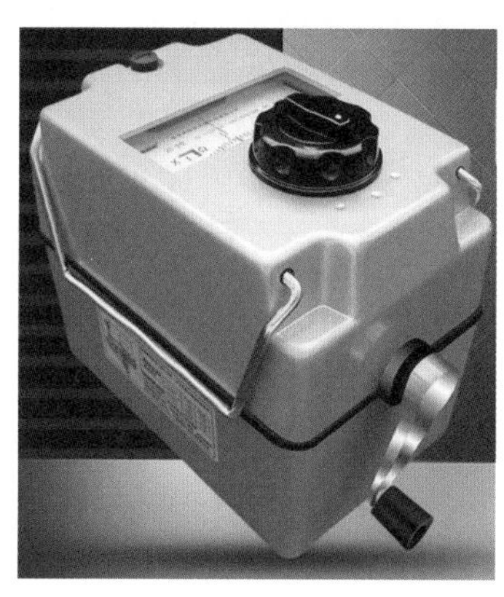

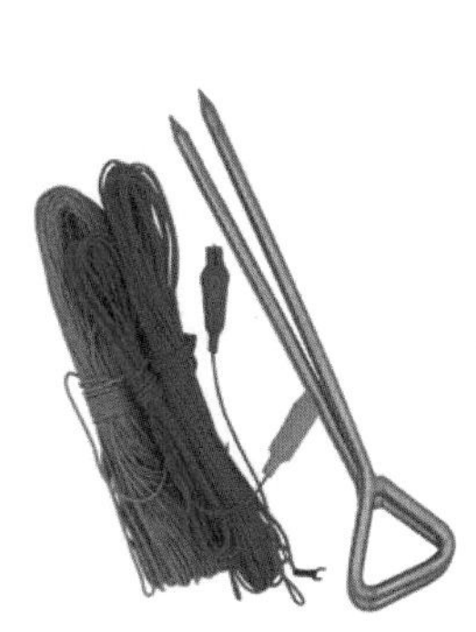

图2.7 器材准备

（2）测量步骤

1）用扳手将接地装置引出线上的接地卡子断开，切断接地线与接地体（接地电阻）的联系，用锉刀轻轻挫去接地体表面的氧化层或锈污，如图2.8所示。

2）观察现场，找出适当的测量路径。

3）接线。

图2.8 接地电阻

① 连接地线E。用5m长的测量线（一般是黑色绝缘软铜芯线）将接地体引出端与接地电阻测量仪的“E”接线柱连接起来。

② 连接安装电压测量线P。将20m长的测量线一端接到仪表的“P”接线柱上，然后拿着铁锤、探测针和20m的测量线，沿着确定的路径放线，放完20m测量线后，在离接地体20m的位置，用铁锤将电压探测针打入地面，插入深度为400mm左右，然后将测量线的另一端接到探测针上。

③ 连接安装电流测量线C。用同样的方法连接安装40m的电流测量线，电流探测针距接地体40m。接地电阻测量仪的接线方式如图2.9所示。

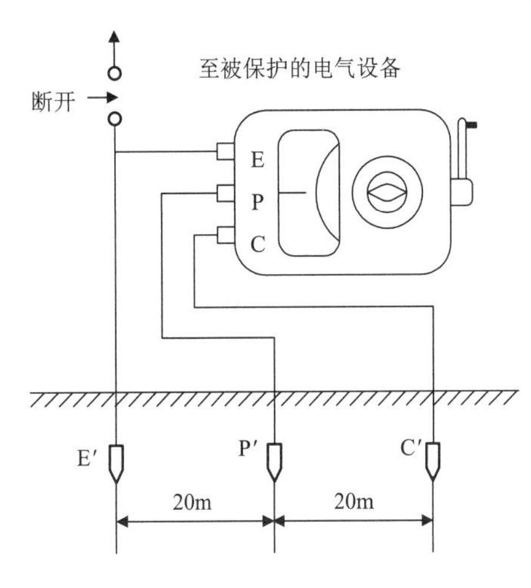

图2.9 接地电阻测量仪的接线方式

4）接完线，把仪表放置水平后，检查检流计指针是否指在刻度盘上的中心线“测量黑线”上；否则，调节“检流计指针校正旋钮”，使检流计指针与“测量黑线”重合，然后将仪表的倍率标度置于中间（×10）标位，并将“测量标度盘”中间数值置于“测量黑线”附近。

5）慢慢转动发电机的摇把，观察检流计指针是否接近“测量黑线”。

① 当指针往“0”刻度偏转时，说明实际电阻值小于当前数值，“测量标度盘”应沿顺时针方向旋转，如果刻度1转到“测量黑线”，指针仍未指于“测量黑线”，应停止摇动手柄，将“倍率标度”调小一级（×1），然后重新测量。

② 当指针往“10”刻度偏转时，说明实际电阻值大于当前数值，“测量标度盘”应沿逆时针方向旋转，如果刻度10转到“测量黑线”，指针仍未指于“测量黑线”，应停止摇动手柄，将“倍率标度”调大一级（×100），然后重新测量。

6）当指针接近“测量黑线”时，快速摇动摇把，使转速达到120r/min左右，调节“测量刻度盘”，使指针指于“测量黑线”。当指针停留在“测量黑线”上不动时，说明检流计中的电桥已平衡，可停止摇动手柄，读出“测量刻度盘”的读数（“测量刻度盘”处于“测量黑线”位置的数）。

7）计算测量结果，即$R_{地}$=“测量刻度盘”的读数×“倍率标度盘”的读数。

8）测量完毕，拆掉探针和连接线，整理现场。

3. 使用接地电阻测量仪的注意事项

1）测量时，接地线路要与被保护的设备断开，以便得到准确的测量数据。

2）被测地极附近不能有杂散电流和已极化的土壤。

3）下雨后和土壤吸收水分太多时以及气候、温度、压力等急剧变化时均不能测量。

4）探测针应远离地下水管、电缆、铁路等较大金属体。

5）连接线应使用绝缘良好的导线，以免有漏电现象。

6）注意电流极插入土壤的位置，应使接地棒处于零电位的状态。

7）宜选择土壤电阻率大的时候测量，如在初冬或夏季干燥季节时进行。

8）测量现场不能有电解物质和腐烂物质，以免造成错觉。

9）当检流计的灵敏度高时，可将电位探测针 P′ 插入土中稍浅位置；当检流计灵敏度不够时，可沿电位探测针 P′ 和电流探测针 C′ 注水，使其湿润。

10）随时检查仪表的准确性。

11）接地电阻测量仪应保存在室内环境温度 0 ～ 40℃，相对湿度不超过 80%，且在空气中不能含有足以引起腐蚀的有害物质。

12）接地电阻测量仪在使用、搬运、存放时应避免强烈振动。

相关知识

1. 接地电阻测量仪的结构

接地电阻测量仪由检流计、手摇发电机、电流互感器、调节电位器组成，其原理线路图和电位分布图如图 2.10 所示，其面板结构如图 2.11 所示。

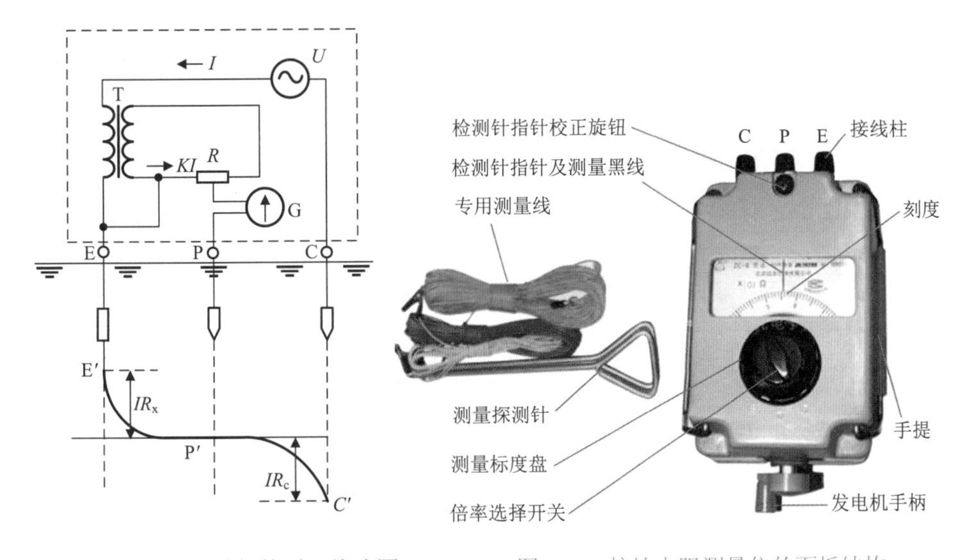

图 2.10　接地电阻测量仪的原理线路图和电位分布图

图 2.11　接地电阻测量仪的面板结构

2. 接地电阻测量仪的工作原理

当手摇发电机的摇把以 120r/min 的速度转动时，便产生 90 ～ 98 周 /s 的交流电流。电流经电流互感器一次绕组、接地极、大地和探测针后回到发电机，电流互感器便感应产生二次电流，检流计指针偏转，借助调节电位器使检流计达到平衡。

3. 实际工作中常用接地电阻的允许值（表 2.6）

表 2.6 实际工作中常用接地电阻的允许值

接地类型	允许值 /Ω	备注
大接地短路电流系统接地	$R \leqslant 0.5$	短路电流大于 500A
小接地短路电流系统接地	$R \leqslant 10$	短路电流小于 500A
大变压器或发电机工作接地	$R \leqslant 4$	容量大于 100kVA
小变压器或发电机工作接地	$R \leqslant 10$	容量不大于 100kVA
零线重复接地	$R \leqslant 10$	容量不大于 100kVA 小于 3 处时可取 R 小于 30Ω
电气设备保护接地	$R \leqslant 4$	
电气设备保护接地	$R \leqslant 10$	引入线装有 25A 以下的熔断器
低压线路杆塔接地	$R \leqslant 30$	
进户线绝缘子脚接地	$R \leqslant 30$	
阀型避雷器（FZ）接地	$R \leqslant 4$	
阀型避雷器（FS）接地	$R \leqslant 10$	
管型避雷器接地	$R \leqslant 10$	
独立避雷针接地	$R \leqslant 10$	个别可取不大于 30Ω
工业电子设备瓮中保护接地	$R \leqslant 10$	
烟囱防雷接地	$R \leqslant 30$	

考核评价

1．理论知识考核（表 2.7）

表 2.7 接地电阻测量仪的使用理论知识考核评价表

班级		姓名		学号	
工作日期		评价得分		考评员签名	
1）简述接地电阻测量仪的结构。（20 分）					
2）简述接地电阻测量仪的工作原理。（40 分）					

续表

3）简述使用接地电阻测量仪的注意事项。（40 分）
____
____
____
____

2．任务实施考核（表 2.8）

表 2.8　接地电阻测量仪的使用任务实施考核评价表

班级				姓名	最终得分	
序号	评分项目		评分标准		配分	实际得分
1	制订计划		包括制订任务、查阅相关的教材、手册或网络资源等，要求撰写的文字表达简练、准确： ______________________________ ______________________________ ______________________________ ______________________________		10	
2	材料准备		列出所用的工具材料： ______________________________ ______________________________		10	
3	实作考核	测量接地电阻的操作过程	使用前，没有检查检流计指针是否指在黑线上就校正，扣 10 分 不会选择倍率开关，扣 10 分 电路接线不正确，扣 30 分 探针没有扎到位，扣 10 分 接线不准确，扣 20 ～ 30 分 接地装置没有断电就进行测量，扣 50 分		50	
4	安全防护		在任务的实施过程中，需注意的安全事项： ______________________________ ______________________________ ______________________________ ______________________________		10	
5	7S 管理		包括整理、整顿、清扫、清洁、素养、安全、节约： ______________________________ ______________________________		10	

续表

序号	评分项目	评分标准	配分	实际得分
6	检查评估	包括对整个工作过程和结果进行检查评估、针对出现的问题提出建设性的意见或建议： __________ __________ __________ __________	10	

注：各项内容中扣分总值不应超过对应各项内容所分配的分数。

学习笔记

项目3 导线连接与绝缘恢复

任务3.1 单股绝缘铜芯导线的连接与绝缘恢复

教学目标

知识目标

1）了解导线连接的4个基本要求和架空导线连接的3个规定。

2）熟悉单股绝缘铜芯导线的连接方法。

3）熟悉接头绝缘恢复所需材料。

4）掌握常用绝缘铜芯导线的截面、线径及载流量之间的关系。

能力目标

1）能够掌握单股绝缘铜芯导线绝缘层的剥削技能。

2）能够掌握单股绝缘铜芯导线各种形式的连接工艺。

3）能够熟练掌握单股绝缘铜芯导线接头绝缘层恢复的操作工艺。

素质目标

1）通过对废旧导线的重复利用，同时严格执行剥削绝缘层长度及有关操作尺寸，培养节约材料、减少废料的良好习惯。

2）通过工具和材料的有序摆放，严格执行7S管理，培养卫生整洁、工作有序的良好习惯。

任务描述

在电气安装和线路维修中，经常需要将一根导线与另一根导线相连，或将导线与接线桩相连。在低压供电系统中，导线连接点是故障出现最多的位置，供电系统中的设备、电路能否安全可靠地运行，在很大程度上依赖于导线连接和绝缘层恢复的质量。导线与导线的连接有焊接、压接、缠接、螺栓连接等多种连接方法，其中缠接只适用于铜芯导线，铝线不应用缠接方法连接。单股绝缘铜芯导线（以下简称单股导线）的连接方式有平接、T形分支连接、终端接、软硬线连接等多种形式。本任务训练学生掌握单股导线的连接工艺，以提高动手能力。

本任务的重点：单股导线的连接工艺。

本任务的难点：单股导线平接。

任务实施

1．单股导线平接的方法步骤

单股绝缘导线平接（视频）

1）剥导线绝缘层。用剥线钳将两根导线的绝缘层剥去，长度约为（40+50*d*）mm（*d* 为导线线径），然后两根导线做 X 形交叉，如图 3.1 所示。

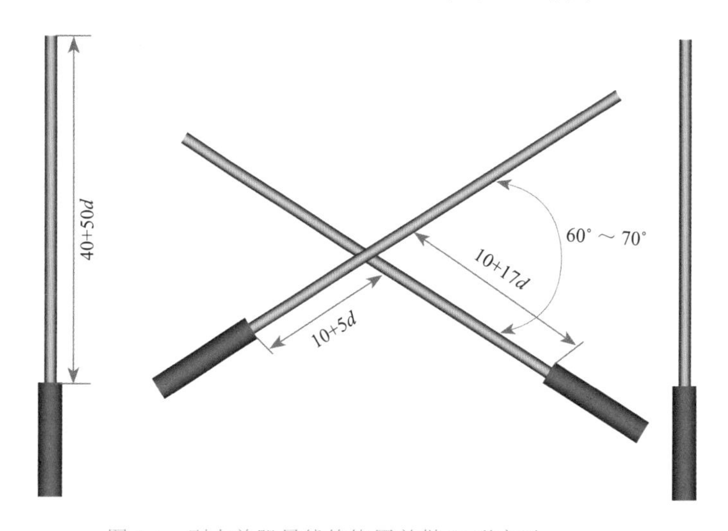

图 3.1 剥去单股导线绝缘层并做 X 形交叉

2）导线绞合并扳直。将两根导线互相绞合 2 ～ 3 回并扳直，如图 3.2 所示。

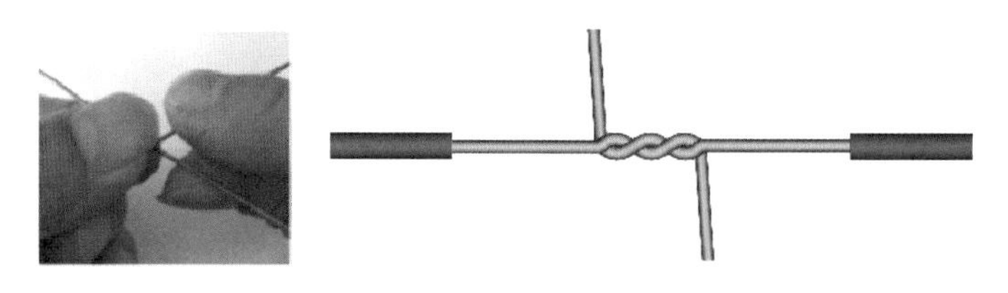

（a）将两根导线绞合　（b）将连接导线扳直

图 3.2 单股导线平接之导线绞合、扳直

① 左手拇指和食指压紧左边两股线芯，右手拇指和食指相互贴紧，两指尖成 60°左右。

② 右手保持形状，将右手插入导线交叉处，拇指顶下方线芯，食指压上方线芯，如图 3.2（a）所示，右手旋转 180°。

③ 重复步骤②两次，使绞合部分达到绞合 3 回。

④ 将连接导线扳直，使之与绞合部分成一直线，接着扳两短头，使短头与导线的

角度接近 90°，如图 3.2（b）所示。

3）取其中一根线端围绕另一根芯线紧密缠绕 5 圈，将多余线端剪去，钳平切口，如图 3.3（a）所示。

① 当缠绕线芯在下方时，拇指内侧顶缠绕线芯，食指同时贴着被缠导线，如图 3.3（b）所示，旋转 180°，此时缠绕线芯指向上方。

② 当缠绕线芯在上方时，拇指贴着被缠导线，食指同时压着缠绕线芯，如图 3.3（c）所示，旋转 180°，使缠绕线芯指向下方，此时缠绕一圈。

③ 重复步骤①和②，直至缠绕 5 圈为止。

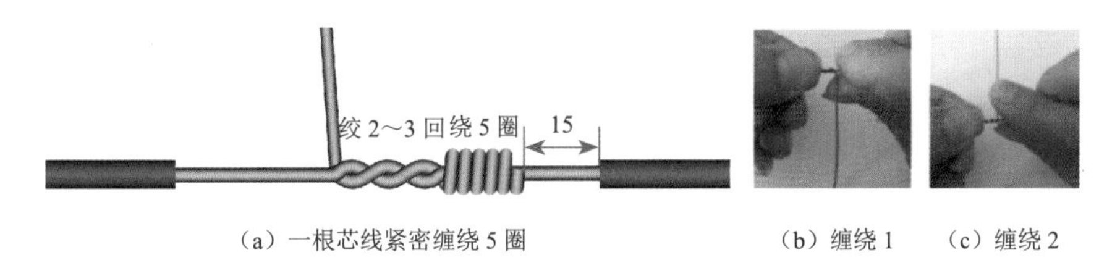

（a）一根芯线紧密缠绕 5 圈　（b）缠绕 1　（c）缠绕 2

图 3.3　单股导线平接线芯缠绕之一

4）另一根线端也围绕芯线紧密缠绕 5 圈，多余线端剪去，钳平切口，并整理接头，使之平直，如图 3.4 所示。

图 3.4　单股导线平接线芯缠绕之二

2．单股导线 T 形分支连接的方法

1）剥干线绝缘层。用电工刀将干线绝缘层削去，长度约（20+10d）mm，用剥线钳将分支线绝缘层剥掉，长度约（55+32d）mm，如图 3.5 所示。

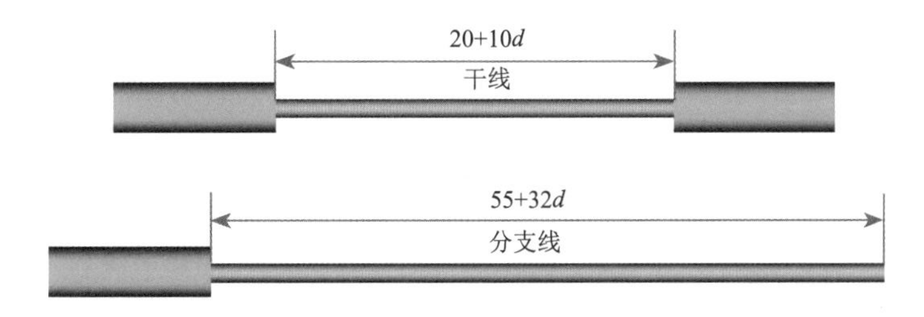

图 3.5　单股导线 T 形接之绝缘剥削

2）支线端和干线十字相交，如图 3.6（a）所示。

3）支线线芯在干线上缠绕一圈，再环绕呈结状，如图 3.6（b）所示。

4）收紧结状，线端在干线上紧密并绕 5 ～ 8 圈，剪平切口，如图 3.6（c）所示。

5）如果连接导线的截面较大，两芯线十字相交后直接在干线上紧密缠绕 5 ～ 8 圈即可，如图 3.6（d）所示。

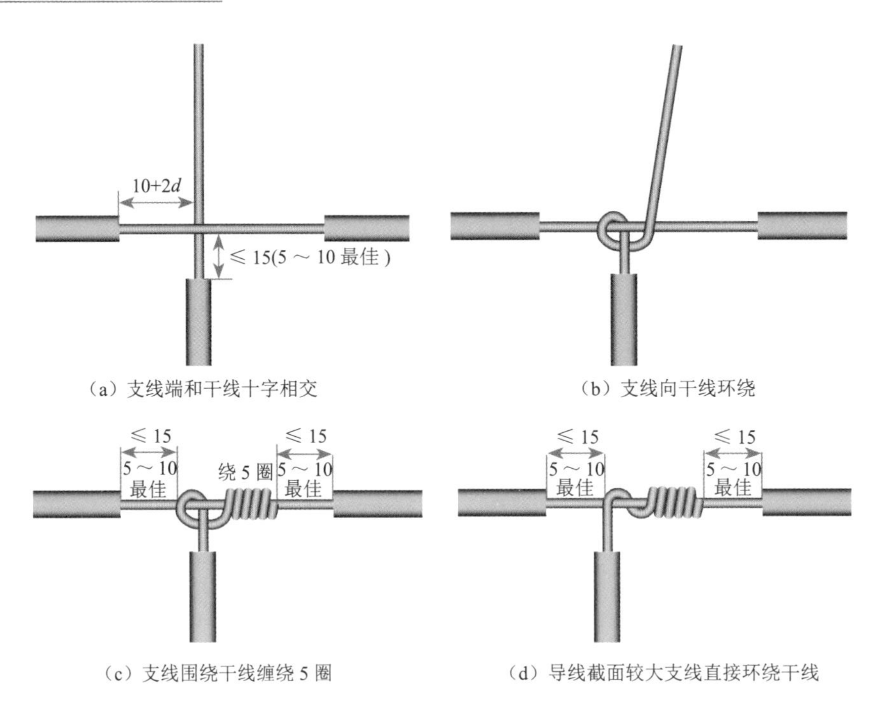

（a）支线端和干线十字相交　（b）支线向干线环绕

（c）支线围绕干线缠绕 5 圈　（d）导线截面较大支线直接环绕干线

图 3.6　单股导线 T 形连接

3. 单股导线终端连接的方法

（1）剥绝缘层

用剥线钳将两根导线的绝缘层剥去，长度约（30+20d）mm，然后将两根导线并排贴在一起，两线芯互相交叉，夹角为 70° ～ 80°，如图 3.7 所示。

（2）两线芯相互绞合

将两线芯相互绞合 5 圈，操作方法与平接第②步相同。

（3）修剪导线

线端留下 10mm，多余的剪掉，将两根线端折回压在绞合线上，如图 3.8 所示。

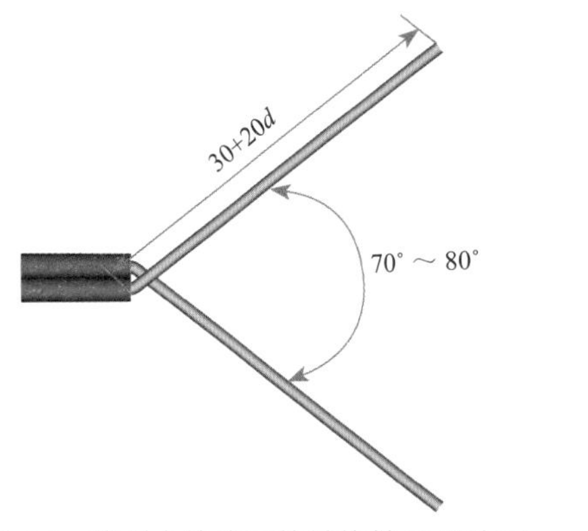

图 3.7　将剥去绝缘层的导线做 X 形交叉

图 3.8　终端连接

软硬导线连接（视频）

4. 软硬导线连接的方法

（1）剥绝缘层

用剥线钳剥去硬导线和软导线的绝缘层，并将多股软导线线芯拧紧。

（2）软导线线芯缠绕硬导线线芯

软导线线芯在硬导线线芯上缠绕一圈，再环绕成结状。

（3）缠绕软导线线芯

软导线线芯在硬导线线芯上紧缠 5 ～ 8 圈，如图 3.9 所示。

（4）修剪硬导线线芯

预留适当的长度折回压紧软导线线芯，以防软导线脱落。最后将多余的软导线剪掉。

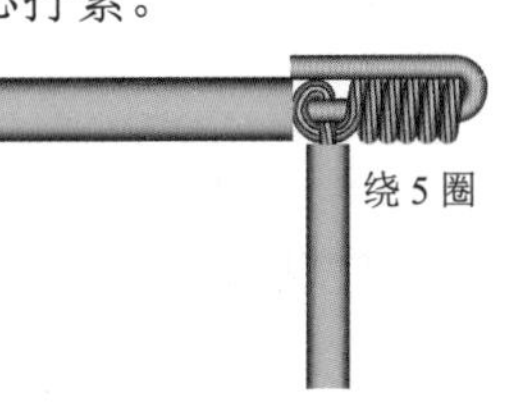

图 3.9　软硬导线连接

导线的绝缘恢复（视频）

5. 绝缘恢复（扎包）步骤

1）从单股导线左端距接头 2 倍绝缘带宽的位置开始包缠，同时绝缘带与导线应保持一定的倾斜角(约 45°)，每圈的包扎要压住前一圈带宽的 1/2，如图 3.10 所示。

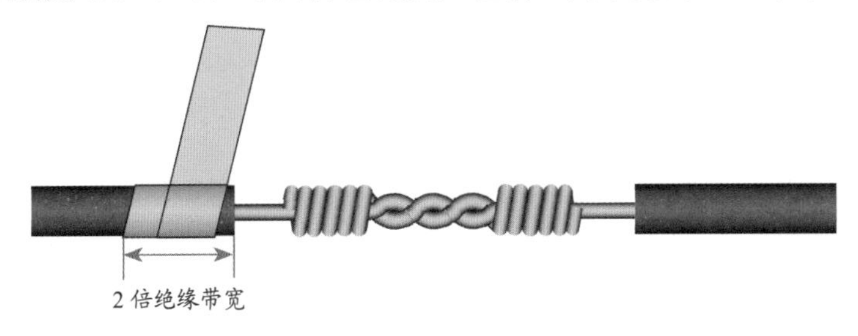

图 3.10　接头绝缘包扎开始部位

2）开始包扎，直到距右端接头 2 倍绝缘带宽的位置，并原地缠一圈，如图 3.11 所示。

3）往反方向包扎第二层，直到起始位置为止，接着在原地缠一圈，最后撕掉多余的绝缘带并压紧，如图 3.12 所示。

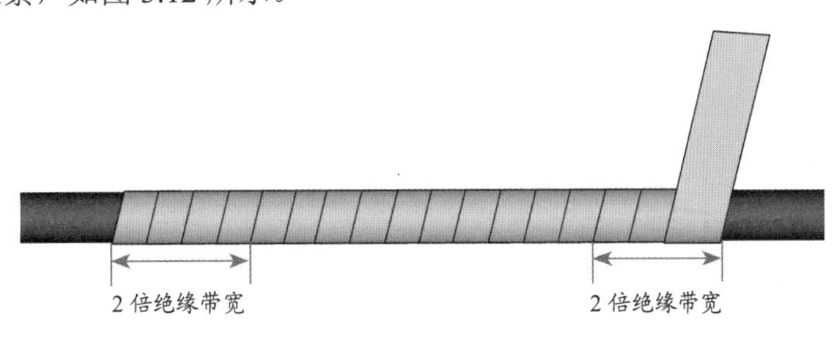

图 3.11　单股导线接头绝缘包扎终端部位

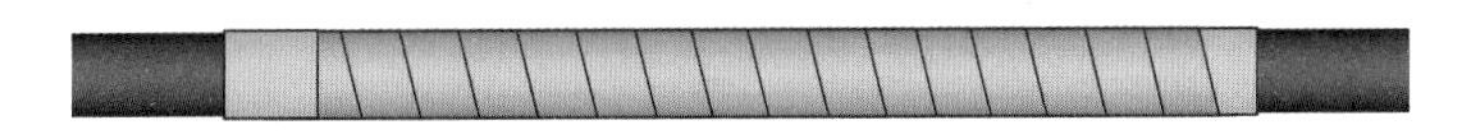

图 3.12　单股导线接头绝缘恢复

6. 单股导线连接的注意事项

1）剥削绝缘层时不可损伤芯线，剥绝缘层前，必须选好合适的咬口，选大了不易剥绝缘层，选小了会损伤线芯，甚至会损坏剥线钳。

2）导线接头要紧密可靠，平接接头水平推拉不能有松动，T 形接的分支线不可绕干线转动；否则，应用钳收紧。

3）芯线缠绕要紧密，缠绕圈数不能小于 5 圈，平接接头、T 形接接头处导线与绝缘层的距离不应大于 15mm，最好为 5 ～ 10mm。

4）导线平接时，两芯线互绕圈数不应小于 2 圈，也不要超过 3 圈。

5）绝缘恢复应符合要求，包扎牢固、紧密。

6）工具材料不能乱丢乱放，丢在地上的材料应立即捡起放回工作台。

7）注意节约用材，养成节约好习惯。在剥导线绝缘层时，线芯长或短了都会造成浪费，应该按经验数据剥绝缘层长度。

8）训练完毕，应清点工具，清理场地或工作台，保持卫生整洁。

相关知识

1. 导线符号意义及型号

常用导线分为裸导线和绝缘导线两种。

裸导线。材料：铜用字母“T”表示，铝用字母“L”表示，钢用字母“G”表示；材质：硬型材质用字母“Y”表示，软型材质用字母“R”表示；截面积用数字表示；单线线径用“ϕ”表示。

绝缘导线。具有绝缘包层的导线称为绝缘导线，绝缘导线按材料分为铜芯导线和铝芯导线；按结构分为单芯、双芯和多芯导线等；按绝缘材料分为橡皮绝缘导线和塑料绝缘导线两种，橡皮绝缘导线外防护层又分为棉纱编织和玻璃丝编织。

例 1：LJ-35。

1）L 表示铝导线。

2）J 表示绞合导线。

3）35 表示截面积为 $35mm^2$。

LJ-35 的含义：截面积为 $35mm^2$ 的铝绞线。

例 2：BVV-500-2.5。

1）B 表示布线。

2）V 表示聚氯乙烯塑料绝缘。只有 1 个 V 时表示单层塑料绝缘，有 2 个 V（即 VV）时表示双层塑料绝缘。

BVV-500-2.5 的含义：布线用双层塑料单股铜芯绝缘导线，截面积为 $2.5mm^2$，导线绝缘电压为 500V。

2. 导线连接的4个基本要求

1）接触紧密，接头电阻尽可能小，稳定性好，与同长度、同截面导线的电阻比值不应大于1.2。

2）接头的机械强度不应小于原导线机械强度的80%。

3）接头处应耐腐蚀，避免受外界气体的侵蚀；铜铝导线不能直接连接，应用铜铝过渡。

4）接头的绝缘强度应与导线的绝缘强度一样。

3. 架空导线的连接应遵守的3个规定

1）不同金属、不同截面、不同绞向的导线，严禁在挡距内连接。

2）在一个挡距内，每根导线不应超过一个接头。

3）接头位置不应在绝缘子固定处，以免妨碍扎线。

4. 严格遵守导线连接基本要求的重要性

导线连接的部位是电气线路的薄弱环节，如果连接部位接触不良，则接触电阻增大，必然造成连接部位发热增加，甚至产生危险温度，构成引燃源。如连接部位松动，则可能放电打火，构成引燃源。为了保证线路的安全运行，在连接导线时必须遵守导线连接的4个基本要求。如果是架空导线，还必须同时遵守架空导线连接的3个规定。

拓展知识

软硬导线的连接——蝴蝶结

蝴蝶结用于吊灯灯头和软硬导线连接处，防止软导线的线芯受力，如图3.13所示。蝴蝶结的打法如下。

1）将两股软线拆散，长度约100mm，如图3.14（a）所示。

2）将左边股线顺软线绕向绕一圈，如图3.14（b）所示。

3）右边股线绕左边股线一圈，然后从左边股线圈中穿过，如图3.14（c）所示。

4）将两根股线头拉紧即成蝴蝶结。

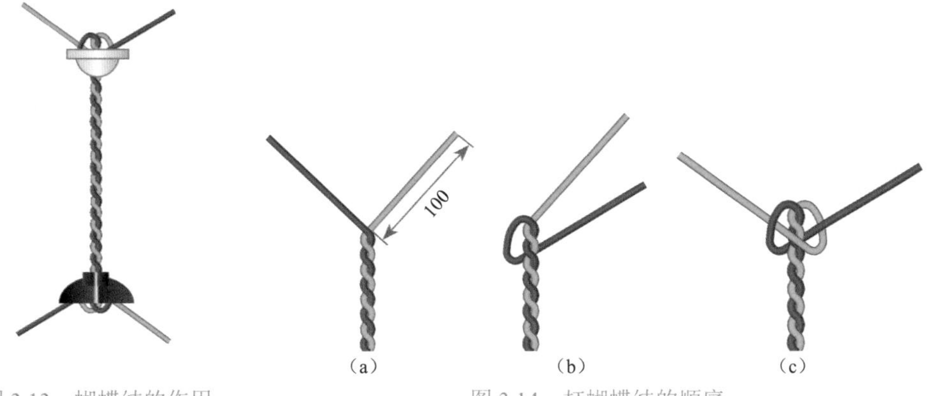

图3.13　蝴蝶结的作用　　图3.14　打蝴蝶结的顺序

考核评价

1．理论知识考核（表 3.1）

表 3.1　单股导线连接与绝缘恢复理论知识考核评价表

班级		姓名		学号	
工作日期		评价得分		考评员签名	

1）单股导线的连接有哪几种方法？（10 分）

2）导线连接的 4 个基本要求是什么？（25 分）

3）架空导线连接应遵守的 3 个规定是什么？（15 分）

4）恢复导线绝缘时要注意什么？（30 分）

5）在 35℃明敷时，塑料单股导线的各线径导线对应的载流量是什么？（20 分）

截面 /mm^2	线径 /mm	截流量 /A	截面 /mm^2	线径 /mm	截流量 /A
1			4		
1.5			6		
2.5			10		

2. 任务实施考核（表 3.2）

表 3.2　单股导线连接与绝缘恢复任务实施考核评价表

<table>
<tr><td colspan="2">班级</td><td colspan="2"></td><td>姓名</td><td></td><td>最终得分</td><td></td></tr>
<tr><td>序号</td><td colspan="2">评分项目</td><td colspan="3">评分标准</td><td>配分</td><td>实际得分</td></tr>
<tr><td>1</td><td colspan="2">制订计划</td><td colspan="3">包括制订任务、查阅相关的教材、手册或网络资源等，要求撰写的文字表达简练、准确：
______
______
______
______</td><td>10</td><td></td></tr>
<tr><td>2</td><td colspan="2">材料准备</td><td colspan="3">列出所用的工具材料：
______
______</td><td>10</td><td></td></tr>
<tr><td rowspan="5">3</td><td rowspan="5">实作考核</td><td>单股平接</td><td colspan="3">接头起始端至绝缘层的距离不小于 15mm，扣 2 分
中间绞合小于 2 回或大于 4 回，扣 4 分
缠绕小于 5 圈，扣 3 分
缠绕小于 4 圈，扣 5 分
缠绕不密贴，扣 2 ～ 5 分
不贴线芯缠绕，扣 2 ～ 5 分
接头不平直，扣 1 ～ 3 分
接头松动，扣 8 分</td><td>15</td><td></td></tr>
<tr><td>单股T接</td><td colspan="3">接头起始端至绝缘层的距离不小于 15mm，扣 2 分
缠绕小于 5 圈扣 2 分、小于 4 圈，扣 5 分
缠绕不密贴，扣 2 ～ 4 分
不贴线芯缠绕，扣 2 ～ 6 分
打结错误，扣 5 分</td><td>10</td><td></td></tr>
<tr><td>终端接</td><td colspan="3">绞合不紧密，扣 0 ～ 5 分
绞合小于 5 回或大于 6 回，扣 3 分
折回线芯长度小于 8mm 或大于 12mm，扣 2 分</td><td>10</td><td></td></tr>
<tr><td>软硬线连接</td><td colspan="3">接头始端与绝缘层的距离大于 1mm，扣 3 分
没有或打错结，扣 8 分
折回线芯距绝缘层大于 2mm，扣 1 ～ 3 分
折回线与软线不贴紧，扣 1 ～ 3 分
软线松散，扣 2 分
圈数小于 5 圈，扣 2 ～ 5 分</td><td>10</td><td></td></tr>
<tr><td>绝缘恢复</td><td colspan="3">绝缘包扎开始部位尺寸不正确，扣 2 分
绝缘包扎终端部位尺寸不正确，扣 2 分
后一圈没有压着前一圈带宽的 1/2，扣 4 分
包扎层数不符合标准，扣 5 分</td><td>10</td><td></td></tr>
</table>

续表

序号	评分项目	评分标准	配分	实际得分
4	安全防护	在任务的实施过程中，需注意的安全事项： ________________ ________________ ________________ ________________	10	
5	7S 管理	包括整理、整顿、清扫、清洁、素养、安全、节约： ________________ ________________	5	
6	检查评估	包括对整个工作过程和结果进行检查评估、针对出现的问题提出建设性的意见或建议： ________________ ________________ ________________ ________________	10	

注：各项内容中扣分总值不应超过对应各项内容所分配的分数。

任务 3.2 多股绝缘铜芯导线的连接与绝缘恢复

教学目标

知识目标

了解多股绝缘铜芯导线的连接方法。

能力目标

1）能够熟练掌握多股绝缘铜芯导线绝缘层的剥削工艺。

2）能够掌握多股绝缘铜导芯线的连接工艺。

3）能够熟练掌握多股绝缘铜芯导线接头绝缘层恢复的操作工艺。

素质目标

1）通过对废旧导线的重复利用，同时严格执行剥绝缘层长度及有关操作尺寸，培养节约材料、减少废料的良好习惯。

2）通过工具和材料的有序摆放，严格执行 7S 管理，培养卫生整洁、工作有序的良好习惯。

任务描述

在电气安装和线路维修中，经常需要将一根导线与另一根导线连接起来，或将导线与接线桩相连。在低压供电系统中，导线连接点是故障出现最多的位置，供电系统中的设备、电路能否安全可靠地运行，在很大程度上依赖于导线连接和绝缘层恢复的质量。本次根据项目施工现场的需要，主要考核多股线的连接。导线与导线的连接有焊接、压接、缠接、螺栓连接等多种连接方法，其中缠接只适用铜芯导线，铝线不应用缠接方法。多股线与多股线的连接方式有平接和T形分支两种形式。本任务训练学生掌握多股绝缘铜芯导线（以下简称多股导线）的连接工艺，以提高动手能力。

本任务的重点：多股导线的连接工艺。

本任务的难点：多股导线平接。

多股绝缘导线平接（视频）

任务实施

1. 多股导线直接连接（平接）的步骤

1）将两根多股导线的绝缘层剥掉［长度约（$142d$+100）mm，d为股线直径］，将多股导线线芯顺序解开成20°～30°伞状并拉直，然后在（$42d$+20）mm处剪去中心股线，如图3.15所示。

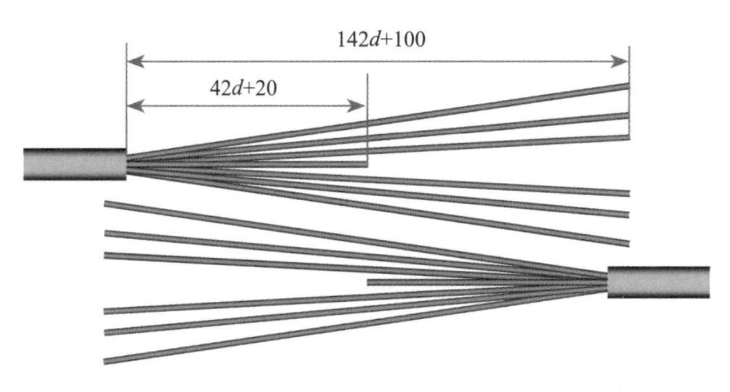

图3.15　剥绝缘层松散线芯

2）将两根多股导线线芯相互插嵌至中心线接触为止，把张开的各线合拢，取其中任意两根相邻的股线（一边一根）互相扭一下（转90°），如图3.16所示。

3）其中一根股线围绕干线缠绕5圈，接着将另一根股线挑起90°，然后将刚才剩余的线端扭90°贴向干线，并用钢丝钳压平，如图3.17所示。

4）挑起的股线也围绕干线缠绕5圈，接着将另一根股线也挑起90°，然后将刚才剩余的线端扭90°贴向干线，并用钳子压平。如此类推，将这根多股线的股线全部缠绕完毕为止，最后打辫子，剪去多余线端压平，如图3.18所示。

5）按步骤3）和4）将另一根多股线的6股线全部缠绕完毕，如图3.19所示。

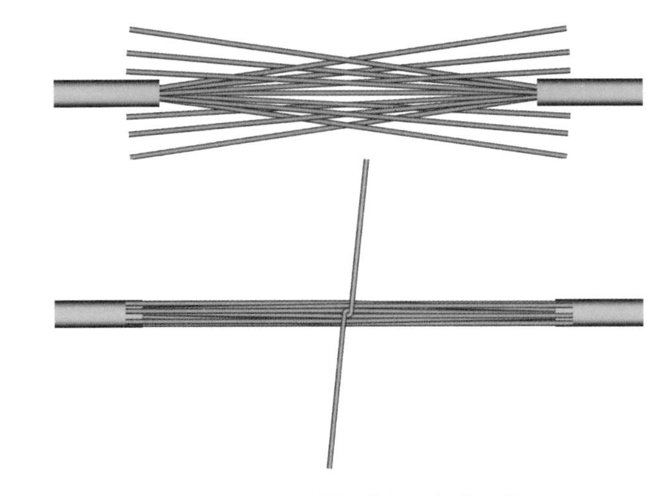

图 3.16　两导线线芯相互插嵌合拢

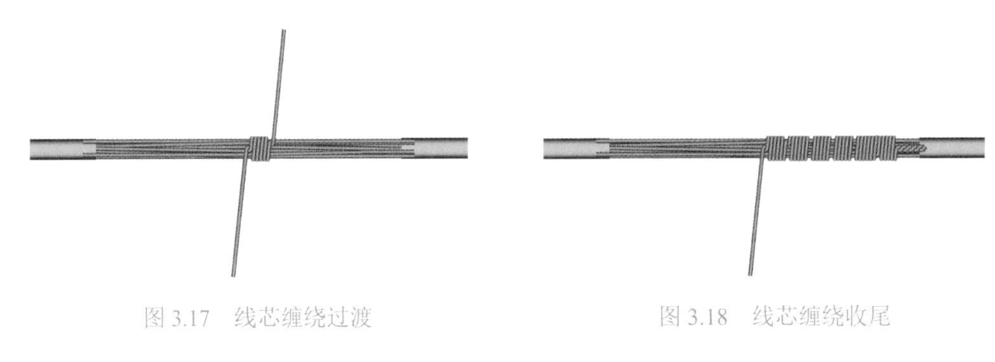

图 3.17　线芯缠绕过渡　　　　图 3.18　线芯缠绕收尾

图 3.19　多股导线直接连接（平接）接头

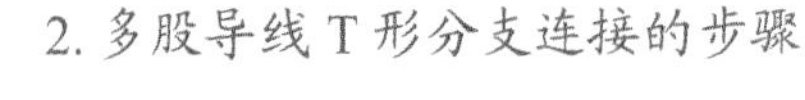

2. 多股导线 T 形分支连接的步骤

多股绝缘导线T字接（视频）

（1）方法一

1）用电工刀将干线和分支线的绝缘层削去一定长度：干线剥去（33d+20）mm，分支线剥去（80d+40）mm，如图 3.20 所示。

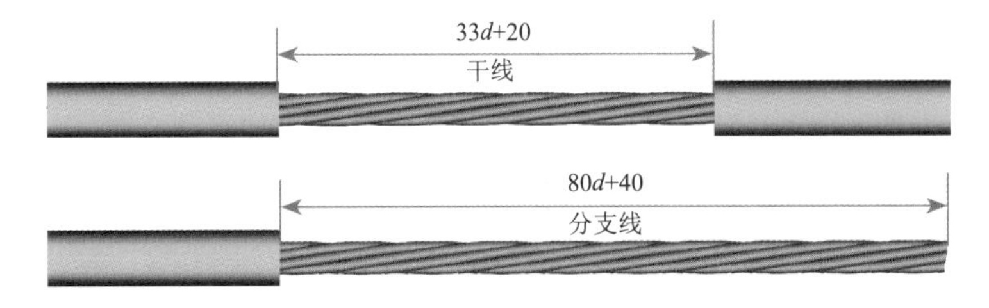

图 3.20　剥绝缘层

2）将分支线解开拉直、擦净，中心股线留下 10mm，其余剪去，然后分成两组（每组 3 股），如图 3.21 所示。

3）将分支线叉在干线上，使中心股断口接触干线，两组线以相反方向围绕干线各缠绕 5 ～ 6 圈，最后剪断余线，用钳子修整线匝即可，如图 3.22 所示。

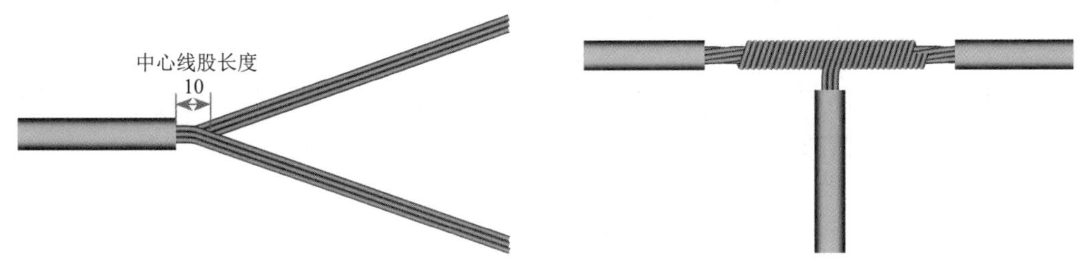

图 3.21　支线线股分组　　　图 3.22　多股导线 T 形接方法一

（2）方法二（图 3.23）

1）用电工刀将干线和分支线的绝缘削去一定长度。

2）将分支线端解开、拉直、擦净，曲折 90° 附在干线上。

3）在分支线线端中任意取出一股，用钳子在干线上紧密缠绕 5 圈，余线压在干线上或剪弃。

4）再换一根股线用同样方法缠绕 5 圈，余线压在干线上或剪弃。

5）以此类推，直至 7 股线全部缠绕完毕（或缠绕长度为双根导线直径的 5 倍）为止，最后打辫子，剪去多余线端压平即可。

图 3.23　多股导线 T 形接方法二

3. 多股导线连接注意事项

1）剥削绝缘层应使用电工刀进行，但不可损伤芯线。

2）剥削绝缘层的长度要适当：T 形分支接的干线宁短勿长，短了可以补救。平接或 T 形分支接的分支线则不能短，但也不要太长，太长浪费材料，短了不能完成连接任务。

3）在拆散多股导线的线股时，角度不能太大，以 20° ～ 30° 为宜；否则，连接时不容易紧密。

4）每根股线缠绕的圈数不得小于 5 圈，另缠法的缠绕长度不得小于双根导线直径的 5 倍。为了使缠绕紧密牢固，应使用钢丝钳进行缠绕。

5）绝缘恢复应符合要求，包扎紧密坚实。

相关知识

1. 导线的选择

（1）导线截面的选择

根据国标 GB 50054 的有关规定，导线截面的选择主要有以下几方面考虑。

1）线路电压损失应满足用电设备正常工作及起动时端电压的要求。

2）按敷设方式及环境条件确定的载流量，不应小于计算电流。常用塑料单股铜芯绝缘导线的线径及 35℃时明敷的载流量（长期允许持续通过的电流）如表 3.3 所示。

表 3.3 塑料单股铜芯绝缘导线的线径及 35℃时明敷的载流量

截面 /mm^2	线径 /mm	载流量 /A	截面 /mm^2	线径 /mm	载流量 /A
1	1.13	16	4	2.24	36
1.5	1.37	21	6	2.73	47
2.5	1.76	27	10	7×1.33	64

3）导体应满足动稳定与热稳定的要求。

4）导体最小截面应满足机械强度的要求。

在三相四线制配电系统中，负载布置要求尽量三相对称，中性线中通过的电流仅为三相不平衡电流，数值通常较小，因此，中性线的截面可按不小于相线截面的 50% 来选择。但中性线（N）的允许载流量不应小于线路中最大不平衡负荷电流，且应计入谐波电流的影响。对于单相线路的中性线，由于其中通过的电流与相线电流相同，因此，其截面应与相应的相线截面相同。

当保护线（PE 线）所用材料与相线相同时，PE 线芯线的最小截面 S 应符合表 3.4 的规定。

表 3.4 PE 线芯线的最小截面

相线芯线截面 S/mm^2	$S \leqslant 16$	$16 < S \leqslant 35$	$S > 35$
PE 线芯线截面 S/mm^2	S	16	$S/2$

（2）导线颜色的选择

在国标 GB 2681 中，对导线颜色的选择也有相应的规定，具体如表 3.5 所示。需特别注意以下几点。

1）黄绿双色线只用来作保护导线（PE 线），不能用作其他导线。

2）淡蓝色线只用于中性线（零线）。也就是说，在电路中包括有用颜色来识别的中性线时，中性线（零线）所用的颜色必须是淡蓝色。

3）单相三芯电缆或护套的芯线颜色分别为棕色、浅蓝色和黄绿双色。其中，棕色代表相线（L），浅蓝色代表零线（N），黄绿双色线为保护（PE）线。

表 3.5　导线色标

类型	交流电路				直流电路		接地（PE）线
	L1	L2	L3	N	正极	负极	
新色标	黄	绿	红	淡蓝	棕	蓝	黄 / 绿双色线
旧色标	黄	绿	红	黑	红	蓝	黑

2. 单股绝缘铜芯导线接线头绝缘层的恢复

（1）绝缘层恢复部位及绝缘强度要求

1）凡是绝缘层破损的导线或者导线连接头都要恢复绝缘。

2）恢复后的绝缘强度不应低于导线原有绝缘层的绝缘强度。

（2）绝缘层恢复材料

通常用黄蜡绸带、电工胶带和黑胶带等作为恢复绝缘层的材料，如图 3.24 所示。

图 3.24　绝缘层恢复材料

（3）恢复单股绝缘铜芯导线绝缘层注意事项

1）包绝缘带时应用力拉紧，包卷得紧密、坚实，并贴结在一起，以防潮气侵入。

2）在 380V 线路上的导线恢复绝缘层时，必须先包缠 1～2 层黄蜡绸带，然后再包缠一层黑胶带。

3）在 220V 线路上的导线恢复绝缘层时，先包缠一层黄蜡绸带，然后再包缠一层黑胶带，也可只包缠两层黑胶带。

4）若在室外时，应在黑胶带上再包一层防水胶带（如塑料胶带等）。

拓展知识

接线桩连接

1. 线头与平压式接线桩的连接步骤（图 3.25）

（1）方法一

1）用剥线钳或电工刀剥削导线绝缘层。

2）将导线线芯插入平压式接线桩垫片下方；将线芯沿顺时针方向绕进垫片大半圈，用斜口钳剪去多余线芯，如图 3.25（a）所示。

3）用尖嘴钳收紧端头，拧紧螺栓即可，如图 3.25（b）所示。

4）将多股芯线（软导线）绞紧，沿顺时针方向绕螺钉一圈，再在线头根部绕一圈，然后旋紧螺钉，剪去余下芯线，如图 3.25（c）所示。

（2）方法二

1）用剥线钳剥导线绝缘层。

2）在离导线绝缘层根部约 3mm 处向外侧折角，如图 3.25（d）所示。

3）用尖嘴钳嘴尖夹紧线端，按略大于螺钉直径沿顺时针方向弯曲圆弧，剪去余线并修正，如图 3.25（e）所示。

4）把线耳套在螺钉上，拧紧螺钉，通过垫圈压紧导线，如图 3.25（b）所示。

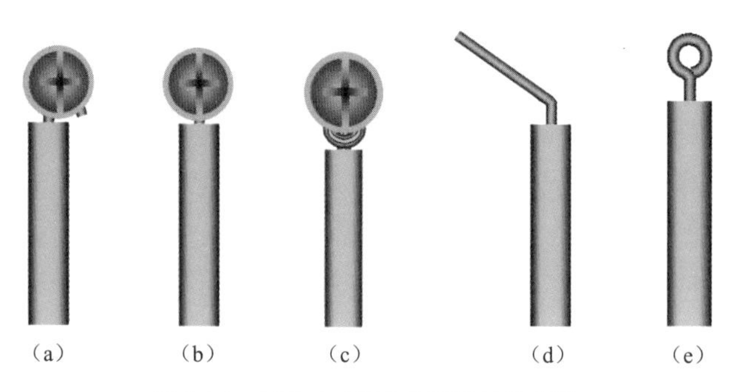

图 3.25　线头与平压式接线桩的连接

2. 线头与瓦形接线桩的连接步骤（图 3.26）

1）将单股铜芯线端按略大于瓦形垫圈螺钉直径弯成 U 形，并放在垫圈下面，通过螺钉压紧，如图 3.26（a）所示。

2）如果两根线头接在同一瓦形接线桩上，则两根单股线的线端都弯成 U 形，然后如图 3.26（b）所示放在垫圈下面用螺钉压紧。

3）如果瓦形接线桩两侧有挡板，则线芯不用弯形 U 形，只需松开螺栓，线芯直接插入瓦片下面并拧紧螺栓即可。当线芯直径太小，接线桩压不紧时，应将线头折成双股插入，如图 3.26（c）所示。

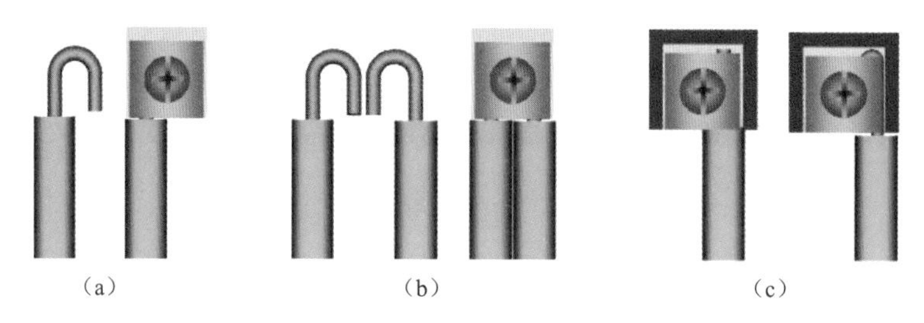

图 3.26　线头与瓦形接线桩的连接

3. 线头与针孔式接线桩的连接步骤（图 3.27）

1）剥削导线绝缘层，线芯长度约为接线桩连接孔的长度。

2）当芯线直径与针孔大小合适时，将线芯直接插入针孔内用螺钉固紧即可，如图 3.27（a）所示。

3）当针孔大、单股线径太小不能压紧时，将线芯折回成双股，然后再插入孔内紧固，如图 3.27（b）所示。

4）当针孔大，多股线径太小不能压紧时，应在线芯上紧密缠绕一层股线，然后再插入孔内紧固，如图3.27（c）所示。

5）当针孔小，多股线径太大不能放进孔内时，可剪掉两根股线，然后绞紧线芯，插入孔内紧固即可。

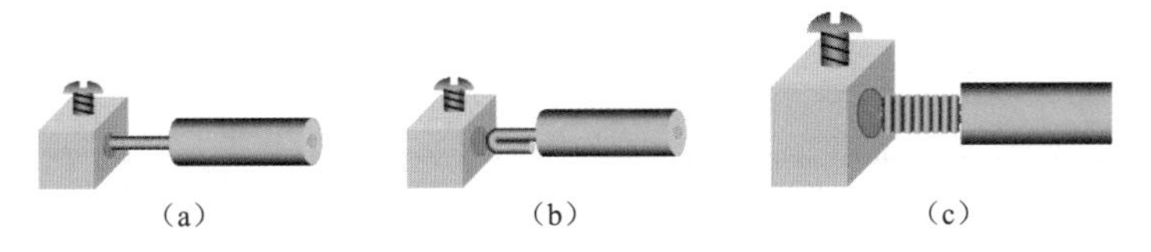

图3.27 线头与针孔式接线桩的连接

4. 注意事项

1）剥削绝缘层时不可损伤芯线。

2）剥削绝缘层的长度要适当。接瓦形接线桩时，线芯的长度应比瓦片的长度长2～3mm；针孔式接线桩接线时，线芯的长度约为针孔式接线桩的宽度。接线时，导线绝缘层距接线桩的距离不应超过2mm。

3）接线时，螺栓不能拧得太紧，也不能松，力度要适中。太紧会伤芯线，松则会接触不良，引起接头发热，严重者会引起火灾。因此，要检查接头。

考核评价

1. 理论知识考核（表3.6）

表3.6 多股导线连接与绝缘恢复理论知识考核评价表

班级		姓名		学号	
工作日期		评价得分		考评员签名	
1）常用的绝缘恢复材料有哪些？（10分）					
2）导线在什么情况下需要恢复绝缘？绝缘恢复的强度有什么要求？（20分）					
3）根据国标GB 2681的规定，对保护（PE）线有什么要求？（20分）					

续表

4）根据国标 GB 50054 的有关规定，导线截面的选择主要从哪几方面考虑？（25 分）
5）连接多股导线时要注意什么？（25 分）

2. 任务实施考核（表 3.7）

表 3.7　多股导线连接与绝缘恢复任务实施考核评价表

班级			姓名	最终得分	
序号	评分项目		评分标准	配分	实际得分
1	制订计划		包括制订任务、查阅相关的教材、手册或网络资源等，要求撰写的文字表达简练、准确：	10	
2	材料准备		列出所用的工具材料：	10	
3	实作考核	多股平接	接头起始端至绝缘层的距离不小于 25mm，扣 6 分 辫子绞合小于 5 圈，扣 2 分 缠绕小于 5 圈，扣 5 分 缠绕小于 4 圈，扣 6 分 缠绕不密贴，扣 2 ～ 10 分 不贴线芯缠绕，扣 2 ～ 10 分 接头不平直，扣 3 ～ 10 分 过渡处松散或凸起，每处扣 1 分 层与层之间距离超过 3 倍股线直径，每处扣 1 分 缠绕股线损伤，每层扣 2 分、 缠绕股线损伤严重，每层扣 5 分	25	

续表

<table>
<tr><th>序号</th><th colspan="2">评分项目</th><th>评分标准</th><th>配分</th><th>实际得分</th></tr>
<tr><td rowspan="2">3</td><td rowspan="2">实作考核</td><td>多股T接</td><td>接头起始端至绝缘层的距离不小于 15mm，扣 5 分
缠绕小于 30 圈，扣 3 分
缠绕小于 25 圈，扣 6 分
缠绕不密贴，扣 2 ～ 10 分
不贴线芯缠绕，扣 2 ～ 6 分
缠绕股线损伤，扣 2 分
缠绕股线损伤严重，扣 4 分</td><td>20</td><td></td></tr>
<tr><td>绝缘层恢复</td><td>绝缘包扎开始部位尺寸不正确，扣 2 分
绝缘包扎终端部位尺寸不正确，扣 2 分
后一圈没有压着前一圈带宽的 1/2，扣 4 分
包扎层数不符合标准，扣 5 分</td><td>10</td><td></td></tr>
<tr><td>4</td><td colspan="2">安全防护</td><td>在任务的实施过程中，需注意的安全事项：
____
____
____
________________</td><td>10</td><td></td></tr>
<tr><td>5</td><td colspan="2">7S 管理</td><td>包括整理、整顿、清扫、清洁、素养、安全、节约：
____
________________</td><td>5</td><td></td></tr>
<tr><td>6</td><td colspan="2">检查评估</td><td>包括对整个工作过程和结果进行检查评估、针对出现的问题提出建设性的意见或建议：
____
____
____
________________</td><td>10</td><td></td></tr>
</table>

注：各项内容中扣分总值不应超过对应各项内容所分配的分数。

学习笔记

____

____

____

____

____

配电箱（含电度表）电路的安装接线

教学目标

知识目标

1）了解单相电度表安装的有关规定。

2）了解三相电度表安装的有关规定。

3）熟知漏电开关的作用、结构及工作原理。

4）熟知漏电断路器的作用、结构及工作原理。

能力目标

能够掌握配电开关箱（含电度表）电路的安装接线工艺。

素质目标

1）通过高标准严要求，对接线工艺精雕细琢、精益求精，培养工匠精神。

2）通过工具和材料的有序摆放，严格执行7S管理，培养卫生整洁、工作有序的良好习惯。

任务描述

为了美观和方便管理，将电度表、漏电保护器、空气开关等开关电器统一集中到一个箱子内，是配电箱的其中一种形式。配电箱的作用包括合理分配电能、方便对电路的开合操作、有较高的安全防护等级，能直观地显示电路的导通状态。配电箱的配线方式主要有板后配线和板前明配线（立体配线）两种方式，本任务训练学生掌握采用板前明配线（立体配线）方式安装配电箱（含电度表）的接线工艺。

本任务的重点：板前明配线（立体配线）接线工艺。

本任务的难点：线路路径及接线顺序的确定。

配电箱的安装接线（视频）

任务实施

1. 板前明配线（立体配线）配电箱（板）的安装接线步骤

（1）根据配电箱（板）接线图选择开关电器

图4.1是一个含电度表的单相配电箱（板）的接线图，图中各符号含义如下。

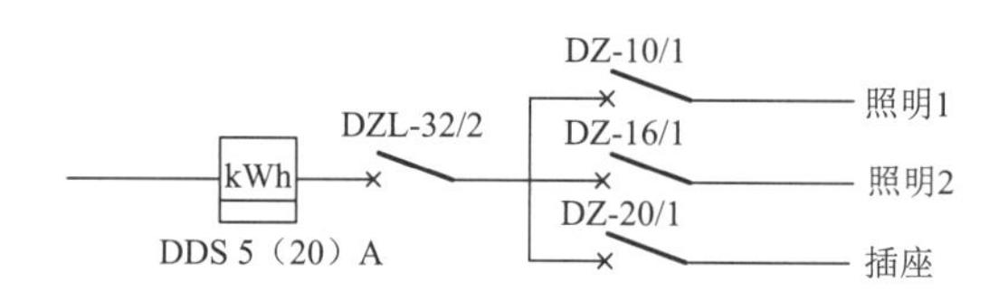

图 4.1 配电箱接线图

kWh 是有功功率电度表图形符号。

DDS 5（20）A 表示基本电流为 5A，最大电流为 20A 的单相电子表。

DZL-32/2 表示额定电流为 32A 的双极空气漏电开关。

DZ-10/1 表示额定电流为 10A 的单极空开关。

DZ-16/1 表示额定电流为 16A 的单极空开关。

DZ-20/1 表示额定电流为 20A 的单极空开关。

（2）安装开关电器

1）标准型配电箱。

直接将电器安装在其规定安装位置上，开关一般情况下按电流大小从左到右排列，总开关安装在最左边，如图 4.2 所示。

2）配电板电器安装。

电器安装要求横平竖直、整齐美观。同一列的电器，底部安装高度一致，电器之间要预留经过该位置的所有导线外径和 20mm 的间距，以方便布线。上、下两列之间的电器要预留经过该位置的所有导线外径和 20 ～ 30mm 的间距，如图 4.2 所示。

（3）确定各连接导线的路径及接线顺序

根据配电箱（板）接线图和各电器元件的排列顺序确定各连接导线的路径，各导线之间尽量不要在板前有交叉现象，如图 4.3 所示。然后根据各连接导线的路径确定接线顺序，这是一个难点，接线顺序好，可以减少接线时导线之间的相互阻碍，加快接线速度。例如，从图 4.3 可以看出，漏电开关的火线出线（3 个单极空气开关的火线进线）必须比漏电开关的零火线进线（即电度表的零火线出线）、漏电开关的零线出线以及地线先接；否则，会受到这些导线的影响。因此，导线连接顺序应为电度表的

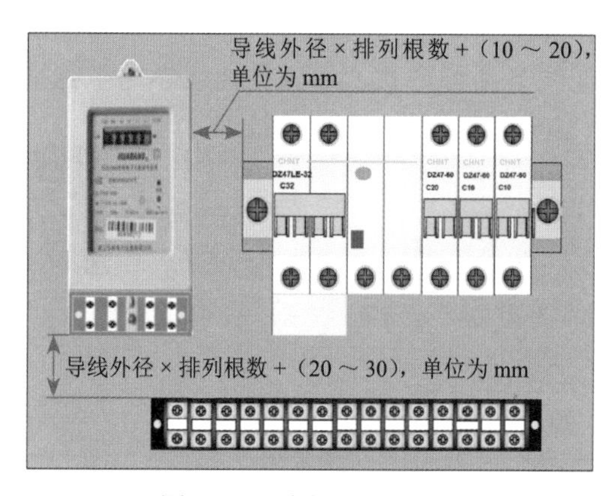

图 4.2 配电板电器安装

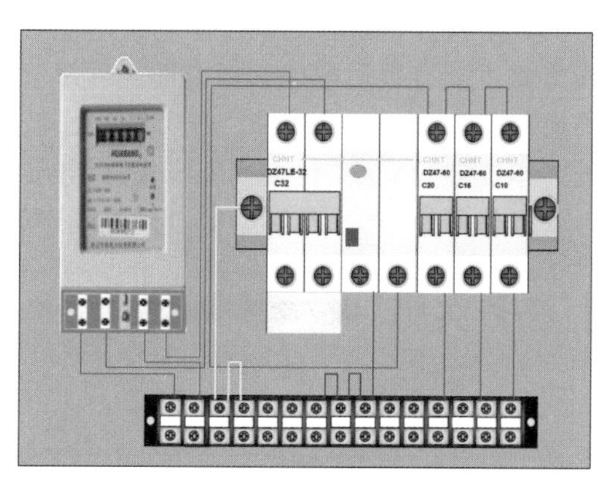

图 4.3 配电板接线路径

火线进线、漏电开关的火线出线、电度表的火线出线、电度表的零线进出线、漏电开关的零线出线以及 3 个单极空气开关的火线出线，最后连接地线。

（4）配电箱（板）电路立体配线

1）裁剪导线。

每接一根线，应先剪一根比该线路路径稍长的导线，如电度表火线进线，如图 4.4 所示。

2）拉直导线。

用布片或螺丝刀等工具将导线拉直，如电度表火线进线，如图 4.5 所示。

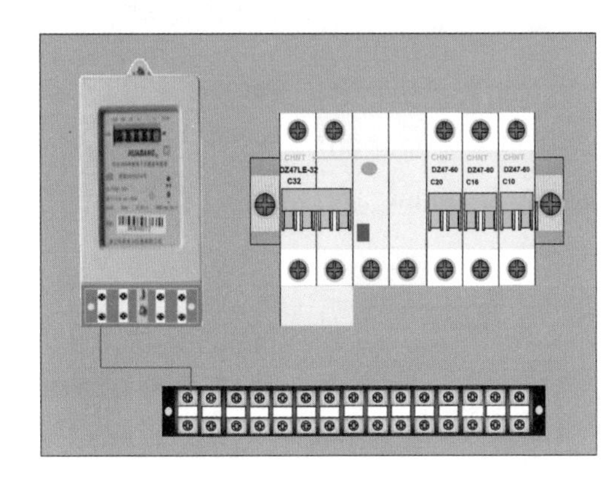

图 4.4　裁剪导线

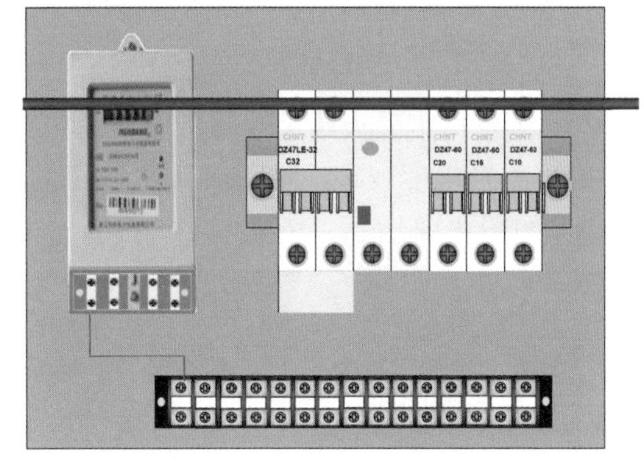

图 4.5　拉直导线

3）弯制导线。

① 用剥线钳剥绝缘层，线芯长度比接线端子瓦片长度长 2 ～ 3mm，如图 4.6 所示。

② 在导线绝缘层 15mm 处，用手指或尖嘴钳弯导线使之成 90°，如图 4.7 所示。注意，弯导线时必须在空中进行。

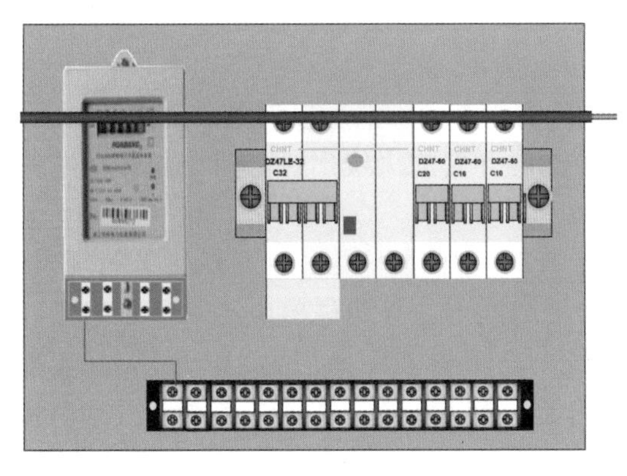

图 4.6　弯线步骤①

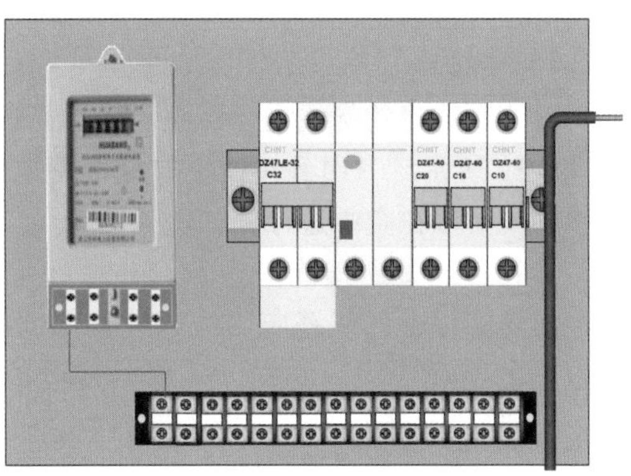

图 4.7　弯线步骤②

③ 测量接线端子距板面距离，然后沿路径方向弯 90°，如图 4.8 所示。

④ 测量接线端子排的火线接线端子与电度表火线进端的水平距离，然后向上弯 90°，如图 4.9 所示。

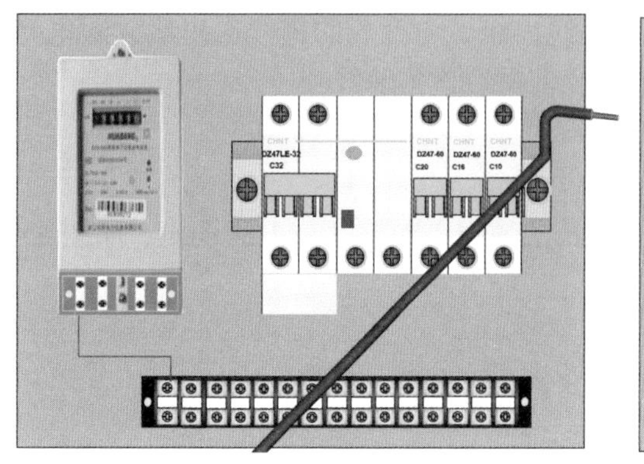

图 4.8 弯线步骤③

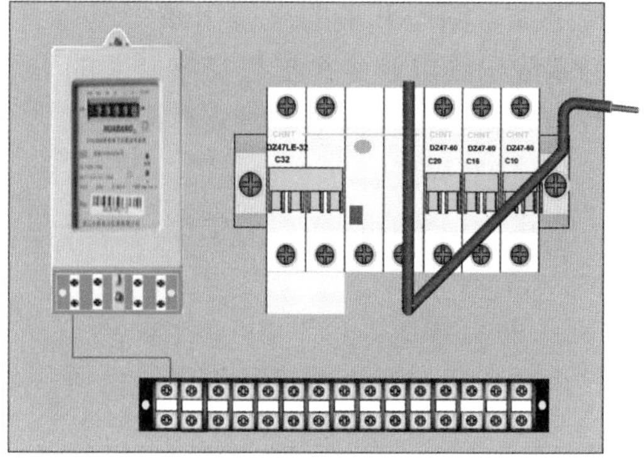

图 4.9 弯线步骤④

⑤ 测量电度表火线进端与板面距离，然后往电度表方向弯 90°，如图 4.10 所示。

⑥ 测量电度表接线端子到水平路径的距离并加长 10mm，余线剪掉，剥 10mm 绝缘层，如图 4.11 所示。

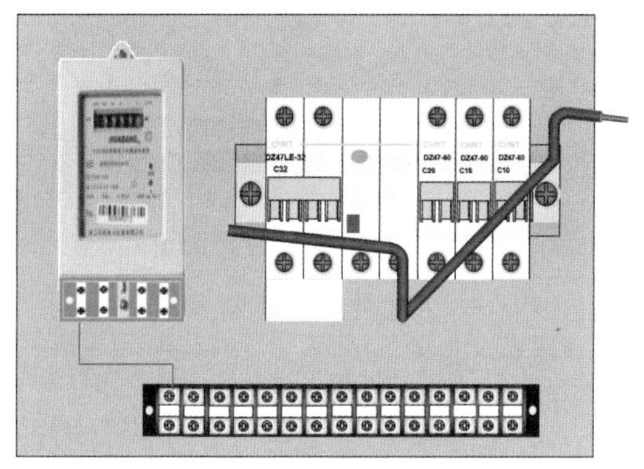

图 4.10 弯线步骤⑤

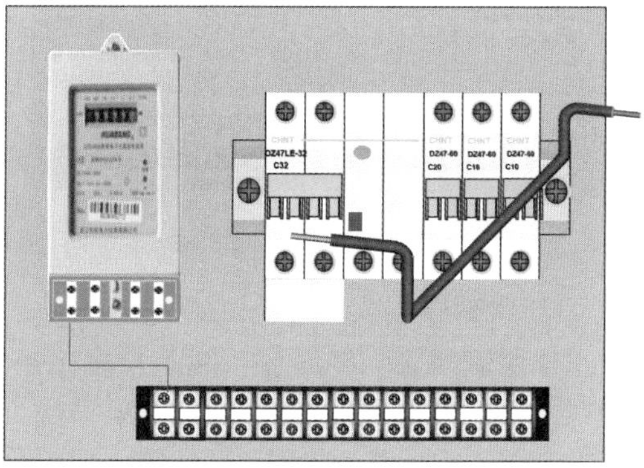

图 4.11 弯线步骤⑥

4）接线。

对弯制成形的导线进行修改，使之横平竖直，贴紧板面，然后接到电器的接线桩上，如图 4.12 所示。考虑到接线更方便，可以先接漏电开关的火线出线，两个相邻端子的连接导线可以在空中进行，如图 4.13 所示。

导线应尽量两根或多根一起并排行走，走行时应尽量不要出现互相交叉的现象，两根或两根以上的线路应用线码锁紧，但线码不用固定。导线进出电器时，进出导线与电器的距离应大致一样，离电器最近的导线，与电器的距离应为 10 ～ 15mm，如图 4.14 所示。图 4.15 所示为单极漏电空气开关配电板接线图。注意，当总开关为单极开关时，火线应接开关，即“左火右零”。

（5）通电试验

1）接电源前，必须检查电路是否正确，各接点是否牢固、可靠。

2）将电路板放进工作台，然后将开关箱开关、工作台总开关断开，如图 4.16 所示。

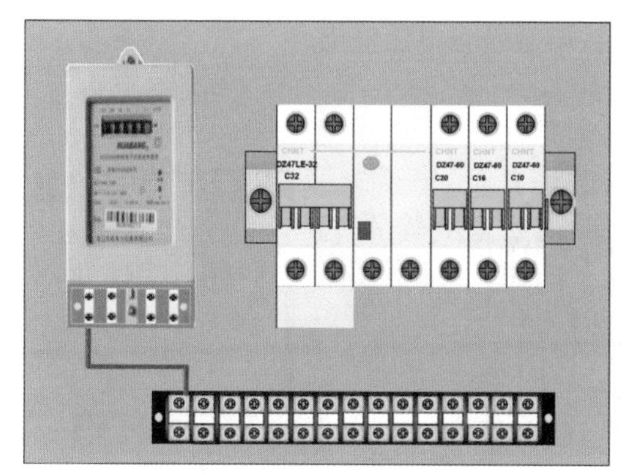

图 4.12　电度表火线进线接线

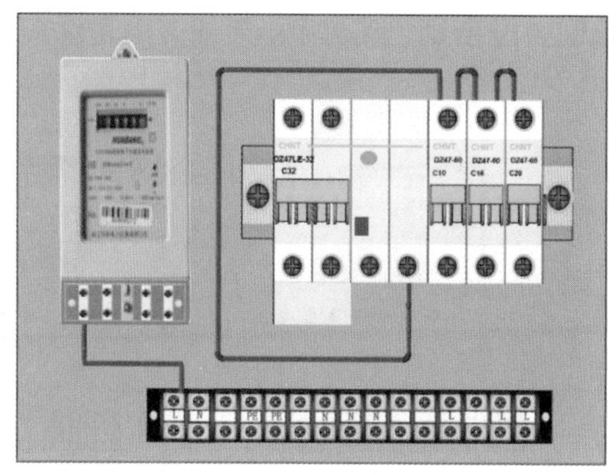

图 4.13　漏电开关火线出线接线

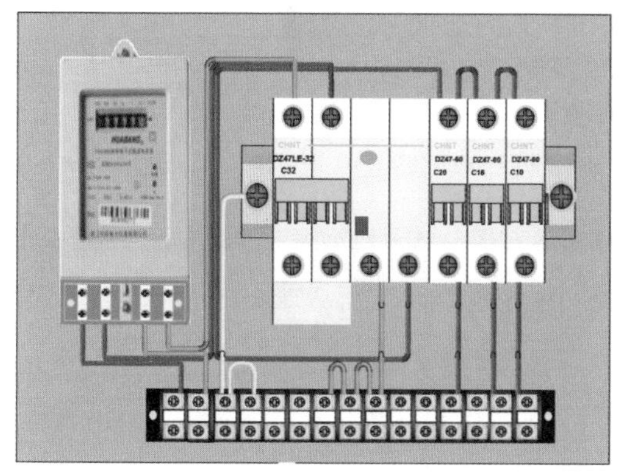

图 4.14　配电板（双极漏电空气开关）接线

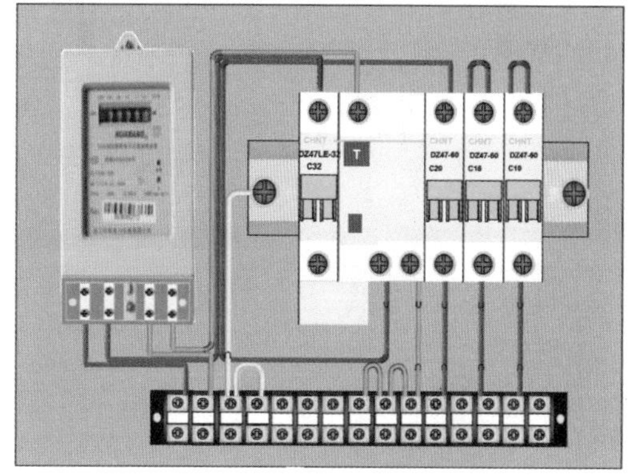

图 4.15　配电板（单极漏电空气开关）接线

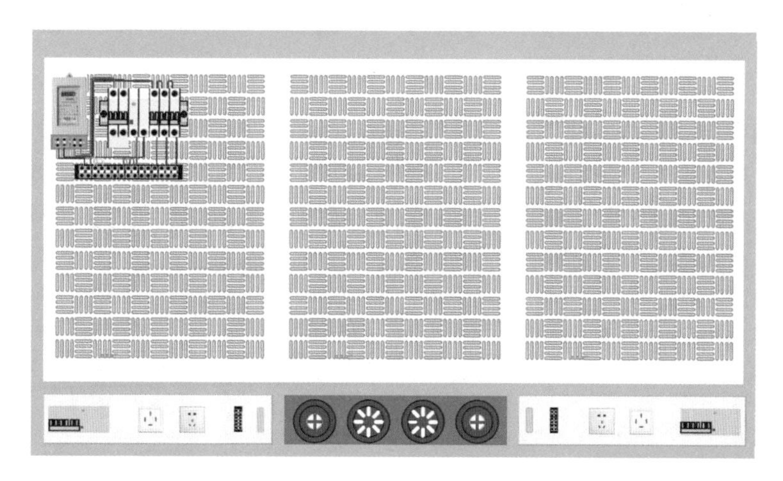

图 4.16　接线前切断电源

3）接电源线。

① 先接负载侧，接线时先接地线、零线，后接相线，如图 4.17 所示。

② 后接电源侧，接线时先接地线、零线，后接相线，或直接插插头，如图 4.18 所示。

4）通电检测开关箱电路。按顺序合上实训台电源开关、开关箱总开关和分支开关，如图 4.19 所示，然后用电笔或万用表检查开关箱是否有电压输出。

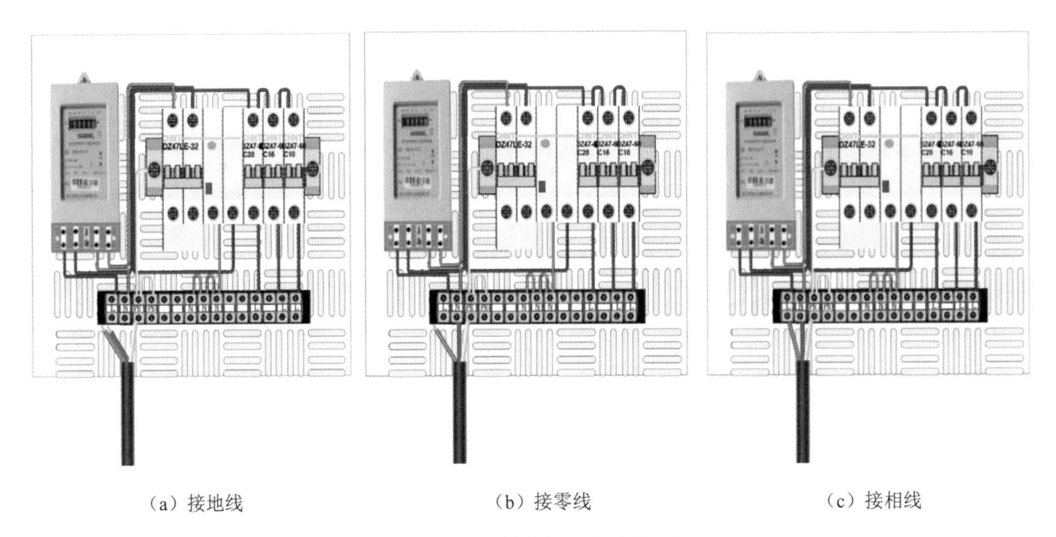

（a）接地线　　（b）接零线　　（c）接相线

图 4.17　电源线接负载侧顺序

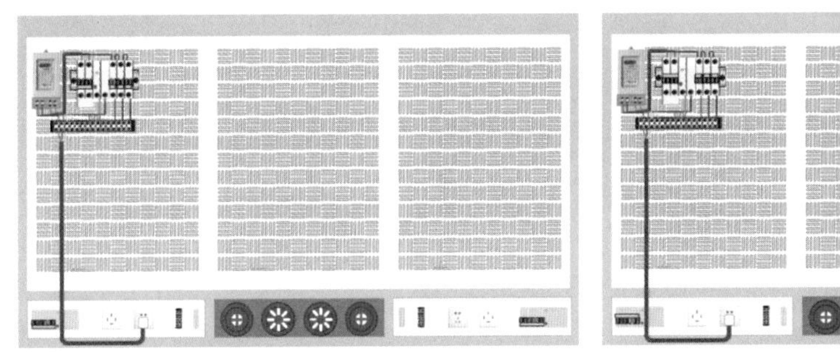

图 4.18　电源侧接线（插插头）

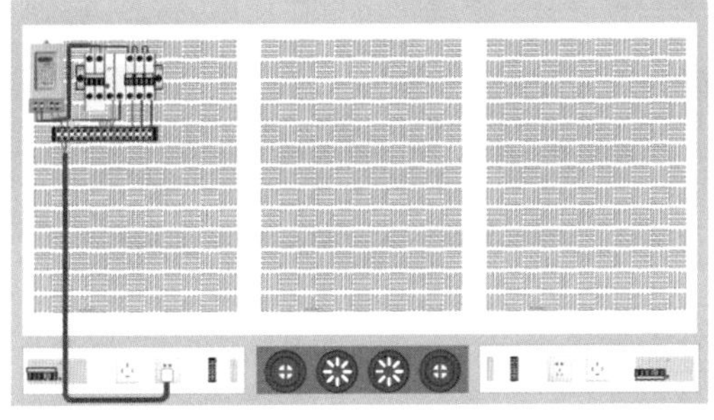

图 4.19　合开关试验

5）拆电源线。拆线顺序与接线顺序相反。

① 按下开关箱分支开关、总开关，最后按下实训台电源开关，如图 4.20 所示。

② 拆电源侧导线，先拆相线，后拆零线、地线，或直接拔出插头，如图 4.21 所示。

③ 拆负载侧导线，先拆相线，后拆零线、地线，如图 4.22 所示。

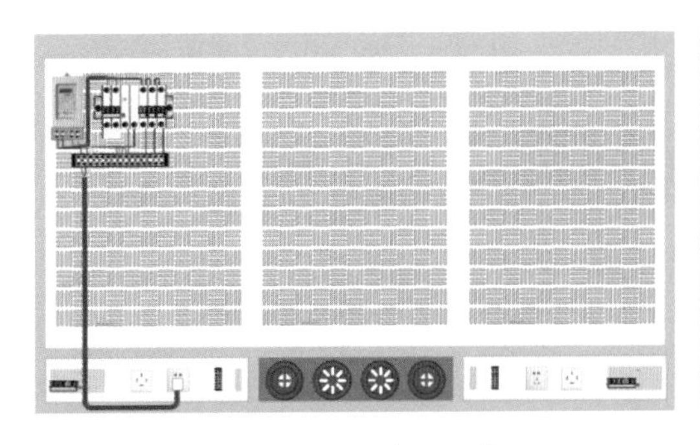

图 4.20　按下电源开关

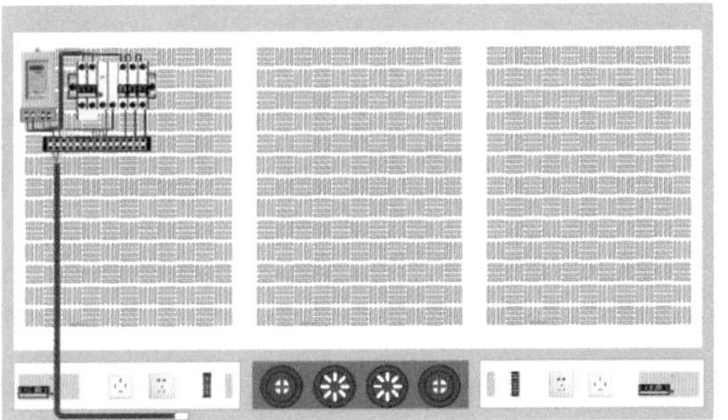

图 4.21　拆电源侧导线（拔插头）

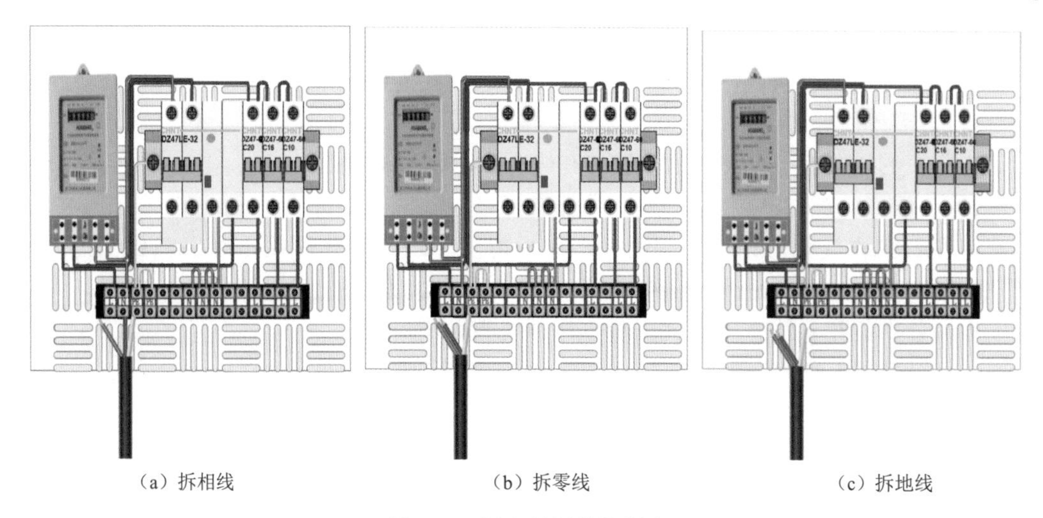

（a）拆相线 （b）拆零线 （c）拆地线

图 4.22 拆负载侧导线顺序

2. 安装接线注意事项

1）安装电器元件时，要整齐、美观、合理，元件之间的距离要符合要求。

2）电度表接线时，1 号接线桩接相线进线，2 号接线桩接相线出线。如果接反了，电度表就会反转。

3）开关接线时，必须符合上进下出的原则。

4）漏电断路器接线时要注意，对于单极漏电断路器，相线必须接到单极开关；对于双极漏电断路器，则必须按左零右相的规定接线。

5）采用板前明配线时，导线要横平竖直，同路径走向的导线要紧贴排列在一起，并贴紧板面。

6）进出元件的导线，其悬空导线的长度不应小于 10mm 或大于 30mm。

3. 立体配线注意事项

1）弯制导线必须在空中进行。不能将导线的一端固定在电器的接线桩上并沿线路走向弯制。

2）导线应尽量两根或多根一起行走。两根或两根以上的线路，应用线码锁紧，但线码不用固定。

3）行走的导线应尽量不要出现互相交叉的现象。

4）导线进出电器时，进出导线与电器的距离应大致一样，离电器最近的导线，与电器的距离应为 10 ～ 15mm。

相关知识

1. 电度表

（1）电度表的作用

电度表又叫电能表，是用来测量某一段时间内发电机发出的电能或负载消耗的电能的仪表。

（2）电度表的种类

1）按准确度分类。

电度表的种类有 0.5 级、1.0 级、2.0 级、2.5 级、3.0 级等。

2）按相数分类。

电度表的种类有单相和三相两种，单相电度表用于单相照明电路，三相电度表用于三相动力线路或其他三相电路。三相电度表又分为有功电度表和无功电度表，有功电度表又分为三相三线有功电度表和三相四线有功电度表。

3）按结构和工作原理分类。

电度表的种类有电子数字式电度表、磁电式电度表、电动式电度表和感应式电度表 4 种。感应式电度表和电子数字式电度表如图 4.23 所示。其中，测量交流电能用的感应式电度表是一种使用数量最多、应用范围最广的电工仪表。

（3）单相电度表

1）单相电度表的构造。

如图 4.24 所示，单相电度表主要由驱动元件、转动元件、制动元件、积算机构等四部分组成。

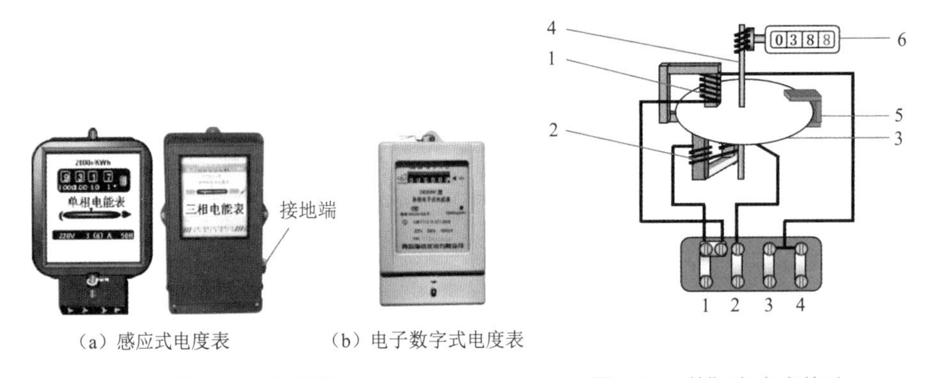

（a）感应式电度表　（b）电子数字式电度表

图 4.23　电度表

图 4.24　单相电度表构造

① 驱动元件。驱动元件由电压元件 1（电压线圈及其铁芯）和电流元件 2（电流线圈及其铁芯）组成。其中，电压线圈与负载并联，电流线圈与负载串联。驱动元件的作用是产生转矩，当把两个固定电磁铁的线圈接到交流电路时，便产生交变磁通，使处于电磁铁空气隙中的可动铝盘产生感应电流（即涡流），此感应电流受磁场的作用而产生转动力矩，驱使铝盘转动。

② 转动元件。转动元件由可动铝盘 3 和转轴组成 4。转轴固定在铝盘的中心，并采用轴尖轴承支承方式。当转动力矩推动铝盘转动时，通过蜗杆、蜗轮的作用将铝盘的转动传递给积算机构计数。

③ 制动元件。制动元件又叫制动磁铁，它由永久磁铁 5 和可动铝盘 3 组成。电度表若无制动元件，铝盘在转矩的作用下将越转越快而无法计数。装设制动元件以后，可使铝盘的转速与负载功率的大小成正比，从而使电度表能用铝盘转数正确反映负载所耗电能的大小。

④ 积算机构。积算机构又叫计算器。它由蜗杆、蜗轮、齿轮和字轮6组成。当铝盘转动时，通过蜗杆、蜗轮和齿轮的传动作用，同时带动字轮转动，从而实现计算电度表铝盘的转数，达到累计电能的目的。

2）单相电度表的工作原理，如图4.25所示。

① 电流元件通电。电流线圈有电流通过时，根据右手螺旋定则可判定电流线圈所产生的磁通方向，如图4.25（a）所示。

② 根据磁感应原理可知，变化的磁通可全铝盘产生感应电流（涡流），根据右手螺旋定则可判定感应电流的方向，如图4.25（b）所示。

③ 电压元件通电。电压线圈有电流通过时，根据右手螺旋定则可判定电压线圈所产生的磁通方向，如图4.25（c）所示。

④ 根据左手定则，可判定铝盘的受力方向，如图4.25（d）所示；通过电流线圈的电流越大，铝盘所受的力越大，铝盘转得越快。

⑤ 铝盘转动时，永久磁铁会产生制动力，使铝盘匀速转动。

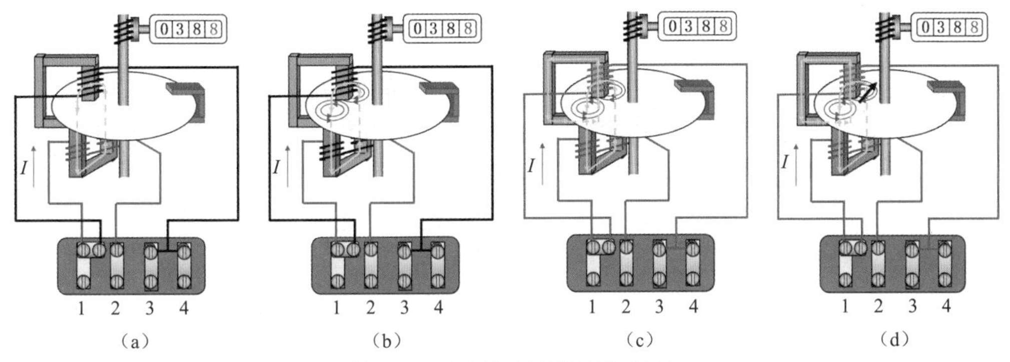

图4.25　单相电度表的工作原理

3）单相电度表的选择。

选择单相电度表时，要注意电压、电流及功率因数的影响。

① 电压：电度表的额定电压应与被测电压一致。

② 电流：电度表的额定电流应略大于被测线路可能出现的最大电流。如果被测电流很小，则电度表的误差较大。在电流低于额定电流的5%时，不仅误差很大，而且工作还不稳定，因此负载电流最小不小于电度表额定电流的10%，最大负载电流与电度表的额定电流相接近为好。

③ 功率因数：在计算负载电流时，要注意功率因数的影响，不能简单地用功率除以额定电压，应采用以下公式计算电流，即

$$I=\frac{P}{U}(\cos\phi)$$

式中，$\cos\phi$为功率因数（纯电阻如白炽灯、电炉等为1；气体灯如日光灯等为0.5；电动机为0.7）。

（4）单相电度表的正确接线（图4.26）

1）直接接入法。

电源相线L接1端子，电源零线N接3端子，负载相线接2端子，负载零线接4端子，

如图 4.26（a）所示。

2）互感器接入法。

如图 4.26（b）所示，电度表的 1、2 接线端子与电流互感器二次侧的两个端子相连接，电流互感器二次侧的其中一个端子接地；3、4 接线端子分别与电源零线和负载零线相连接，电度表内部电压线圈接线端子直接与电源相线 L 连接。图 4.26（c）所示的接线方法是错误接法，因为电流互感器的安全规定：互感器的铁芯和二次侧其中一端必须接地，以防止一次侧高电压窜入二次侧。

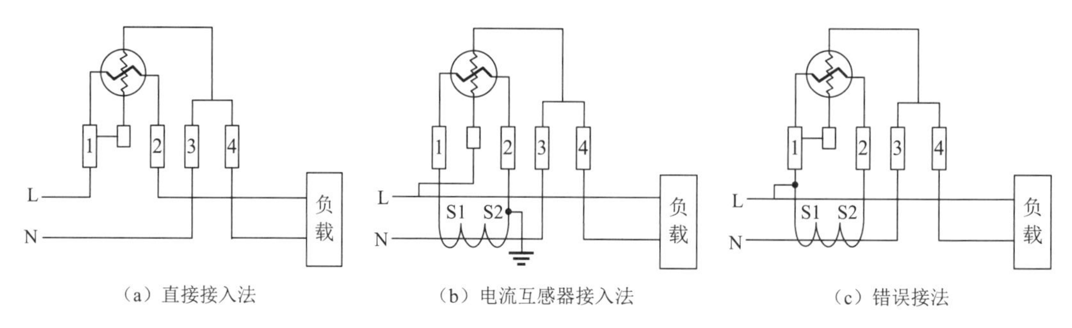

图 4.26 单相电度表接线

（5）三相四线有功电度表及测量接线

三相四线有功电度表有 DT_1 和 DT_2 系列。三相四线有功电度表由 3 个同轴的基本计量单位组成（也就是说由 3 个单相电度表组成，也称三元件电度表），只有一套计数器。它用于动力和照明混合供电的三相四线制线路中。

三相四线有功电度表的额定电压为 220V，额定电流有 5A、10A、20A、25A 等多种。三相四线制各负载用电相平衡时，在理论上可以用一块单相电度表来测量电能，总用电度数为一块单相电度表读数的 3 倍。

1）直接接入法，如图 4.27 所示。

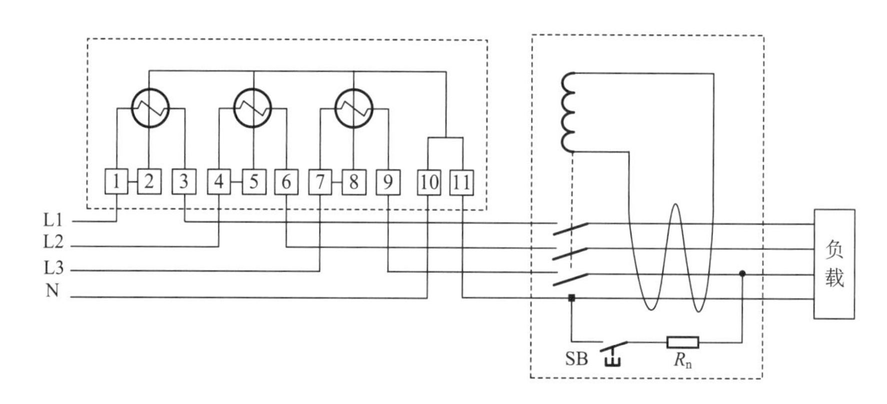

图 4.27 三相四线有功电度表直接接入的原理图

DT 型三相四线有功电度表共有 11 个接线端子，自左向右由 1 ～ 11 依次编号。其中，1、4、7 为电度表的火（相）线接入端子，分别与电源相线 L1、L2、L3 相连接；3、6、9 为火（相）线出线端子，通常与负载三相四线空气漏电总开关的上桩相线端子相连接；

10为电度表的零线接入端子，与电源工作零线连接；11为零线出线端子，与负载三相四线空气漏电总开关的上桩零线（N）端子连接；2、5、8为接电度表内部电压线圈的接线端子，如果不采用电流互感器接线方式，通常会在内部用短路片将1-2、4-5、7-8短接，如表内没有短路片短接，则应在外部用短接线连接。

2）互感器接入法。

当三相四线有功电度表的额定电流为5A时，可以由电流互感器接入电路，这时，电度表的2、5、8不能与1、4、7短接，应分别与电源线L1、L2、L3相连接，电流互感器二次侧必须有一端点接地，其接线方式如图4.28所示。

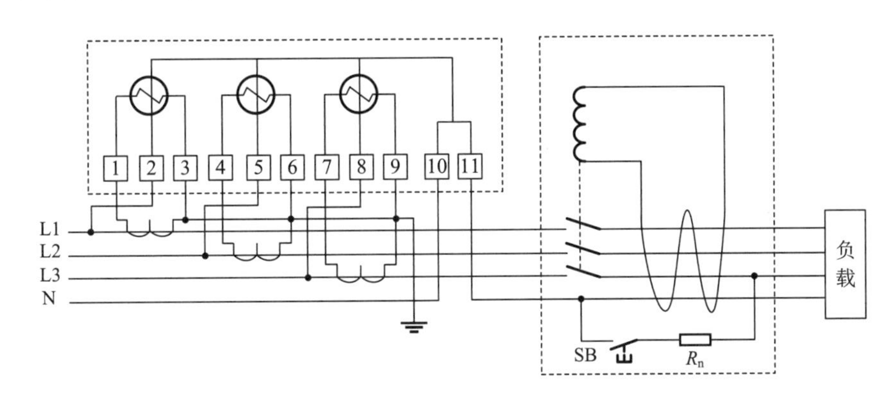

图4.28 三相四线有功电度表经电流互感器接入时的原理图

（6）三相三线有功电度表及测量接线

三相三线制电路的电能测量，一般使用DS_1和DS_2三相三线有功电度表。它是由两个驱动元件组成的，两个铝盘固定在一个转轴上，称为二元件电度表。三相三线有功电度表的额定电压为380V，额定电流有5A、10A、20A、25A等多种。

1）直接接入法，如图4.29所示。

三相三线有功电度表共有8个接线端子。直接接入时，1、4、6为接入端子，3、5、8为接出端子；2、7为接表内电压线圈的接线端子，在表内端子1与2、6与7相连接，如果没有短接，应在外部用短接线连接。

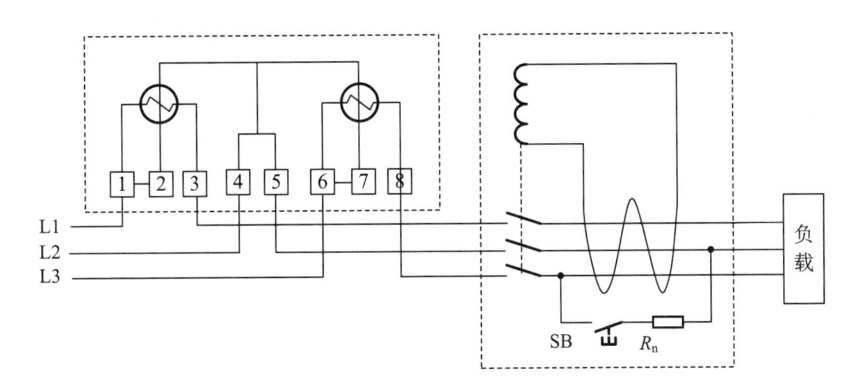

图4.29 三相三线有功电度表直接接入的原理图

2）互感器接入法。

当三相三线有功电度表的额定电流为5A时，可以由电流互感器接入电路，这时，电度表的1、3和6、8分别接互感器二次侧；而2、7不能与1、6短接，应分别与电源线L1、L3相连接，电流互感器二次侧必须有一端点接地，其接线方式如图4.30所示。

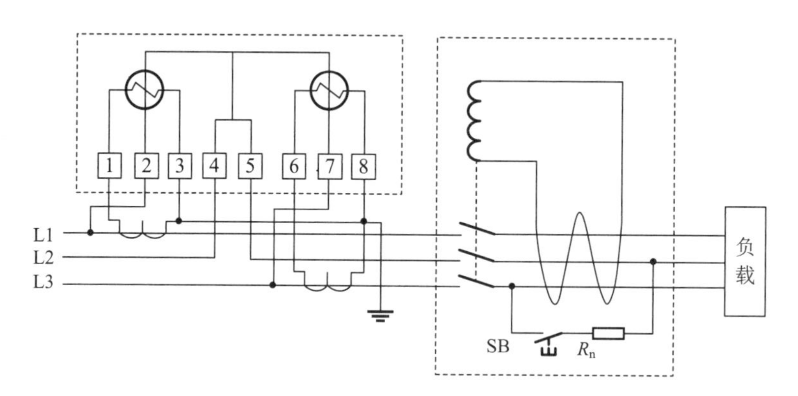

图4.30 三相三线有功电度表经电流互感器接入的原理图

（7）计算电度数的方法

电度表是积累式的仪表，计算在一段时间内的用电度数的方法因其接线方式不同而有所区别，方法有以下几种。

1）电度表的接线为直接接入法时，用电度数为电度表的本次读数与上次读数之差，即

$$W=N_2-N_1\text{（度）}$$

2）电度表的接线为互感器接入法时，实际用电度数为由电度表算得的数值乘以电流互感器的变流比及电压互感器的变压比，即

$$W=(N_2-N_1)K_I K_V\text{（度）}$$

式中：N_2为上次电度表的读数；N_1为本次电度表的读数；K_I为电流互感器的变流比；K_V为电压互感器的变压比；W为实际用电度数。

（8）电度表安装的有关规定

1）表位应选择在较干燥、清洁、不易损坏及无振动、无腐蚀性气体、不受强磁场影响、较明亮及便于装拆和抄表的地方。低压三相供电的表位应装在屋内，市镇低压单相供电的表位一般应装在屋外。屋内低压表位宜装在进门后3m范围内，也可装在有门或不设门的公共楼梯间或走廊间。屋外低压表位也可装在不设门的公共楼梯间或走廊间。

2）表箱的安装高度一般为1.7～1.9m。表箱布置原则上采用横排一列式，如因条件限制，允许上下两列（或个）布置，但上表箱底部对地面高度不应超过2.1m。

3）表位线（即表位出入线）应取用额定电压为500V的绝缘导线，其最小截面铜芯不应小于1.5mm^2，铝芯不应小于4mm^2。进表线中间不得有接头。二楼及以上的用户，其出表线不允许在屋外引至楼上，应沿屋内敷设。除在各相应的楼层装设总开关外，还应在表位附近装设空气总开关和漏电开关。

2. 漏电保护装置

（1）漏电保护装置的作用

漏电保护装置又叫漏电保护器或漏电保安器。它的主要保护作用如下。

1）漏电保护装置主要用于防止由于直接接触和由于间接接触引起的单相电击。

2）漏电保护装置也用于防止漏电引起火灾的事故。

3）漏电保护装置用于监测或切除各种一相接地故障。

有的漏电保护装置还带有过载保护、过电压和欠电压保护、缺相保护等保护功能。

（2）漏电保护原理

电气设备或电气线路漏电时，会出现两种异常现象：一是三相电流的平衡遭到破坏，出现零序电流，即 $i_0=i_a+i_b+i_c\neq 0$；二是某些正常时不带电的金属部分出现对地电压，即 $U_d=I_0R_d$。

漏电保护装置就是通过检测机构取得这两种异常信号，经过中间机构的转换和放大，促使执行机构动作，最后通过开关设备迅速断开电源的自动化装置。对于高灵敏度的漏电保护装置，异常信号很微弱，中间还需增设放大环节。

（3）漏电保护装置的分类

漏电保护装置的种类很多，可以按照不同的方式分类。

1）按相数分，有单相漏电保护开关和三相漏电保护开关。

2）按保护功能分，有带过流保护的漏电开关和不带过流保护的漏电开关。前者多用于三相电路，后者多用于单相电路。

3）按接线方式分，有单相漏电保护开关、三相三线漏电保护开关及三相四线漏电保护开关。

4）按检测信号分，有电压动作型漏电保护开关和电流动作型漏电保护开关。前者反映漏电设备金属外壳上的故障对地电压，后者反映漏电或触电时产生的剩余电流。

（4）电子式漏电保护装置

1）电子式漏电保护装置的结构。

电子式漏电保护装置主要由零序电流互感器、漏电脱扣器、电子放大电路和开关装置组等组成，在漏电保护装置下还有漏电试验按钮和漏电显示按钮，如图 4.31 所示。

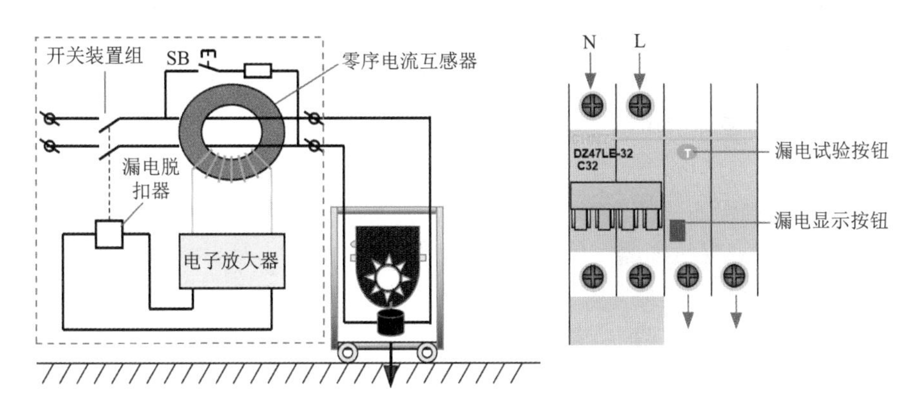

图 4.31　电子式漏电保护装置结构

2）电子式漏电保护装置的工作原理。

① 正常工作。合上开关，当没有人触电或没有发生接地故障时，电路正常工作，零、火线上的电流大小相同，方向相反，零序电流互感器的铁芯磁通平衡，没有感应电流、电压输出，漏电脱扣器不动作，开关保护闭合，如图 4.32（a）所示。

② 漏电工作原理。当有人触电或有发生接地故障时，漏电电流直接流入大地，不返回零线，零、火线上的电流不相等，导致零序电流互感器的铁芯磁通不平衡，互感器线圈有感应电流、电压输出，如图 4.32（b）所示，经电子放大器放大后，驱动漏电脱扣器动作，带动开关装置跳闸，切断电源，如图 4.32（c）所示。

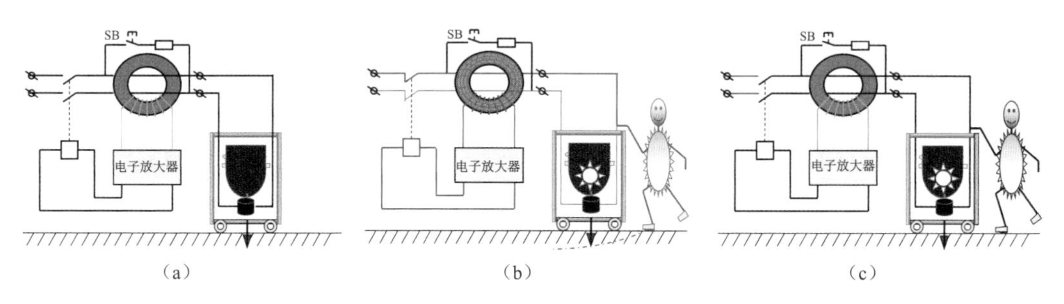

（a） （b） （c）

图 4.32 电子式漏电保护装置原理图

③ 漏电试验按钮（SB）。按下漏电试验按钮，产生漏电跳闸，证明漏电保护功能正常。如果不跳闸，则说明此漏电开关已坏，必须修复或更换。

④ 漏电显示按钮。发生人身触电事故或接地泄漏故障时，漏电开关跳闸，漏电显示按钮凸出，此时必须处理好安全事故或修复接地泄漏故障后，才能按下漏电显示按钮，合上开关。

（5）漏电保护装置的选用与安装

1）漏电保护装置的选择。

① 漏电保护装置应根据所保护线路的电压等级、工作电流及动作电流的大小来选择。

② 灵敏度（动作电流）的选择。要视线路的实际泄漏电流而定，不能盲目追求高的灵敏度。漏电保护装置的动作电流选择得低，当然可以提供安全的保护，但也不能盲目追求低的动作电流。因为任何供电回路设备都有一定泄漏电流存在，当漏电保护装置的动作电流低于电气设备的正常泄漏电流时，漏电保护装置就不能投入运行，或者由于经常动作而破坏供电的可靠性。因此，为了保证供电的可靠性，不能盲目追求高的灵敏度。

③ 对以防止触电为目的的漏电保护开关，宜选择动作时间为 0.1s 以内、动作电流在 30mA 及以下的高灵敏度漏电保护装置。

④ 浴室、游泳池、隧道等触电危险性很大的场所以及医院和儿童活动场所，应选用高灵敏度、快速型漏电保护装置，动作电流不宜超过 10mA。

⑤ 触电时得不到其他人的帮助而及时脱离电源的作业场所，漏电保护装置的动作电流不应超过摆脱电流。

⑥ 触电后可能导致严重二次事故的场合，应选用动作电流不超过 6mA 的快速型漏电保护装置。

2）漏电保护装置的安装及接线。

① 安装漏电保护装置前，应仔细检查其外壳、铭牌、接线端子、漏电试验按钮、合格证等是否完好。

② 漏电保护装置的安装必须遵守制造厂的使用说明规定。

③ 漏电保护装置不宜装在机械振动大或交变磁场强的位置。

④ 安装漏电保护装置后，原则上不能撤掉低压供电线路和电气设备的基本防电击措施，而只允许在一定范围内做适当的调整。

⑤ 用于防止触电事故的漏电保护装置只能作为附加保护，不得取消或放弃原有的安全防护措施。

⑥ 漏电保护装置的接线必须正确，接线错误可能导致漏电保护装置误动作，也可能导致漏电保护装置拒动作。单极漏电断路器的相线必须接开关，双极漏电断路器必须按“左零右相”规定接线。

⑦ 漏电保护装置负载侧的线路（包括相线和工作零线）必须保持独立，不得与接地装置连接，不得与保护零线连接，也不得与其他电气回路连接。

⑧ 在保护接零线路中，应将工作零线与保护零线分开，工作零线必须经过漏电保护器，保护零线不得经过漏电保护器。

⑨ 在潮湿、高温、金属占有系数大的场所及其他导电良好的场所，必须设置独立的漏电开关，不得用一个漏电开关同时保护两台及以上的电气设备。

⑩ 对运行中的漏电保护器应进行定期检查，每个月至少检查一次，并做好检查记录。检查内容包括外观检查、试验装置检查、接线检查、信号检查和按钮检查。

3. 低压断路器

低压断路器又称为自动空气开关、自动空气断路器或自动开关，是一种重要的控制和保护电器，保护参数可以人为整定。由于使用安全、可靠、方便，低压断路器是目前使用最广泛的低压电器之一。

（1）断路器的作用

1）控制作用。

根据运行需要，能切断和接通负荷电路。

2）保护作用。

在线路发生故障时，能及时切断故障电路，防止事故扩大，保证安全运行。

（2）断路器的分类

断路器的种类很多，有多种分类方法，这里仅按极数和用途进行分类。

1）按极数来分。

断路器可分为单极、双极、三极和四极 4 种，如图 4.33 所示。单极控制 1 根相线，双极控制零、相线，三极控制 3 根相线，四极控制三相四线电源。

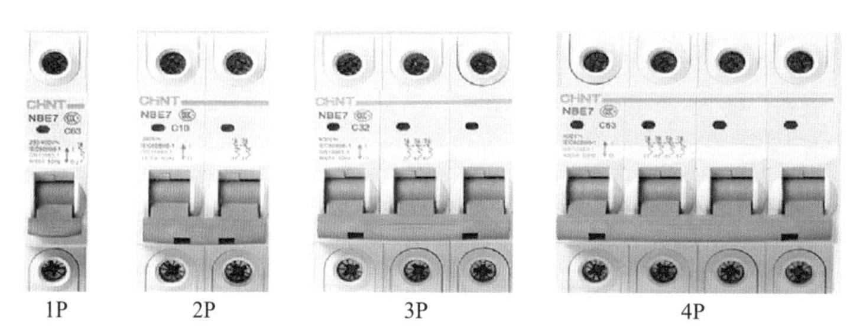

图 4.33　小型低压断路器

2）按磁脱扣曲线类型（用途）来分。

对于微型断路器，按其磁脱扣曲线类型（用途）来分，有 A、B、C、D 4 种断路器。

① A 型脱扣曲线断路器。磁脱扣电流为（2 ～ 3）I_n，适用于保护半导体电子线路，带小功率电源变压器的测量回路或线路长且电流小的系统。

② B 型脱扣曲线断路器。磁脱扣电流为（3 ～ 5）I_n，适用于保护住户配电系统、家用电器和人身安全。

③ C 型脱扣曲线断路器。磁脱扣电流为（5 ～ 10）I_n，适用于保护配电线路以及具有较高接通电流的动力线路。

④ D 型脱扣曲线断路器。磁脱扣电流为（10 ～ 20）I_n，适用于保护具有很高冲击电流的设备，如变压器、电磁阀等。

（3）断路器的文字符号和图形符号

1）断路器的文字符号用 QF 表示。

2）断路器的图形符号如图 4.34 所示。

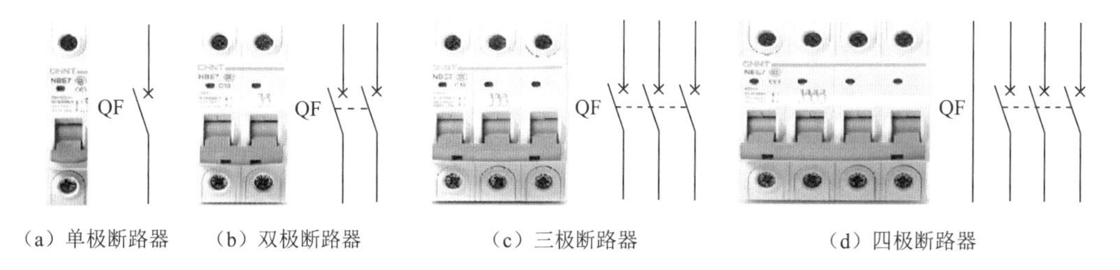

（a）单极断路器　（b）双极断路器　（c）三极断路器　（d）四极断路器

图 4.34　断路器的图形符号

（4）断路器的基本结构

低压断路器一般由触点系统、灭弧系统、操作机构、脱扣器及外壳或框架等组成。漏电保护断路器还需有漏电检测机构和动作装置等。图 4.35 所示为常用小型低压断路器的外形及内部结构图。各组成部分的作用如下。

1）触点系统。

触点系统用于接通和断开电路，是自动开关的执行元件。触点的结构形式有对接式、桥式和插入式 3 种，一般采用银合金材料和铜合金材料制成。

2）灭弧系统。

灭弧系统的作用是熄灭触头断开时产生的电弧。灭弧系统有多种结构形式，常用的灭弧方式有窄缝灭弧和金属栅灭弧。

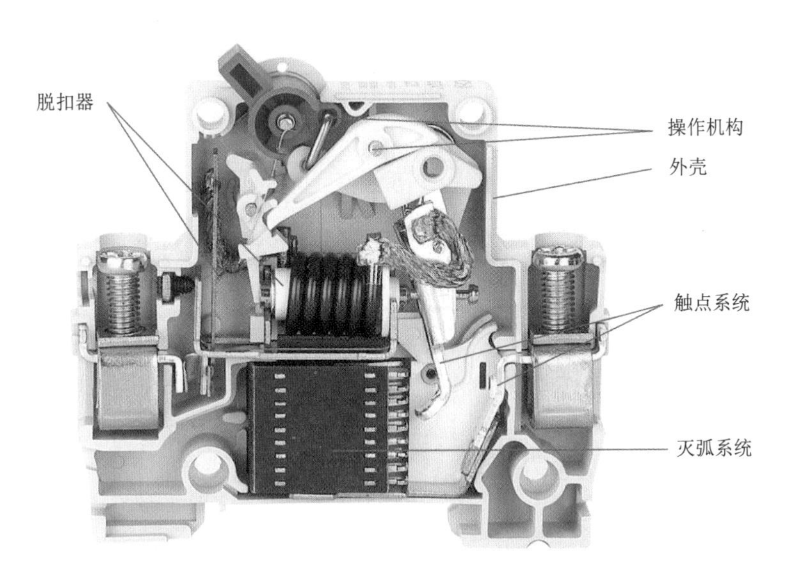

图 4.35　常用小型低压断路器的外形及内部结构图

3）操作机构。

操作机构用于实现断路器的闭合与断开。操作机构有手动操作机构、电动机操作机构、电磁铁操作机构等。

4）脱扣器。

脱扣器是断路器的感测元件，用来感测电路特定的信号（如过电压、过电流等），电路一出现非正常信号，相应的脱扣器就会动作，通过联动装置使断路器自动跳闸切断电路。

脱扣器的种类很多，有电磁脱扣、热脱扣、自由脱扣、漏电脱扣等。电磁脱扣又分为过电流脱扣、欠电流脱扣、过电压脱扣、欠电压脱扣、分励脱扣等。

5）外壳或框架。

外壳或框架是断路器的支持件，用来安装断路器各部件。

（5）断路器的基本工作原理

通过手动或电动等操作机构可使断路器合闸或断开，从而使电路接通或断开。当电路发生故障（短路、过载或欠电压等）时，通过脱扣装置使断路器自动跳闸，达到故障保护的目的。图 4.36 所示为断路器工作原理示意图，断路器工作原理分析如下。

1）短路保护。

以 L3 相为例，主触点闭合后，电路接通。如果电路发生短路时，短路电流远远超过过电流脱扣器动作值，或者发生电路过电流事故，过电流达到或超过过电流脱扣器动作值时，过电流脱扣器的衔铁就会马上吸合，驱动自由脱扣器动作，自由脱扣器与主触点的互锁解除，主触点在弹簧的作用下断开，从而切断电路，实现短路保护的目的。

2）过载保护。

主触点闭合后，电路接通。如果电路发生过载，由于过载电流小于过电流脱扣器动作值，不能驱使过电流脱扣器动作，但它可以使热脱扣器发热元件的发热量增加，使双金属片温度升高，双金属片弯曲加快，当双金属片产生足够的弯曲时，推动自由脱扣器动作，从而使主触点切断电路，实现过载保护。

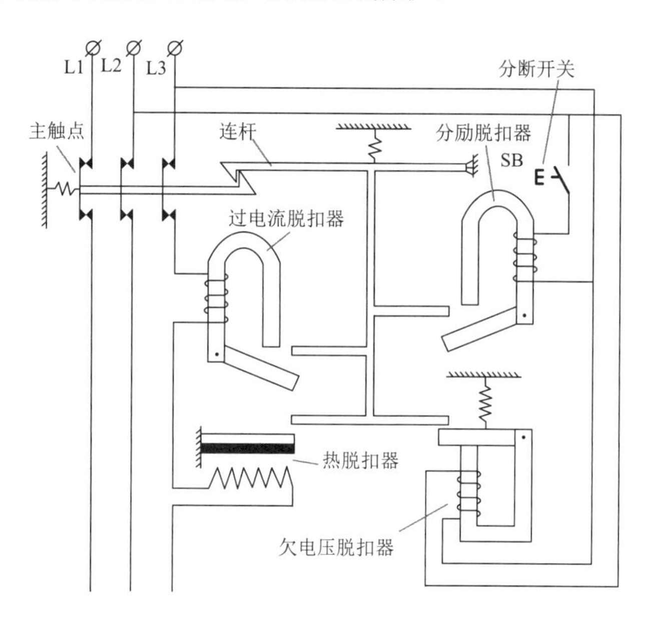

图 4.36 断路器工作原理示意图

3）欠电压保护。

主触点闭合后，电路接通。如果电路发生故障，电源电压迅速下降，或者电源突然停电，线路工作电压小于欠电压脱扣器释放值，这时欠电压脱扣器线圈产生的磁力小于衔铁弹簧拉力，欠电压脱扣器的衔铁就会释放，推动自由脱扣器动作，从而使主触点切断电路，实现欠压保护。

4）远程控制。

有些断路器装有分励脱扣器，可以实现远距离切断电路。当需要分断电路时，按下分断按钮，分励脱扣的线圈通电，其衔铁被吸合，推动自由脱扣器动作，使主触点切断电路。

（6）断路器的选用

在选用断路器时，应首先确定断路器的类型，然后进行具体参数的确定。断路器的选择大致可按以下步骤进行。

1）根据使用条件、被保护对象的要求选择合适的类型。

塑料外壳式断路器的断流能力较小，框架式断路器的断流能力较大。因此，一般在电气设备控制系统中，常选用塑料外壳式或漏电保护断路器；在电力网主干线路中主要选用框架式断路器；而在建筑物的配电系统中则一般采用漏电保护断路器。

2）确定断路器的类型后，再进行具体参数的选择，选用原则如下。

① 断路器的额定电压应不小于被保护线路的额定电压。

② 断路器的额定电流应不小于被保护线路的计算负载电流。

③ 断路器的额定通断能力（kA）不小于被保护线路中可能出现的最大短路电流

（kA），一般按有效值计算。

④ 线路末端单相对地短路电流应不小于 1.25 倍断路器瞬时（或短延时）脱扣器的整定电流。

⑤ 断路器欠电压脱扣器额定电压等于被保护线路的额定电压。

⑥ 断路器分励脱扣器额定电压应等于控制电源的额定电压。

3）若断路器用于电动机保护，则电流整定值的选用还应遵循以下原则。

① 断路器的长延时电流整定值应等于电动机的额定电流。

② 保护笼型异步电动机时，瞬时值整定电流应等于 $k_f\times$ 电动机的额定电流。系数 k_f 与电动机的型号、容量和启动方法有关，保护笼型异步电动机时，k_f 为 8 ～ 15。保护绕线转子异步电动机时，k_f 为 3 ～ 65。

③ 若断路器用于保护和控制不频繁启动的电动机时，还应考虑断路器的操作条件和电动机寿命。

考核评价

1．理论知识考核（表 4.1）

表 4.1　配电箱（含电度表）电路的安装接线理论知识考核评价表

班级		姓名		学号	
工作日期		评价得分		考评员签名	
1）单相电度表主要由哪几部分组成？（10 分）					
2）单相配电开关箱内安装漏电开关的目的是什么？（15 分）					
3）空气开关有什么作用？（15 分）					

续表

4）立体配电时要注意什么？（30分）
5）单相配电开关箱（含电度表）电路在安装接线时要注意什么？（30分）

2. 任务实施考核（表4.2）

表4.2 配电箱（含电度表）电路的安装接线任务实施考核评价表

<table>
<tr><td colspan="2">班级</td><td></td><td>姓名</td><td></td><td>最终得分</td><td></td></tr>
<tr><td>序号</td><td colspan="2">评分项目</td><td colspan="2">评分标准</td><td>配分</td><td>实际得分</td></tr>
<tr><td>1</td><td colspan="2">制订计划</td><td colspan="2">包括制订任务、查阅相关的教材、手册或网络资源等，要求撰写的文字表达简练、准确：</td><td>10</td><td></td></tr>
<tr><td>2</td><td colspan="2">材料准备</td><td colspan="2">列出所用的工具材料：</td><td>5</td><td></td></tr>
<tr><td>3</td><td>实作考核</td><td>单相配电箱</td><td colspan="2">接头松动或接触不良，扣5分
接头露出线芯大于1mm，扣2～5分
电表开关底部不平齐，扣2分
导线路径不合理，扣2～5分
导线转角不是90°，扣2～5分
3个单极断路器的相线进线不平齐，扣2～5分
断路器出线转角处不平齐，扣2～3分
导线不横平竖直或起波浪，扣2～5分
同一路径并排行走的导线不密贴，扣2～5分
悬空导线的长度小于10mm或大于30mm，扣2分
电表进出线接错，扣5分
漏电断路器零、火线位置接错，扣5分</td><td>30</td><td></td></tr>
</table>

续表

序号	评分项目		评分标准	配分	实际得分
3	实作考核	三相配电箱	电表开关底部不平齐，扣2分 接头松动或接触不良，扣3分 接头露出线芯大于1mm，扣2～4分 导线路径不合理，扣2～4分 断路器出线转角处不平齐，扣2～4分 导线不横平竖直或起波浪，扣2～4分 同一路径并排行走的导线不密贴，扣2～4分 悬空导线的长度小于10mm或大于30mm，扣2分 电表进出线接错，扣3分 漏电断路器零、火线位置接错，扣3分	30	
4	安全防护		在任务的实施过程中，需注意的安全事项： ________________ ________________ ________________ ________________	10	
5	7S管理		包括整理、整顿、清扫、清洁、素养、安全、节约： ________________ ________________	5	
6	检查评估		包括对整个工作过程和结果进行检查评估、针对出现的问题提出建设性的意见或建议： ________________ ________________ ________________ ________________	10	

注：各项内容中扣分总值不应超过对应各项内容所分配的分数。

学习笔记

____

____

____

____

____

项目5 简单照明电路的安装

任务5.1 塑槽布线日光灯电路的安装

教学目标

知识目标

1）熟知塑槽布线的有关规定。

2）熟知日光灯的结构。

能力目标

学会用塑槽布线安装日光灯电路的接线步骤与工艺。

素质目标

1）通过塑槽布线日光灯电路的安装，培养节约材料、减少废料的良好习惯。

2）通过平时保持环境的清洁卫生，完成作业后及时整理工具等劳动教育，培养良好的职业素养。

3）通过塑槽布线安装工艺练习，培养精益求精的工匠精神。

任务描述

在电气安装中，塑槽布线是一种常用的明敷布线方式，适用于办公室、住宅等室内正常干燥场所。单控日光灯电路是目前最常用的一种照明电路，由于灯具功率为40W，因此布线时选择BVV-500-1.5的导线。电气安装中的安装工艺直接决定工程的质量，因此在安装单控日光灯电路时需要熟知安装要求及注意事项。

1. 安装要求

1）选择适宜的螺钉固定各种电器、塑槽、底盒等，使之牢固不松动。

2）电器安装时要严格按照相关的规范进行操作。

3）导线的线头接到电器上时，要接触良好，接头紧密可靠。

4）塑槽配线安装日光灯电路要符合有关规定，配线做到横平竖直，电路接线正确，能正确开断日光灯。

2. 注意事项

1）接线时，火线一定要先进开关，然后才接到日光灯，顺序不能接错；而零线则直接接入日光灯。如果零线进开关，火线直接进日光灯，关灯后灯管会出现荧光现象。

2）导线接入平压式接线桩时，一定要顺时针连接。

3）如电路发生故障，应先切断电源，然后再进行检修。

本任务的重点：塑槽布线安装、导线敷设及接线步骤。

本任务的难点：塑槽 45° 夹角工艺。

任务实施

1. 安装步骤

1）识别电气平面图，如图 5.1 所示。

—//— ：表示 2 根导线。

○⁄ ：表示明装单控开关。

├──┤：表示日光灯。

BVV：表示布线用双塑铜芯线。

2×1.5：表示 2 根 $1.5mm^2$ 截面的导线。

VXC24：表示 24mm 塑槽。

40W：表示日光灯瓦数为 40W。

▀：表示端子排。

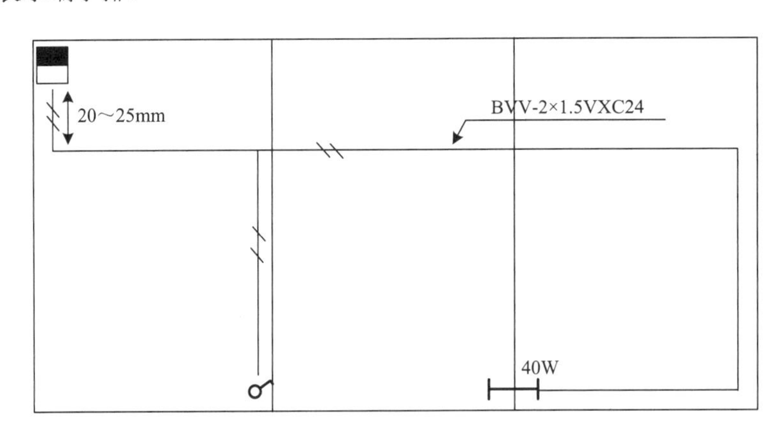

图 5.1　日光灯电路的电气平面图

2）根据电气平面图确定开关电器位置、线路路径并弹线，如图 5.2 所示。

① 充分利用实训台的宽度和高度安装开关电器。

② 水平基准线与端子排的距离为 20 ～ 25mm。

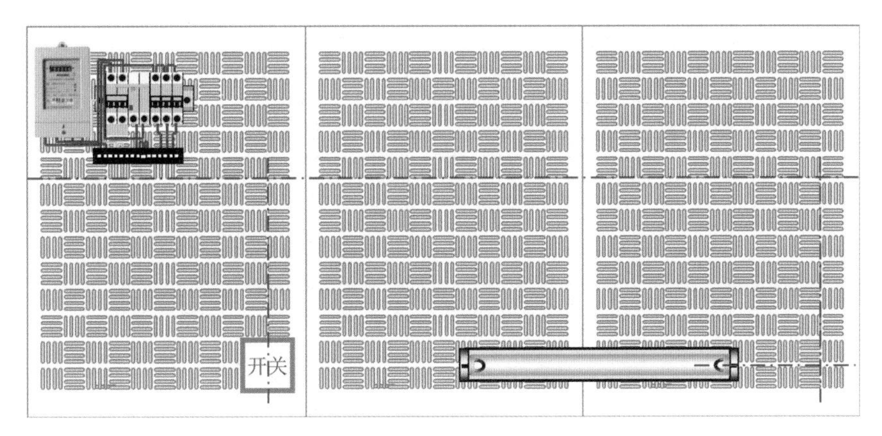

图 5.2　塑槽布线安装日光灯电路步骤一

3）安装塑槽底槽、开关底盒和日光灯支架，如图 5.3 所示。

① 打开槽盖，把长塑槽右端剪成 45° 夹角，量好长度后裁剪好。

② 同理，裁剪好其他所需底槽。

③ 安装长塑槽时，先安装中间，再安装两边，端部和尾部螺钉距离端口约 40mm，中间螺钉间距离不大于 500mm。

④ 接开关的塑槽为配发塑槽，长为 30cm，不能剪短，每条短塑槽至少用两个螺钉固定。

⑤ 底槽要伸进底盒 3 ～ 5mm，底盒安装不能歪斜。

⑥ 日光灯水平安装，右端紧贴线槽。

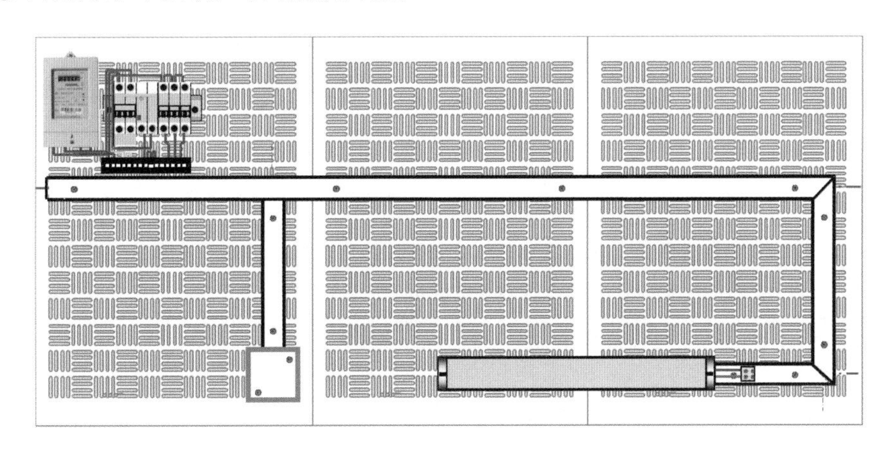

图 5.3　塑槽布线安装日光灯电路步骤二

4）裁线、敷线，如图 5.4 所示。

① 按线路长度裁剪火线、零线及控线，导线要求伸出底槽约 10cm，不能小于 8.6cm，也不要大于 12cm。

② 敷线时，从后往前敷，所有导线放入线槽后，剪好槽盖并盖好，要求线路所有接口不能看到导线。

③ 除日光灯外，其他电器必须在盖完槽盖之后才能接线。

图 5.4 塑槽布线安装日光灯电路步骤三

5）接开关、装灯管，如图 5.5 所示。

① 火线必须进开关，单极指甲开关的红线必须在上方，所有接线线芯露出来不能超过 1mm。

② 装灯管时，要装入卡槽后旋转 90°。

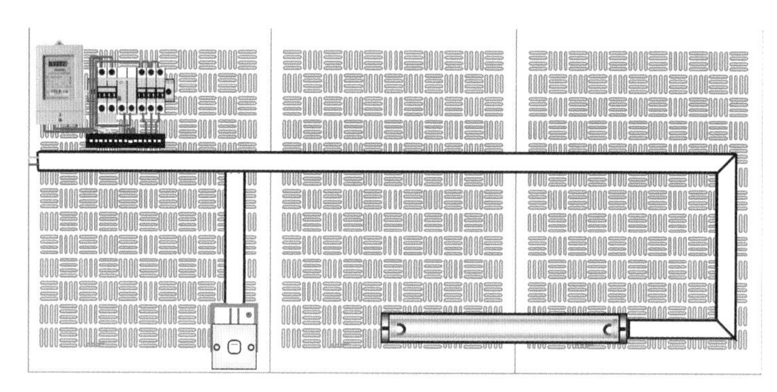

图 5.5 塑槽布线安装日光灯电路步骤四

塑槽日光灯电路通电（视频）

2. 通电试验

1）接电源前，必须检查电路是否正确，各接点是否牢固、可靠。

2）接线前，先将实训台电源开关、开关箱开关断开。

3）接线顺序：先接负载侧，后接电源侧；先接地零线，后接相线。拆线则反之。

4）合上实训台电源开关、开关箱总开关及分开关。按单控开关检查线路是否接线正确，日光灯是否能正常发光；用电笔检查开关是否接线正确。

相关知识

1. 塑槽布线的有关规定

（1）适用场所

适用于办公室、住宅等室内正常干燥场所。屋外、潮湿及较危险场所不允许用塑槽配线。

（2）配线要求

应尽量沿建筑物的角位敷设，与建筑物的线条平行或垂直。水平敷设时距地面不应小于150mm，塑槽不能穿过楼板或墙壁（应采用瓷管或硬塑管加以保护）。不同电压的导线不应敷设在同一塑槽内；槽内导线不得有接头，接头应在接线盒或塑槽外连接。

（3）导线选择

可选用塑料线500V绝缘的导线，不允许使用软线或裸导线。导线的最小截面积，铜线不得小于1mm^2，地线不得小于1.5mm^2，铝线不得小于2.5mm^2。

（4）塑槽固定

在木结构上敷设时可直接用自攻螺钉固定；在砖墙或水泥结构上可采用预埋线、打洞塞塑料胀管等方法用自攻螺钉固定底板。底板的固定点距离不应大于500mm，离底板终端或始端40mm处应有螺钉固定。

2．电感式镇流器日光灯电路

（1）电感式镇流器日光灯电路的组成

如图5.6所示，电感式镇流器日光灯电路由导线、镇流器Ld、日光灯管、起辉器S等组成。矩形虚线部分为内部接线，出厂时已经接好。

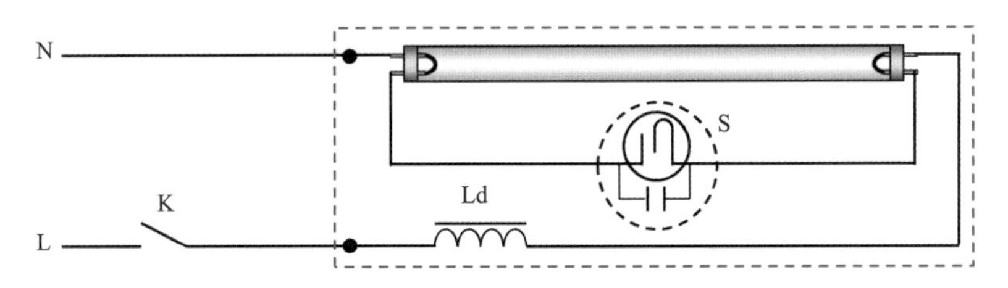

图5.6 电感式镇流器日光灯电路原理图

（2）电感式镇流器日光灯电路的工作原理

由图5.6可知，当日光灯接通电源后，电源电压经过镇流器、灯丝，加在起辉器的动、静触片之间引起辉光放电（氖气放电），放电时产生的热量使∩形动触片膨胀并向外延伸，与静触片接触，接通电路，使灯丝加热并发射电子。与此同时，由于∩形动触片与静触片接触，使两片间电压为零而停止辉光放电，动触片冷却并复原脱离静触片；在动触片断开瞬间，镇流器两端会产生一个比电源电压高得多的感应电动势，这个感应电动势与电源电压串联后全部加在灯管两端的灯丝间，使灯管内惰性气体（氩气）被电离而引起弧光放电，随着灯管内温度升高，液态汞就会汽化游离，引起汞气弧光放电而辐射出不可见的紫外线，紫外线激发灯管内壁的荧光粉后，发出近似日光的可见光。此时，由于镇流器的分压作用，使得灯管两端电压远低于220V（如40W灯管的端电压为108V左右，而镇流器两端电压为165V左右），因灯管的电压较低，使得与灯管并联的起辉器因起辉电压不足，氖气不能放电，起辉器处于相对静止状态，不影响灯管的正常工作，灯管继续发出日光。

考核评价

1. 理论知识考核（表 5.1）

表 5.1 塑槽布线日光灯电路的安装理论知识考核评价表

<table>
<tr><td>班级</td><td></td><td>姓名</td><td></td><td>学号</td><td></td></tr>
<tr><td>工作日期</td><td></td><td>评价得分</td><td></td><td>考评员签名</td><td></td></tr>
<tr><td colspan="6">1）塑槽布线的步骤是什么？（30 分）
______
______
______</td></tr>
<tr><td colspan="6">2）塑槽布线导线选择基本要求是什么？（20 分）
______
______
______</td></tr>
<tr><td colspan="6">3）电感式镇流器日光灯的组成是什么？（20 分）
______
______
______</td></tr>
<tr><td colspan="6">4）电感式镇流器日光灯的工作原理是什么？（30 分）
______
______
______</td></tr>
</table>

2. 任务实施考核（表 5.2）

表 5.2 塑槽布线日光灯电路的安装任务实施考核评价表

<table>
<tr><td colspan="2">班级</td><td></td><td>姓名</td><td></td><td>最终得分</td><td></td></tr>
<tr><td>序号</td><td>评分项目</td><td colspan="3">评分标准</td><td>配分</td><td>实际得分</td></tr>
<tr><td>1</td><td>制订计划</td><td colspan="3">包括制订任务、查阅相关的教材、手册或网络资源等，要求撰写的文字表达简练、准确：
______
______
______</td><td>10</td><td></td></tr>
</table>

续表

<table>
<tr><th>序号</th><th colspan="2">评分项目</th><th>评分标准</th><th>配分</th><th>实际得分</th></tr>
<tr><td>2</td><td colspan="2">材料准备</td><td>列出所用的工具材料：
____
________________</td><td>5</td><td></td></tr>
<tr><td>3</td><td colspan="2">施工图纸</td><td>画出施工图：</td><td>5</td><td></td></tr>
<tr><td rowspan="2">4</td><td rowspan="2">实作考核</td><td>塑槽布线日光灯安装接线工艺</td><td>线芯露出端子大于 1mm，每处扣 3 分；接头松动，每处扣 5 分
塑槽没有横平竖直，扣 2 ～ 10 分
底盒、日光灯歪斜松动，扣 2 ～ 5 分
线槽接缝不应超过 1mm，不得露出导线，否则每处扣 3 分
转角不是 45° 夹角，扣 2 ～ 5 分
没有尽最大宽度、高度安装，扣 3 ～ 10 分
导线伸出槽口小于 8.6cm 或大于 12cm，扣 3 分
不是按放线、盖槽盖，最后接开关作业顺序操作的，扣 10 分
布线时，由于测量导线时出现错误，导致导线不够需补充，扣 10 分</td><td>35</td><td></td></tr>
<tr><td>原理功能</td><td>零线进开关，扣 15 分
不能实现功能，扣 15 分</td><td>15</td><td></td></tr>
<tr><td>5</td><td colspan="2">安全防护</td><td>在任务的实施过程中，需注意的安全事项：
____
____
________________</td><td>10</td><td></td></tr>
<tr><td>6</td><td colspan="2">7S 管理</td><td>包括整理、整顿、清扫、清洁、素养、安全、节约：
____
________________</td><td>10</td><td></td></tr>
<tr><td>7</td><td colspan="2">检查评估</td><td>包括对整个工作过程和结果进行检查评估、针对出现的问题提出建设性的意见或建议：
____
____
____
________________</td><td>10</td><td></td></tr>
</table>

注：各项内容中扣分总值不应超过对应各项内容所分配的分数。

任务 5.2 塑槽布线插座、LED 灯电路的安装

教学目标

知识目标

1）熟知照明电路塑槽布线的有关规定。

2）了解 LED 灯的原理。

3）熟知插座安装的有关规定。

能力目标

1）学会塑槽布线安装插座、LED 灯电路的步骤。

2）学会安装灯座的方法。

素质目标

1）通过对塑槽等废料的多次反复利用，培养节约材料、减少废料的良好习惯。

2）通过平时保持环境的清洁卫生，完成作业后及时整理工具等劳动教育，培养良好的职业素养。

3）通过严格按照插座、LED 灯等的安装规程进行安装接线，培养遵守行业规则的习惯。

任务描述

在电气安装中，塑槽布线是一种常用的明敷布线方式，适用于办公室、住宅等室内正常干燥场所。插座、LED 灯电路是一种常用的照明组合电路，由于灯具功率为 5W，因此布线时选择 BVV-500-1.5 的导线。根据安装插座要求，选择 BVV-500-2.5 的导线作为插座线。电气安装中的安装工艺直接决定工程的质量，因此在安装插座、LED 灯电路时需要熟知安装要求及注意事项。

1. 安装要求

1）选择适宜的螺钉固定各种电器、塑槽、底盒等，使之牢固不松动。

2）电器安装时要做到整齐、美观、不松动。

3）导线的线头接到电器上时，要保证接触良好，接头紧密可靠。

4）塑槽配线安装插座、LED 灯电路要符合有关规定，配线做到横平竖直，电路接线正确，能正确开断 LED 灯。

2. 注意事项

1）接线时，火线一定要先进开关，然后才接到 LED 灯，顺序不能接错，而零线则直接接入 LED 灯；如果零线进开关，火线直接进 LED 灯，关灯后灯座螺纹会带电。

2）插座的火线必须从 LED 灯开关前面接电；否则会受 LED 灯开关控制。接插座导线时，必须按左零右火上为地的规定接线，不可接错。

3）导线接入平压式接线桩时，一定要按顺时针方向连接。

4）如电路发生故障，应先切断电源，然后再进行检修。

本任务的重点：插座接线和灯座接线的接线方法。

本任务的难点：塑槽 45° 夹角工艺。

任务实施

1. 安装步骤

1）识别电气平面图，如图 5.7 所示。

—///—：表示 3 根导线，3 根导线也可用—/³—表示，3 根线以上均用数字表示。

⋎：表示明装三孔插座。

⊗：表示灯具。

3×2.5：表示 3 根 2.5mm² 导线。

5W：表示灯的瓦数。

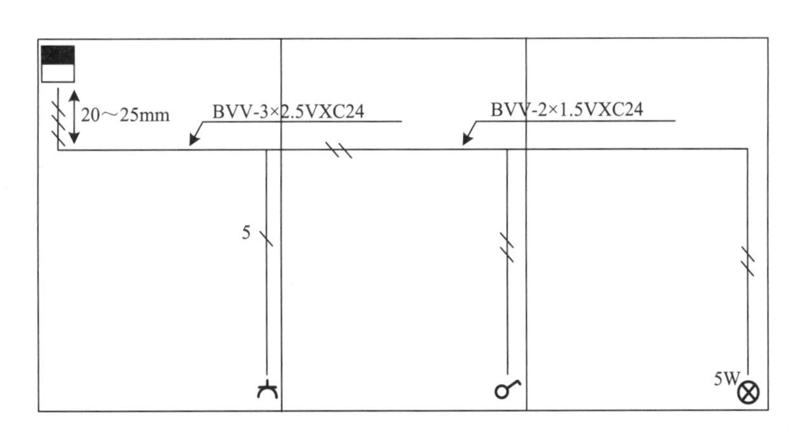

图 5.7　塑槽布线安装插座、LED 灯电路电气平面图

2）根据电气平面图确定开关电器位置、线路路径并弹线，如图 5.8 所示。

塑槽安装插座、LED 灯电路(视频)

① 充分利用实训台的宽度和高度安装开关电器。

② 水平基准线与端子排的距离为 20 ～ 25mm。

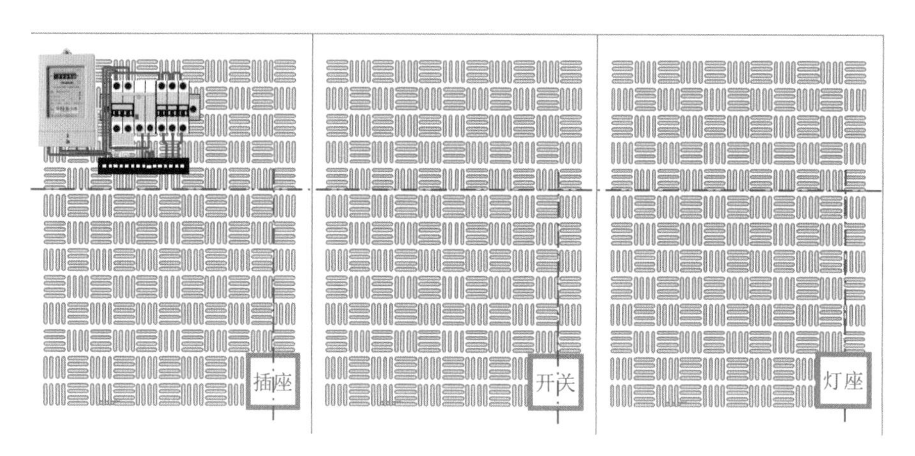

图 5.8 塑槽布线安装插座、LED 灯电路步骤一

3）安装塑槽底槽、开关插座底盒和灯座底盒，如图 5.9 所示。

① 打开槽盖，把长塑槽右端剪成 45° 夹角，量好长度后裁剪好。

② 同理，裁剪好其他所需底槽。

③ 安装长塑槽时，先安装中间，再安装两边，端部和尾部螺钉距离端口约 40mm，中间螺钉间距离不大于 500mm。

④ 接开关和插座的塑槽为配发塑槽，长为 30cm，不能剪短，每条短塑槽至少用两个螺钉固定。

⑤ 底槽要伸进底盒 3 ～ 5mm，底盒安装不能歪斜，所有底盒安装高度一致，相差不超过 3mm。

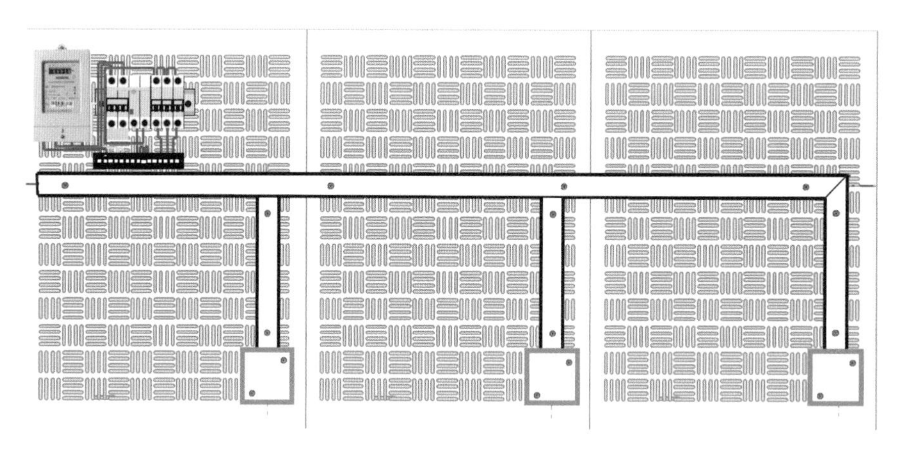

图 5.9 塑槽布线安装插座、LED 灯电路步骤二

4）裁线、敷线，如图 5.10 所示。

① 按线路长度裁剪火线、零线及控线，导线要求伸出底槽约 10cm，不能小于 8.6cm，也不要大于 12cm。

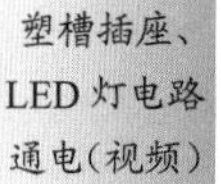

② 敷线时，从后往前敷，所有导线放入线槽后，剪好槽盖并盖好，要求线路所有接口不能看到导线。

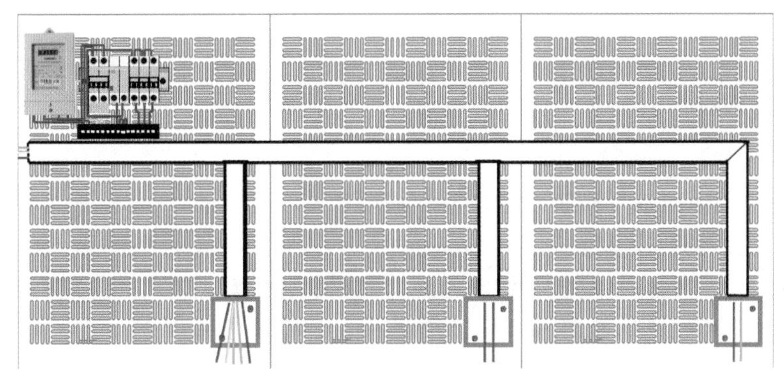

图 5.10 塑槽布线安装插座、LED 灯电路步骤三

5）接插座、开关和灯座，安装 LED 灯，如图 5.11 所示。

① 火线必须进开关，单极指甲开关的红线必须在上方，所有接线线芯露出来不能超过 1mm。

② 接插座时，火线（红色线）必须接插座的 L 端（右孔），零线必须接插座的 N 端（左孔），地线（黄绿双色线）接 E 端。

③ 接灯座时，控线必须接灯座的中心弹簧片，零线必须接灯座的螺纹。

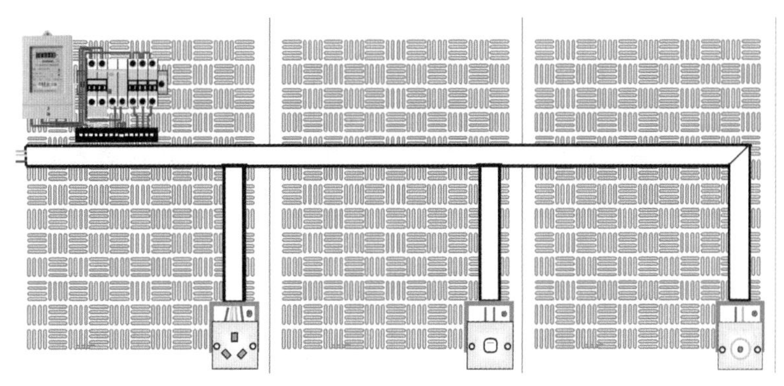

图 5.11 塑槽布线安装插座、LED 灯电路步骤四

2. 通电试验

1）接电源前，必须检查电路是否正确，各接点是否牢固可靠。

2）接线前，先将实训台电源开关、开关箱开关断开。

3）接线顺序：先接负载侧，后接电源侧；先接地零线，后接相线。拆线则反之。

4）合上实训台电源开关、开关箱总开关及分开关。按单控开关，检查线路是否接线正确，LED 灯是否能正常发光；用电笔检查开关、插座、灯座是否接线正确。

相关知识

1. 插座安装的有关规定

1）插座的安装高度。

① 在一般场所，距地面高度不宜小于 1.3m。

② 托儿所及小学不宜小于 1.8m。

③ 车间及实验室的插座不宜小于 0.3m。

④ 特殊场所安装的插座不小于 0.15m。

2）插座的接线。

① 单相两孔插座水平安装时为左零右相，如图 5.12（a）所示，垂直安装时为上火下零，如图 5.12（b）所示。

② 单相三孔扁插座是左零右相上为地，如图 5.12（c）所示，不得将地线孔装在下方或横装，插座内的接地端子不应与零线端子直接连接。

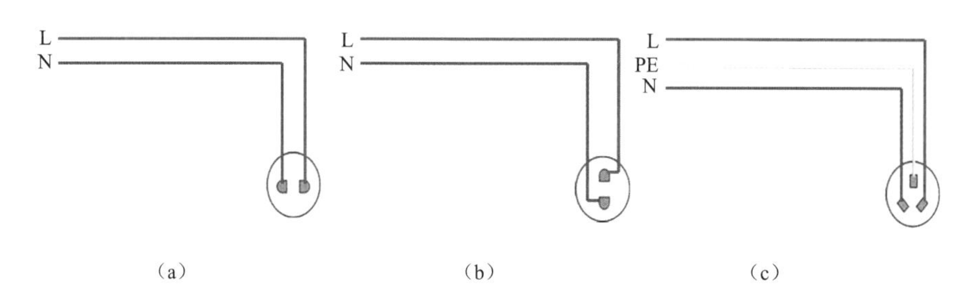

图 5.12　单相插电路

③ 三相四孔插座的接地线或接零线均应接上孔，另外 3 个孔接相线。

④ 单相插座如果安装熔断器保护，相线应先进保险再接到插座的右孔接线桩上。

3）插座的容量应与用电设备负荷相适应，每一插座只允许接一个用电器，若需装设熔断器保护，熔断器应安装在相线上。1kW 以上的用电设备，其插座前应加装闸刀开关控制。

4）不同电压的插座应有明显的区别，不能互换使用。

5）并列安装的同一型号的插座高度差不宜大于 1mm，同一场所安装的插座高度差不宜大于 5mm。

2. LED 灯

（1）LED 结构及发光原理

LED（light emitting diode，发光二极管）是一种固态的半导体器件，它可以直接把电转化为光。LED 的心脏是一个半导体的晶片，它由两部分组成：一部分是 P 型半导体，在它里面空穴占主导地位；另一部分是 N 型半导体，在这里边主要是电子。但这两种半导体连接起来的时候，在 P 型半导体和 N 型半导体之间有一个过渡层，称为 P-N 结。当电流通过导线作用于这个晶片的时候，电子就会被推向 P 区，在 P 区中电子与空穴复合，电子与空穴复合时会把多余的能量以光的形式释放出来，从而把电能直接转换为光能，这就是 LED 发光的原理。LED 的内在特征决定了它是代替传统光源的最理想的光源，具有广泛的应用前景。

（2）LED 的优点

1）光源发光效率高。

白炽灯的光效为12～25lm/W，荧光灯的光效为50～70lm/W，钠灯的光效为90～140lm/W，这些灯的耗电大部分变成热量损耗。LED光效可达到150～200lm/W，而且发光的单色性好，光谱窄，无须过滤，可直接发出有色可见光。

2）LED光耗电量少。

LED单管功率为0.03～0.06W，采用直流驱动，单管驱动电压为1.5～3.5V，电流为15～18mA，反应速度快，可高频操作，在同样照明效果的情况下，耗电量是白炽灯的1/10、荧光灯的1/2。

3）LED光源使用寿命长。

白炽灯、荧光灯、卤钨灯是采用电子光场辐射发光，有灯丝发光易烧、易热沉积、易光衰减等缺点，而LED灯体积小、重量轻，环氧树脂封装，可承受高强机械冲击和振动，不易破碎，平均寿命达10万h，LED灯具使用寿命可达5～10年。

4）LED光源安全、可靠性强。

LED灯发热量低，无热辐射性，冷光源，可以安全触摸，能精确控制光型及发光角度、光色，无眩光，不含汞、钠元素等可能危害健康的物质。

考核评价

1．理论知识考核（表5.3）

表5.3　塑槽布线插座、LED灯电路的安装理论知识考核评价表

班级		姓名		学号	
工作日期		评价得分		考评员签名	
1）插座接线的要求是什么？（30分） ______ ______ ______					
2）LED灯的优点是什么？（20分） ______ ______ ______					
3）为什么选择BVV-500-1.5的导线作为照明线，选择BVV-500-2.5的导线作为插座线？（20分） ______ ______ ______					

续表

<table>
<tr><td>4）插座安装的有关规定是什么？（30 分）

____
____
____
____________________</td></tr>
</table>

2. 任务实施考核（表 5.4）

表 5.4 塑槽布线插座、LED 灯电路的安装任务实施考核评价表

<table>
<tr><td colspan="3">班级</td><td></td><td>姓名</td><td></td><td>最终得分</td><td></td></tr>
<tr><td>序号</td><td colspan="2">评分项目</td><td colspan="3">评分标准</td><td>配分</td><td>实际得分</td></tr>
<tr><td>1</td><td colspan="2">制订计划</td><td colspan="3">包括制订任务、查阅相关的教材、手册或网络资源等，要求撰写的文字表达简练、准确：
____
____________________</td><td>10</td><td></td></tr>
<tr><td>2</td><td colspan="2">材料准备</td><td colspan="3">列出所用的工具材料：
____
____________________</td><td>5</td><td></td></tr>
<tr><td>3</td><td colspan="2">施工图纸</td><td colspan="3">画出施工图：</td><td>5</td><td></td></tr>
<tr><td rowspan="2">4</td><td rowspan="2">实作考核</td><td>塑槽布线插座、LED 灯电路安装接线工艺</td><td colspan="3">线芯露出端子大于 1mm，每处扣 3 分；接头松动，每处扣 5 分
塑槽没有横平竖直，扣 2 ～ 10 分
底盒、LED 灯歪斜松动，扣 2 ～ 5 分
线槽接缝不应超过 1mm，不得露出导线，否则每处扣 3 分
转角不是 45° 夹角，扣 2 ～ 5 分
没有尽最大宽度、高度安装，扣 3 ～ 10 分
导线伸出槽口小于 8.6cm 或大于 12cm，扣 3 分
不是按放线、盖槽盖，最后接开关作业顺序操作的，扣 10 分
布线时，由于测量导线时出现错误，导致导线不够需补充，扣 10 分</td><td>35</td><td></td></tr>
<tr><td>原理功能</td><td colspan="3">零线进开关，扣 15 分
插座接错线，扣 15 分
不能实现功能，扣 15 分</td><td>15</td><td></td></tr>
</table>

续表

序号	评分项目	评分标准	配分	实际得分
5	安全防护	在任务的实施过程中，需注意的安全事项： ________________ ________________ ________________ ________________	10	
6	7S 管理	包括整理、整顿、清扫、清洁、素养、安全、节约： ________________ ________________	10	
7	检查评估	包括对整个工作过程和结果进行检查评估、针对出现的问题提出建设性的意见或建议： ________________ ________________ ________________ ________________	10	

注：各项内容中扣分总值不应超过对应各项内容所分配的分数。

任务5.3 管道布线双联电路的安装

教学目标

知识目标

1）了解管道布线的有关规定。

2）了解双联电路的原理。

能力目标

1）熟练掌握管道布线的步骤。

2）熟练掌握双联电路的接线方法。

素质目标

1）通过在管道布线安装双联电路时对管道的多次循环使用，培养节约材料、减少废料的良好习惯。

2）通过平时保持环境的清洁卫生，完成作业后及时整理工具等劳动教育，培养良好的职业素养。

3）通过管道布线在安装接线的工艺上要求横平竖直，90° 弯角工艺要求一次成型，培养精益求精的工匠精神。

4）通过双联电路的安装，启发三联等复杂电路的探索，培养创新精神。

任务描述

在电气安装中，管道布线也是一种常用的明敷布线方式，适用于办公室、住宅、工厂等室内正常干燥场所。双联控制电路是一种常用的照明电路，适用于两地控制一灯的场所，如二层楼的楼梯灯、面积大的厅灯和卧房灯。由于灯具功率为5W，因此布线时选择BVV-500-1.5的导线。电气安装中的安装工艺直接决定工程的质量，因此在安装双联电路时需要熟知安装要求及注意事项。

1. 安装要求

1）管道布线要求横平竖直，固定间距均匀，转弯符合要求，电路接线正确。

2）选择适宜的螺钉固定各种电器和管道，而且整齐美观，不会松动。

3）导线的线头接到电器上时，线芯不能露出接线端子外，导线在底盒内的长度不能太长或太短，一般为100mm左右。

2. 注意事项

1）线管转弯时应采用弯曲线管的方法，不宜采用制成品的弯管接头，以免造成管口连接处过多而影响穿线工作。

2）穿线前，所有导线均应标上记号，以便于接线。

3）接线时，相线必须接到双联开关的公共接线桩上，螺口灯座（头）的中心弹簧触点接线桩必须接在另一个双联开关的公共接线桩上，接错则无法实现两地控一灯。

4）导线接入平压式接线桩时，一定要按顺时针方向连接。

5）如电路发生故障，应先切断电源，然后再进行检修。

本任务的重点：管道布线安装双联电路做到横平竖直的接线工艺。

本任务的难点：管道弯头的弯制工艺。

任务实施

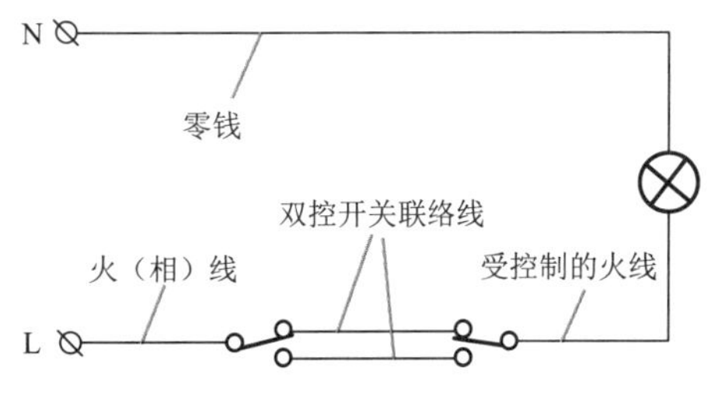

图 5.13　双联电路原理图

1. 安装步骤

1）识别双联电路原理图与电气平面图。

① 双联电路原理图如图5.13所示。

螺口灯座（头）接线时，零线必须接螺口灯座（头）的螺纹接线桩，相线必须经过两个双联开关后接到螺口灯座（头）的中心弹簧触点接线桩上。

② 双联电路安装电气平面图如图 5.14 所示。

—⫽—：表示两根导线。

—⫻—：表示 3 根导线，3 根导线也可用 —/— (3) 表示，3 根线以上均用数字表示。

♂：表示双联明装墙边开关。

⊗：表示灯具。

BV：表示单层塑料绝缘铜芯线。

3×1.5：表示 3 根 1.5mm^2 导线。

VG20：表示直径为 20mm 的塑管。

5W：表示功率为 5W。

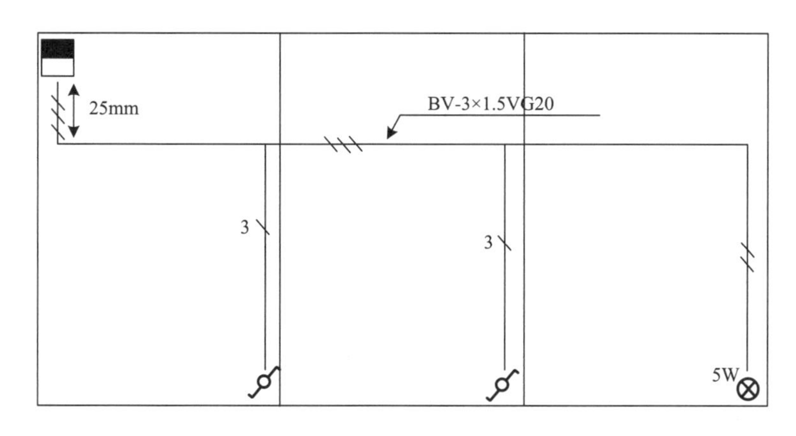

图 5.14　双联电路安装电气平面图

塑管安装双控 LED 灯电路（视频）

2）根据电气平面图确定电器的安装位置和线路路径，弹基准线，安装管码，如图 5.15 所示。

① 充分利用实训台的宽度和高度安装开关电器。

② 水平基准线与端子排的距离为 25 ～ 30mm。

③ 管码与接口距离约 40mm，管道转弯处两端也要固定。

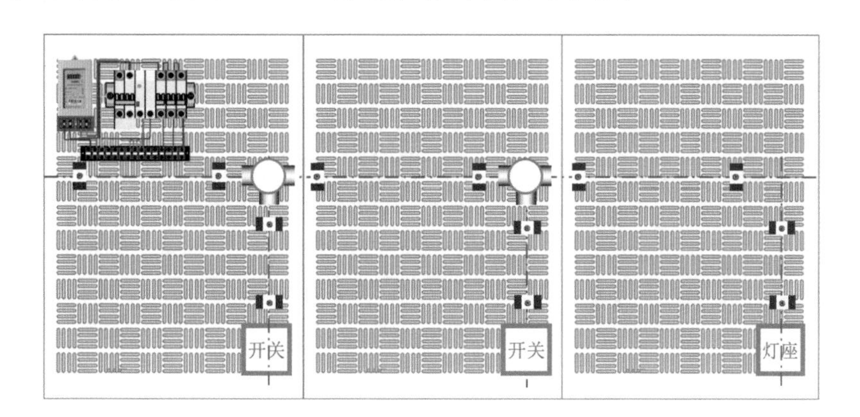

图 5.15　塑管布线安装双联电路步骤一

3）裁管、弯管，将管子、分线盒连成整体或部分整体进行安装，如图 5.16 所示。

弯管、裁管（视频）

裁管：根据实际需求，用线管钳裁剪好管道。

弯管：根据实际需求，用冷弯法弯制好管道。先确定弯管的位置，再确定塞入弹簧的距离，然后把合适的弹簧塞入，用大腿分别在弯管位置左右来回弯管，最后保持一段时间（一般为5s）使其定型。

安装管道：在管道始端或终端约40mm处，要有固定点。在拐弯处两侧要有固定点。

① 水平两根管（长42cm），垂直两根管（长26cm），不能锯短。

② 管道敷设要做到横平竖直。

③ 明敷弯曲半径为管径的6倍。

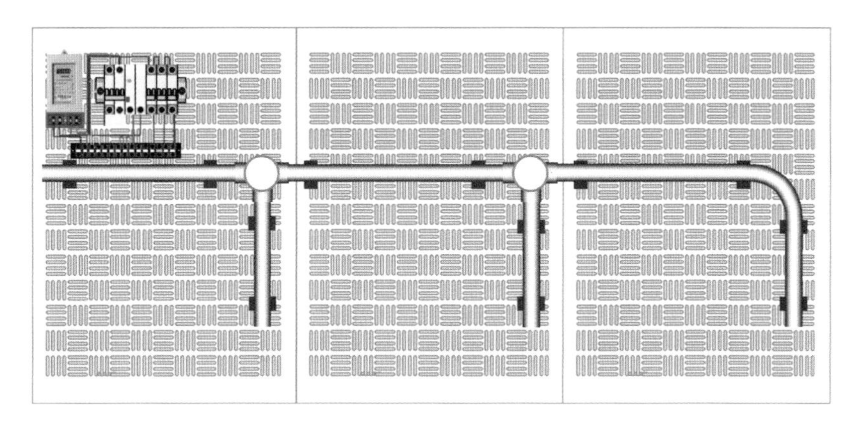

图5.16　塑管布线安装双联电路步骤二

管道穿线（视频）

4）裁线，打记号，穿线，如图5.17所示。

① 根据需求裁剪好导线，用颜色作各导线区分记号或者剥出绝缘层作为记号，导线要求伸出管道约10cm，不能小于8.6cm，也不要大于12cm。

② 穿线。穿入穿线器，束紧器穿入穿线器导头并束紧导线端头，将它们拉入管道。距离较短可以直接穿线。同一管道内的导线要一起穿进管内，不能一根一根穿。导线穿出管道约10cm，不能小于8.6cm，也不要大于12cm。

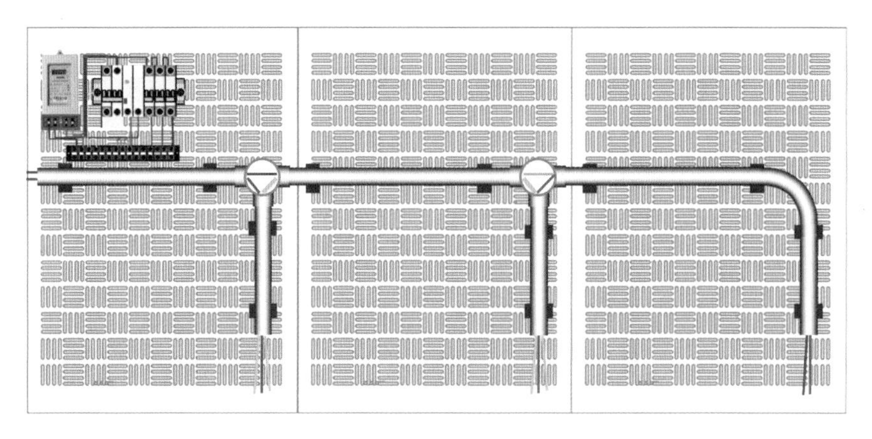

图5.17　塑管布线安装双联电路步骤三

5）安装底盒、接双联开关、接灯头、装LED灯，如图5.18所示。

① 底盒、灯座安装高度一致，不能歪斜，与管口无缝接合。

② 接双联开关时，火线或控线必须接中间的接线端子，两根联络线分别接两侧的接线端子，所有接线线芯露出来不能超过 1mm。

③ 接螺口灯座时，火线必须接中心弹簧片，零线必须接螺纹。

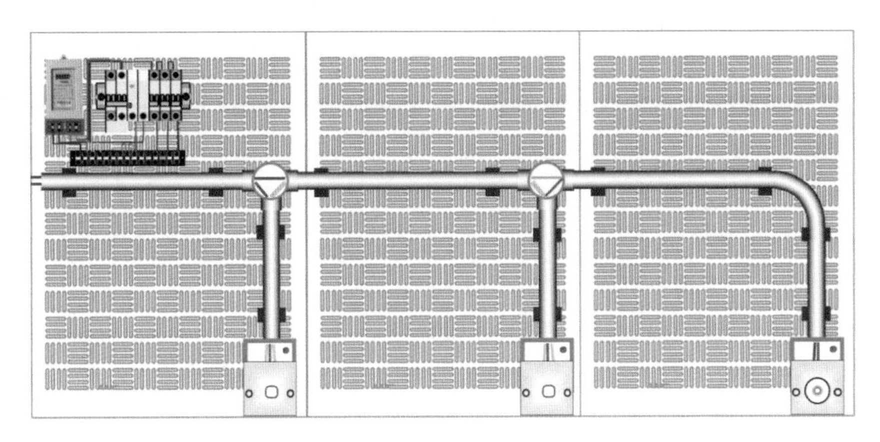

图 5.18　塑管布线安装双联电路步骤四

2. 通电试验

塑槽双控 LED 灯电路通电（视频）

1）接电源前必须检查电路是否正确、各接点是否牢固可靠。

2）接线前，先将实训台电源开关、开关箱开关断开。

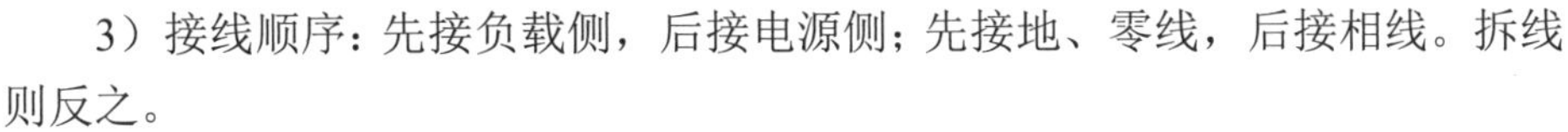

3）接线顺序：先接负载侧，后接电源侧；先接地、零线，后接相线。拆线则反之。

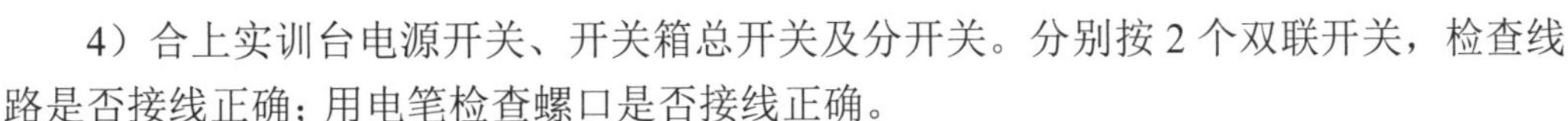

4）合上实训台电源开关、开关箱总开关及分开关。分别按 2 个双联开关，检查线路是否接线正确；用电笔检查螺口是否接线正确。

相关知识

1. 管道布线的有关规程

（1）适用场所

1）镀锌水管、煤气钢管，适用于潮湿和有腐蚀性气体场所的明敷或埋地，以及易燃易爆场所的明敷，其管壁厚度不应小于 2.5mm。

2）电线金属管，适用于干燥场所的明敷或暗敷，管壁厚度不应小于 1.5mm。

3）硬塑料管，耐腐蚀性较好，但机械强度不如金属管，它适用于有酸碱腐蚀及潮湿场所的明敷或暗敷。

（2）导线选择

管子布线的导线，可采用塑料线或穿管专用的胶麻线等 500V 绝缘的导线。其截面积，铜线不得小于 1mm^2，地线不得小于 1.5mm^2，铝线不得小于 2.5mm^2。

（3）线管管径的要求

选择线管管径应遵循穿管的导线总截面（包括外皮）不应超过管内截面的 40% 的原则。为保证管路穿线方便，在下列情况下应装设拉线盒；否则，应选用大一级的管径。

1）管子全长超过 30m 且无弯曲或有 1 个弯曲。

2）管子全长超过 20m 且有 2 个弯曲。

3）管子全长超过 12m 且有 3 个弯曲。

（4）布线要求

1）明敷时要求横平竖直、整齐美观。

2）明敷管路的弯曲半径不得小于管子直径的 6 倍，暗敷管路以及穿管铅皮线的明敷管路的弯曲半径不得小于管子直径的 10 倍。

3）管子布线的所有导线接头应装设接线盒连接。

4）管内不允许有导线接头；不同电压或不同回路的导线不应穿于同一管内，但下列情况除外。

① 同一设备或同一流水作业设备的动力和没有防干扰要求的控制回路。

② 照明花灯的所有回路。

③ 同类照明的几个回路，但管内导线总数不应多于 8 根。

④ 供电电压为 65V 及以下的回路。

5）用金属管保护的交流线路，应将同一回路的各相导线穿在同一管内。

6）硬塑料管布线时，管路中的接线盒、拉线盒、开关盒等宜采用塑料盒；金属管布线时，则采用铁盒。

（5）线管垂直敷设时的要求

敷设于垂直线管中的导线，每超过下列长度时，应在管口处或接线盒中加以固定。

1）导线截面为 $50mm^2$ 及以下，长为 30m。

2）导线截面为 70 ～ 95 mm^2，长为 20m。

3）导线截面为 120 ～ 240 mm^2，长为 18m。

（6）线管的固定距离

1）明敷的金属管路，其固定点间的距离应不大于表 5.5 的规定。

2）明敷的硬塑料管路，其固定点间的距离应不大于表 5.6 的规定。

表 5.5　明敷金属管路固定点间的最大距离

管径 /mm		13 ～ 20	25 ～ 32	40 ～ 50	70 ～ 100
最大距离 /mm	3	1500	2000	2500	3500
	1.5	1000	1500	2000	

表5.6 明敷硬塑料管路固定点间的最大距离

管径 /mm	20及以下	25～40	50及以上
最大距离 /mm	1000	1500	2000

3）线管在进入开关、灯头、插座、拉线盒和接线盒孔前300mm处和线管弯头两边，均需要固定。

2. 照明开关、灯具安装的有关规定

（1）照明开关的安装规定

1）拉线开关的安装高度宜为2～3m，且拉线出口应垂直向下；墙边开关的安装高度宜为1.3m。拉线开关、墙边（板把）开关距门框宜为0.15～0.2m。

2）照明分路总开关距离地面的高度为1.8～2m。

3）并列安装的相同型号的开关距地面的高度应一致，高度差不应大于1mm，同一室内的开关高度差不应大于5mm，并列安装的拉线开关的相邻距离不宜小于20mm。

4）暗装的开关及插座应有专用的安装盒，安装盒应有完整的盖板。

5）在易燃、易爆和特殊场所，开关应具有防爆、密闭功能及采用其他相应的安全措施。

6）接线时，所有开关均应控制电路的火线。

7）当电器的容量为0.5kW以下的电感性负荷（如电动机）或2kW以下的阻性负荷（如白炽灯、电炉等）时，允许采用插销代替开关。

（2）照明灯具的安装要求

1）灯具的安装高度。

① 在正常干燥场所，室内一般的照明灯具距离地面的高度不应少于2m，如吊灯灯具位于桌面上方等人碰不到的地方，允许高度不少于1.5m。

② 在危险和较潮湿场所的室内照明灯具距地面不得低于2.5m。

③ 屋外灯具距离地面的高度一般不应少于3m，如装在墙上，允许降低为2.5m。

④ 上述场所的灯具，安装高度如不符合要求，又无其他安全措施，应采用36V及以下的安全电压。

2）螺口灯头的安装，在灯泡装上后，其金属螺纹不能外露，且应接在零线上。

3）灯具不带电金属件、金属吊管和吊链应采取接零（或接地）的措施。

4）1kg以下的灯具可采用软导线自身吊装，吊线盒及灯头两端均应扎蝴蝶结，防止线芯受力，也防止拉脱；1～3kg的灯具应采用吊链或吊管安装，3kg以上的灯具应采用吊管安装。

5）在每一条照明支路上，配线容量不得大于2kW。

考核评价

1. 理论知识考核（表 5.7）

表 5.7　管道布线双联电路的安装理论知识考核评价表

班级		姓名		学号	
工作日期		评价得分		考评员签名	
1）管道布线的线管管径的要求是什么？（30 分） __________ __________ __________ 2）管道布线的布线要求是什么？（20 分） __________ __________ __________ 3）照明开关的安装高度规定是什么？（20 分） __________ __________ __________ 4）照明灯具的安装高度是多少？（30 分） __________ __________ __________					

2. 任务实施考核（表 5.8）

表 5.8　管通布线双联电路的安装任务实施考核评价表

班级		姓名		最终得分	
序号	评分项目	评分标准		配分	实际得分
1	制订计划	包括制订任务、查阅相关的教材、手册或网络资源等，要求撰写的文字表达简练、准确： __________ __________ __________		10	

续表

<table>
<tr><th>序号</th><th colspan="2">评分项目</th><th>评分标准</th><th>配分</th><th>实际得分</th></tr>
<tr><td>2</td><td colspan="2">材料准备</td><td>列出所用的工具材料：
____
____________</td><td>5</td><td></td></tr>
<tr><td>3</td><td colspan="2">施工图纸</td><td>画出施工图：</td><td>5</td><td></td></tr>
<tr><td rowspan="2">4</td><td rowspan="2">实作考核</td><td>管道布线双联电路安装接线工艺</td><td>线芯露出端子大于 1mm，每处扣 3 分
接头松动，每处扣 5 分
开关盒歪斜或松动，每处扣 2 分
弯曲半径大于管径 7 倍或小于 5 倍，扣 2 分；大于 8 倍或小于 4 倍以上，扣 5 分
导线伸出管口小于 8.6cm 或大于 12cm，扣 2 分
塑管没有横平竖直，每处扣 2 ～ 5 分
管码距接口为 5cm，且每个距离一致，误差不超 1cm，否则扣 2 分
若一根管只有 1 个管码固定，扣 2 分
弯曲处两侧没有管码固定，扣 2 分
没有尽最大宽度、高度安装，扣 2 ～ 10 分
不按穿线要求（所有导线一起穿入管内）穿线或管内有接头，扣 10 分
布线时，由于测量导线出现错误，导致导线不够需补充，扣 10 分</td><td>35</td><td></td></tr>
<tr><td>原理功能</td><td>控线接螺纹，扣 15 分
不能实现双联制，扣 15 分
零线进开关，扣 15 分</td><td>15</td><td></td></tr>
<tr><td>5</td><td colspan="2">安全防护</td><td>在任务的实施过程中，需注意的安全事项：
____
____________</td><td>10</td><td></td></tr>
<tr><td>6</td><td colspan="2">7S 管理</td><td>包括整理、整顿、清扫、清洁、素养、安全、节约：
____
____________</td><td>10</td><td></td></tr>
<tr><td>7</td><td colspan="2">检查评估</td><td>包括对整个工作过程和结果进行检查评估、针对出现的问题提出建设性的意见或建议：
____
____
____
____________</td><td>10</td><td></td></tr>
</table>

注：各项内容中扣分总值不应超过对应各项内容所分配的分数。

学习笔记

项目 6 家居综合照明电路的设计与安装

任务 6.1 家居综合照明电路的设计

教学目标

知识目标

1）了解照明电源及其供电方式。

2）了解照明线路的保护方式，能选择保护电器。

3）熟知照明负荷的计算方法。

能力目标

1）熟知家居综合照明电路的设计步骤。

2）学会绘制电气照明施工图，能设计家居综合照明电路。

素质目标

1）通过家居综合照明电路设计时电流的计算学习，培养用电安全意识。

2）通过了解设计家居综合照明电路时需要符合的电工作业准则，培养行业标准意识，增强电工职业素养。

3）通过设计绘制家居综合照明电路电气平面图，培养创新精神。

任务描述

在电气安装中，识图是非常重要的施工前提，对于新时代的电工，必须学会识图以及家居综合照明电路的设计。电气安装中电气平面的设计直接决定工程的实施，因此在电气平面设计时需要熟知家居综合照明电路设计的一般要求。

1）室内开关箱应装置在明显、便于操作和维护的位置，一般安装在厅的大门后面，安装高度为 1.8 ～ 2m。

2）开关箱内必须设置漏电断路器，漏电断路器的规格应按计算电流的 1.3 倍进行选择，但漏电动作电流不得大于 30mA，动作时间不得大于 0.1s。

3）室内插座的安装高度一般不应低于 1.3m，低于 1.3m 的插座必须有保护措施，如被家具、电视等遮挡，不让小孩接触。

4）一般情况下，家居综合照明电路应设分支回路，具体回路数视实际情况而定，像较大的家用电器，如电热水器、空调等，应设置独立的分路开关控制，照明灯和插座也分设回路。分开关的规格应按计算电流的 1.3 倍进行选择。

5）各室的照明灯具、空调应按其空间大小选择亮度合适的功率。

6）家居综合照明的布线方式采用塑管暗敷或塑槽明敷。

7）设专用接地线（PE），电气设备的金属外壳必须接地。

本任务的重点：家居综合照明电路的设计步骤。

本任务的难点：家居综合照明电路参数的计算。

任务实施

1. 家居综合照明电路的设计步骤

1）按照比例画建筑物平面图，标尺寸，确定电器家具位置，如图 6.1 所示。

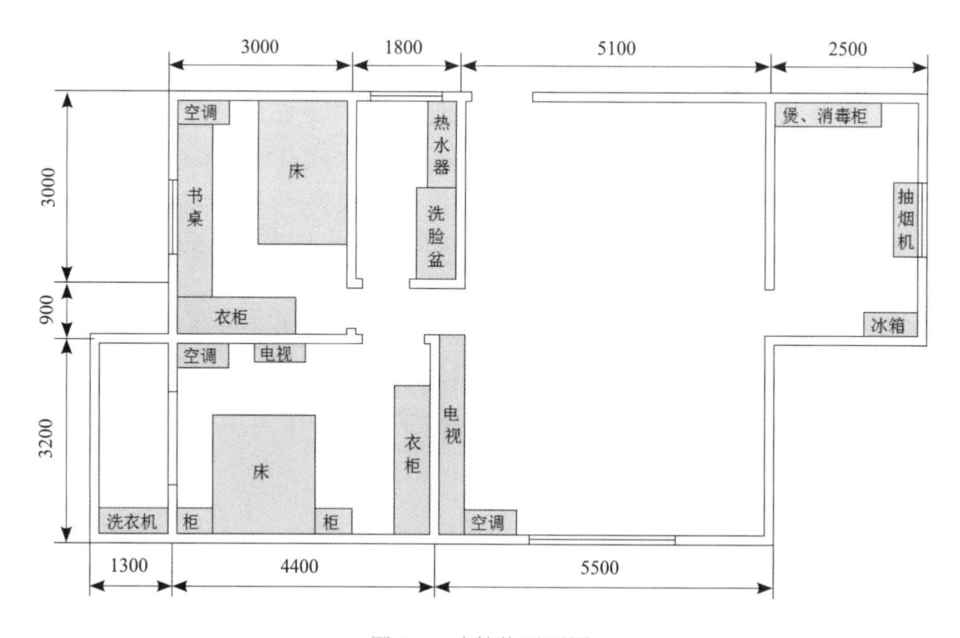

图 6.1　建筑物平面图

2）标注电器的图形符号及电路路径，如图 6.2 所示。

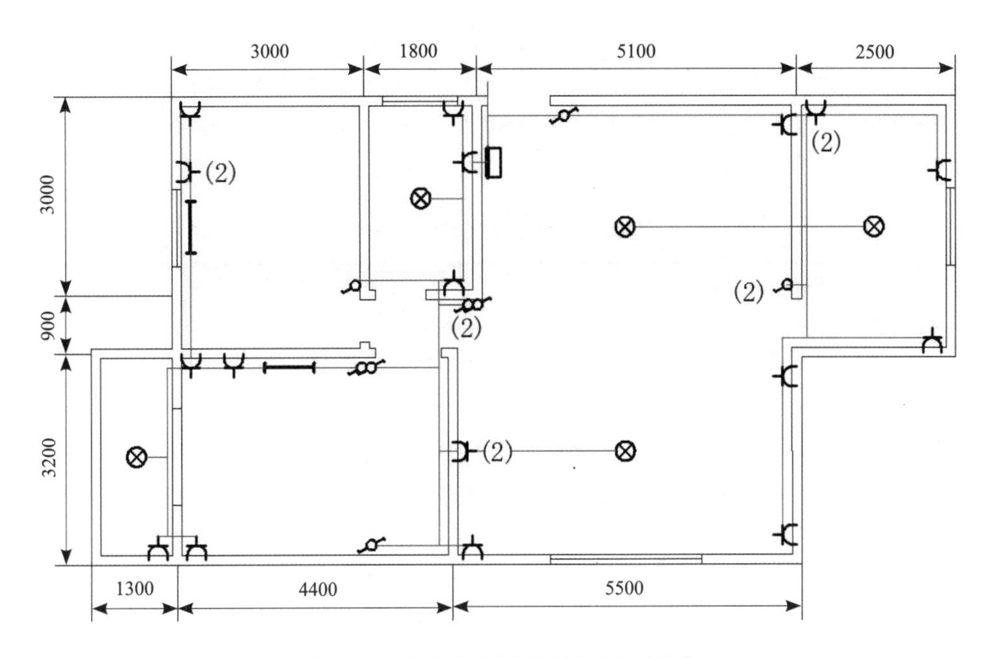

图 6.2 标注电器的图形符号及电路路径

3）确定各灯具、电器的容量、安装方式，并进行灯具标注，如图 6.3 所示。

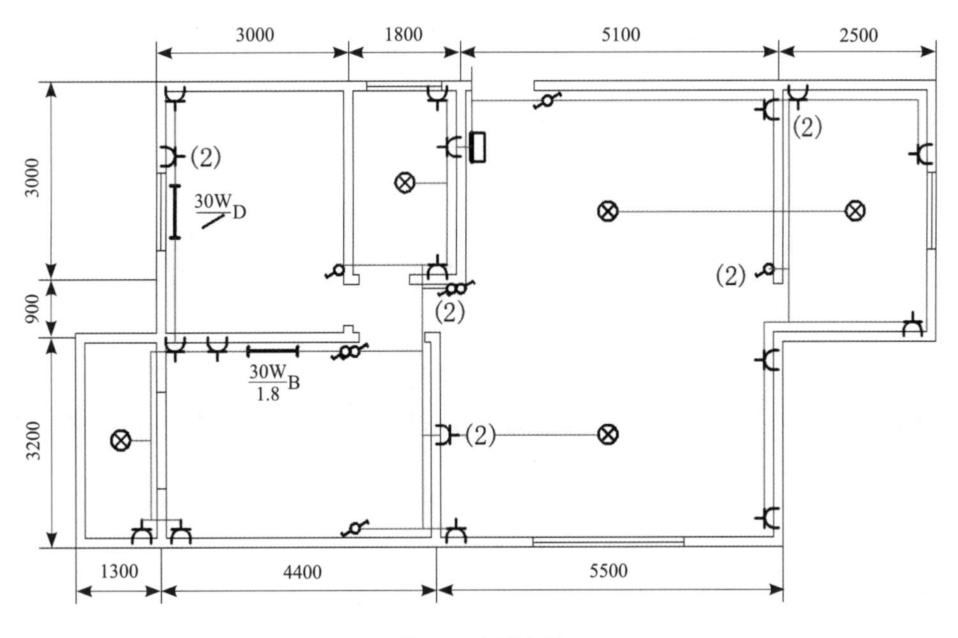

图 6.3 灯具标注

4）划分支路、计算电流、选择导线及空气开关，标注配电箱，如图 6.4 所示。

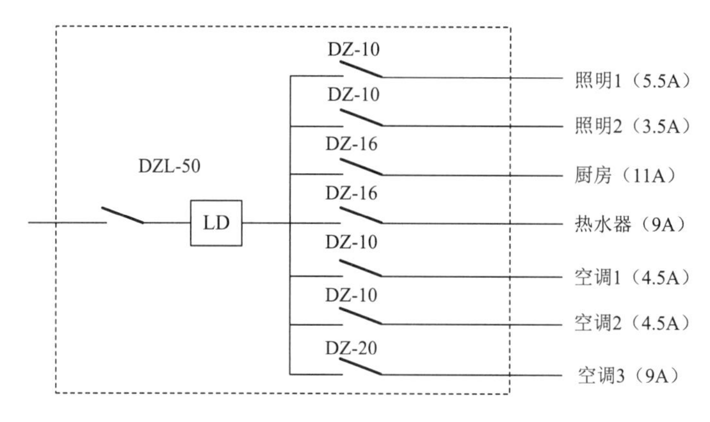

图 6.4 配电箱标注

① 客厅和洗手间的灯、插座及排气扇组成照明 1 支路（5.5A）：线路采用塑管明敷方式敷设，支路干线（插座）选择 1.5mm^2 的铜芯塑线，分支线（灯）为 1mm^2。支路开关选择 10A 的 C 型空气开关。

② 大、小房及阳台的灯和插座组成照明 2 支路（4.5A）：支路干线（插座）选择 1.5mm^2 的铜芯塑线，分支线（灯）为 1mm^2。支路开关选择 10A 的 C 型空气开关。

③ 厨房和餐厅的灯及插座电器组成厨房支路（11A）：支路干线（插座）选择 2.5mm^2 的铜芯塑线，分支线（灯）为 1mm^2。支路开关选择 16A 的 C 型空气开关。

④ 热水器独立支路（9A）：支路干线选择 2.5mm^2 的铜芯塑线。支路开关选择 16A 的 C 型空气开关。

⑤ 小房空调 1 支路（4.5A）：支路干线选择 1.5mm^2 的铜芯塑线。支路开关选择 10A 的 C 型空气开关。

⑥ 大房空调 2 支路（4.5A）：支路干线选择 1.5mm^2 的铜芯塑线。支路开关选择 10A 的 C 型空气开关。

⑦ 客厅空调 3 支路（9A）：支路干线选择 2.5mm^2 的铜芯塑线。支路开关选择 20A 的 C 型空气开关。

⑧ 开关箱总开关（按 0.8 计算总电流为 38.4A）：总开关进出线选择 10mm^2 的铜芯塑线。总开关选择 50A 的 C 型漏电空气开关，漏电动作电流为 30mA，动作时间小于 0.1s。

5）线路标注：标出导线的型号、根数、截面和敷设方式，如图 6.5 所示。

6）做必要的设计说明，并画出工程数量表。

① 设计说明。

a. 线路全部采用塑槽明敷。

b. 排气风扇和空调插座安装高度为 1.8m。

c. 电视插座、床头柜插座安装高度为 0.8m，开关安装高度 1.3m。

② 工程数量表见表 6.1。

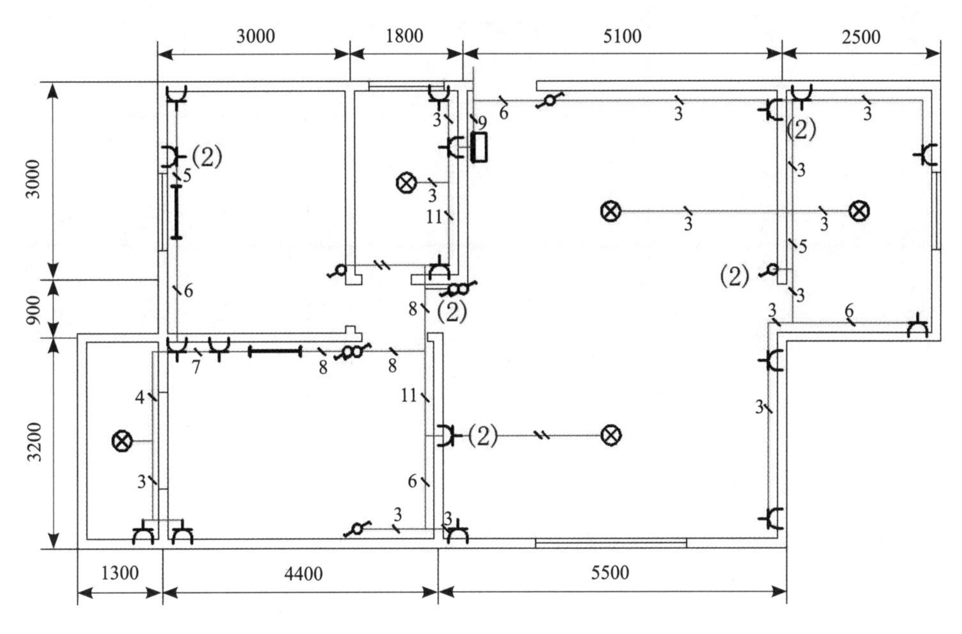

图 6.5 线路标注

表 6.1 工程数量表

序号	工程项目	型号	单位	数量	附注
1	塑槽安装	联塑	百米	0.6	
2	塑槽布线	BV-2.5	百米	0.2	
3	插座、开关安装	松本 10A	个	34	
4	吸顶灯安装	DJ100W	个	5	

2. 家居综合照明电路作业

1）作业要求。采用塑槽布线，在实训工作台上安装两个 LED 灯 5W、一支日光灯 18W、3 个 10A 插座，分 3 个回路安装。

第 1 回路安装一个插座 10A 和一个 LED 灯 5W，安装在左边安装板上，由 10A 单极空气开关控制。

第 2 回路安装两个插座 10A，安装在中间安装板上，由 20A 单极空气开关控制。

第 3 回路安装日光灯 18W 电路和 LDE 灯 5W 双联电路，安装在右边安装板上，由 16A 单极空气开关控制。

2）设计家居综合照明电路电气平面图。

根据设计要求，补充家居综合照明电路电气平面图（图 6.6）。

要求设计合理，用线最少，标出各线路段的导线数并说明是什么线。

例如，① 7 根导线，分别是 L1、N1、L2、N2、L3、N3 及 PE。

② ____ 根导线，分别是 ____。

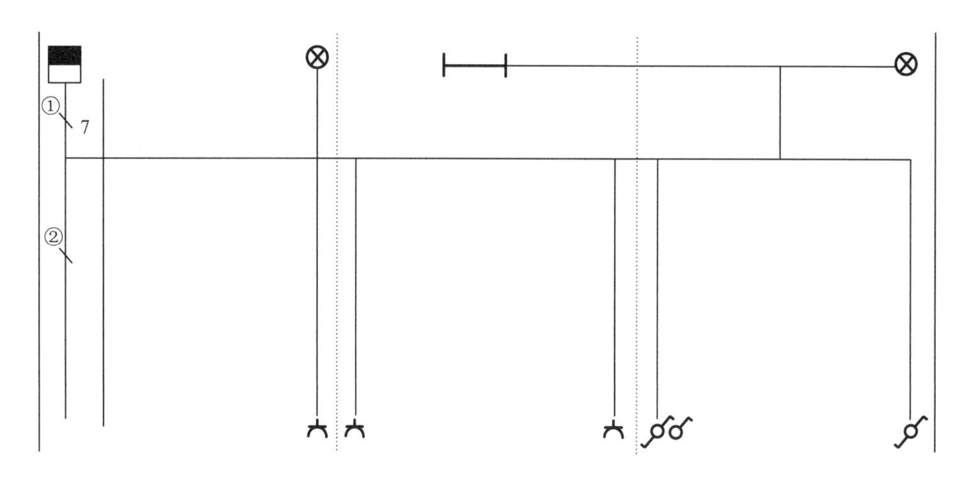

图 6.6　家居综合照明电路电气平面图

相关知识

1. 照明线路简介及其保护

（1）电源

1）照明线路的供电应采用 380/220V 三相四线制中性点直接接地的交流电源。负载电流小于 40A 时，照明电源一般采用单相三线制。当负载电流大于 40A 时，照明电源一般采用三相五线制的交流电源。

2）易触电、工作面较窄、特别潮湿的场所（如地下建筑）和局部移动式的照明，应采用 36V、24V、12V 的安全电压。一般情况下，可用干式双卷变压器供电（不允许采用自耦变压器供电）。

3）照明配电箱的设置位置应尽量靠近供电负荷中心，并略偏向电源侧，同时应便于通风散热和维护。

（2）电压偏移

照明灯具的电压偏移，一般不应高于其额定电压的 5%，照明线路的电压损失应符合下列要求。

1）距地面较高的场所为 2.5%。

2）一般工作场所为 5%。

3）远离电源的场所，当电压损失难以满足 5% 的要求时，允许降低到 10%。

（3）照明供电线路

1）照明线路的基本形式。照明线路的基本形式如图 6.7 所示。

① 引下线：图中由室外架空线路到建筑物外墙支架上的线路，称为引下线。

② 进户线：从外墙到总配电箱的线路称为进户线。零线进入总配电箱的总开关之前应重复接地。

③ 干线：由总配电箱至分配电箱的线路称为干线。

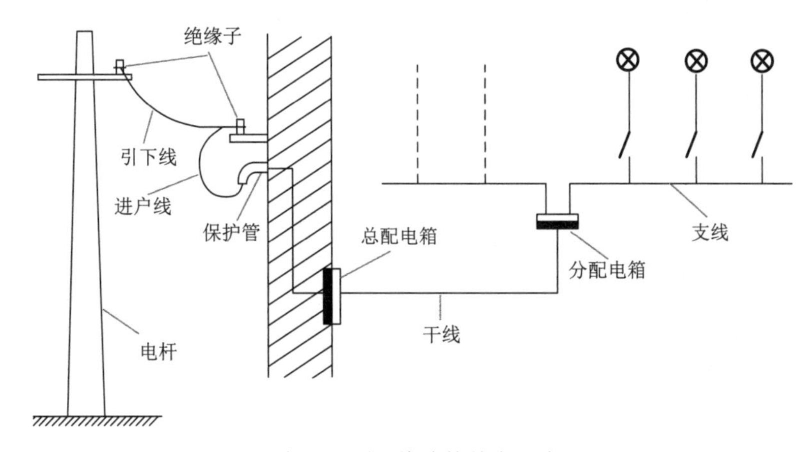

图 6.7　照明线路的基本形式

④ 支线：由分配电箱至照明灯具的线路称为支线。在每一楼层便于操作的梯口处，均设一个层分开关箱，用于控制本层的电源。

2）照明线路的供电方式。总配电箱至分配电箱的干线有放射式、树干式和混合式 3 种供电方式，如图 6.8 所示。

① 放射式：如图 6.8（a）所示，各分配电箱分别由各干线供电。当某分配电箱发生故障时，保护开关将其电源切断，不影响其他分配电箱的工作。所以，放射式供电方式的电源较为可靠，但材料消耗较大。

② 树干式：如图 6.8（b）所示，各分配电箱的电源由一条共用干线供电。当某分配电箱发生故障时，影响到其他分配电箱的工作，所以电源的可靠性差。但这种供电方式节省材料，较经济。

③ 混合式：如图 6.8（c）所示，放射式和树干式混合使用供电，吸取两种形式的优点，既兼顾材料消耗的经济性又保证电源具有一定的可靠性。

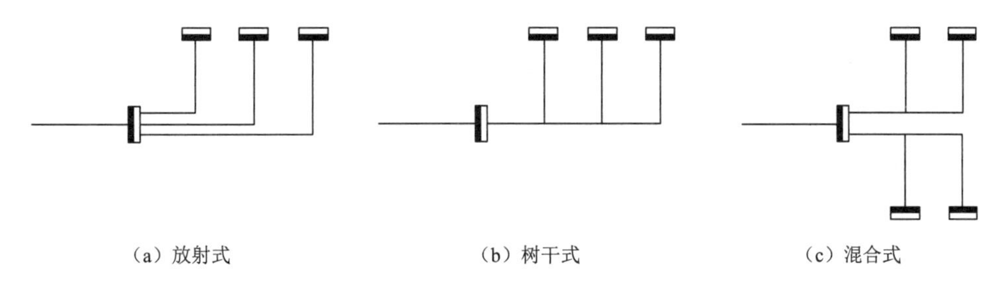

（a）放射式　（b）树干式　（c）混合式

图 6.8　照明线路的供电方式

（4）照明线路的保护

1）过载保护。

在照明线路的干线、支线上均可采用自动空气开关或熔断器作用电设备的过载或短路保护装置。注意，三相五线制的 N 线不允许安装熔断器或开关。

短路时，保护设备额定电流的选择应满足短路故障时的分断能力，即

$$I_{eR} \geqslant 2I_j$$

过载时，保护设备额定电流的选择应满足过载故障时的分断能力，即

$$I_{er} \geqslant I_j$$

式中，I_{eR} 为熔断器或自动开关的额定电流（A）；I_{er} 为熔体额定电流或热脱扣器电流（A）；I_j 为线路计算工作电流（A）。

由于高压汞灯的起动电流大、时间长，所以熔体电流选择应满足下列关系，即

$$I_{er}=（1.3 \sim 1.7）I_e$$

式中，I_e 为高压汞灯的额定电流。

2）漏电保护。

照明线路必须安装防止人身触电用的漏电保护装置，漏电保护装置的漏电动作电流应不大于 30mA，动作时间不大于 0.1s。

3）必须设接地保护，所有电气设备的金属外壳必须接地。

2. 照明线路负荷计算

照明负荷一般根据需要系数法计算。当三相负荷不均匀时，取量大一相的计算结果作为三相四线制线路的计算容量（计算电流）。

（1）容量的计算

单相二线制照明线路计算容量的公式为

$$P_j=K_cP_e \quad 或 \quad P_j=\Sigma K_cP_e$$

式中，P_j 为计算容量；K_c 为需要系数，可按表 6.2 选择；P_e 为线路上的额定安装容量（包括镇流器或触发器的功率损耗）。

表 6.2　照明负荷计算需要系数 K_c 表

编号	建筑类别	需要系数 K_c
1	大型厂房及仓库、商业场所、户外照明、事故照明	1.0
2	大型生产厂房	0.95
3	图书馆、行政机关、公用事业（城市基础设施）	0.9
4	分隔或多个房间的厂房或多跨厂房	0.85
5	实验室、厂房辅助部分、托儿所、幼儿园、学校、医院	0.8
6	大型仓库、配变电所	0.6
7	支线	1.0

（2）电流的计算

1）白炽灯、卤钨灯等纯电阻负载。

对单相线路为

$$I_j=\frac{P_j}{U_P}=\frac{K_cP_e}{U_P}$$

计算单个家居照明电路的电流时，白炽灯、卤钨灯等纯电阻负载的计算电流可按 4.5A/kW 进行计算。

对三相线路为

$$I_j=\frac{P_j}{\sqrt{3}U_L}=\frac{K_cP_e}{\sqrt{3}U_L}$$

2）荧光灯、带有镇流器的气体放电灯及电动机。

对单相线路为

$$I_{j}=\frac{K_{c}P_{e}}{U_{P}\cos\phi}$$

计算单个家居照明电路的电流时，荧光灯、带有镇流器的气体放电灯采用单相电动机的计算电流可按 9A/kW 进行计算。

对三相线路为

$$I_{j}=\frac{K_{c}P_{e}}{\sqrt{3}U_{L}\cos\phi}$$

3）混合线路（既有白炽灯又有气体放电灯类）。

各种光源的电流为

$$I_{yg}=\frac{P_{e}}{U_{P}}=\frac{P_{e}}{220}$$

$$I_{wg}=I_{yg}\tan\phi$$

每根线路的工作电流和功率因数分别为

$$I_{g}=\sqrt{(\Sigma I_{yg})^{2}+(\Sigma I_{wg})^{2}}$$

$$\cos\phi=\frac{\Sigma I_{yg}}{I_{g}}$$

4）总计算电流。

$$I_{j}=K_{c}I_{g}$$

式中，P_e 为线路安装容量（W）；U_P 为线路额定相电压，一般为 220V；U_L 为线路额定线电压，一般为 380V；K_c 为照明负荷需要系数，查表 6.2；I_j 为线路计算电流（A）；I_{yg} 为线路有功电流（A）；I_{wg} 为线路无功电流（A）；I_g 为线路工作电流（A）；$\cos\phi$ 为线路功率因数。

考核评价

1. 理论知识考核（表 6.3）

表 6.3　家居综合照明电路的设计理论知识考核评价表

班级		姓名		学号	
工作日期		评价得分		考评员签名	
1）照明线路的电源种类有哪些？（20 分）					

续表

2）照明线路的供电方式有哪些？（20分）
3）漏电保护的要求是什么？（30分）
4）照明线路的保护有哪些？（30分）

2. 任务实施考核（表6.4）

表6.4 家居综合照明电路的设计任务实施考核评价表

班级			姓名	最终得分	
序号	评分项目	评分标准		配分	实际得分
1	制订计划	包括制订任务、查阅相关的教材、手册或网络资源等，要求撰写的文字表达简练、准确：		10	
2	材料准备	列出所用的工具材料：		5	
3	施工图纸	画出施工图：		5	

续表

序号	评分项目		评分标准	配分	实际得分
4	实作考核	家居综合照明电路的设计	一回路设计错误，功能不能实现，扣 20 分 二回路设计错误，功能不能实现，扣 20 分 三回路设计错误，功能不能实现，扣 20 分 设计线路绕线，每处扣 5 分 设计线路出现原则错误，每处扣 10 分 设计图纸未详细标明参数，每处扣 3 分 设计图纸未按时完成，扣 5 ～ 10 分	50	
5	安全防护		在任务的实施过程中，需注意的安全事项： ________________ ________________	10	
6	7S 管理		包括整理、整顿、清扫、清洁、素养、安全、节约： ________________ ________________	10	
7	检查评估		包括对整个工作过程和结果进行检查评估、针对出现的问题提出建设性的意见或建议： ________________ ________________ ________________ ________________	10	

注：各项内容中扣分总值不应超过对应各项内容所分配的分数。

任务 6.2　家居综合照明电路的安装

教学目标

知识目标

1）掌握各种电器图形符号。

2）掌握照明线路导线截面的选择依据。

能力目标

1）学会塑槽布线的步骤。

2）能够根据图纸安装家居综合照明电路。

素质目标

1）通过对家居综合照明电路的槽板配料和导线接头预留的长度的把控，培养节约材料、减少废料的良好习惯。

2）通过按照要求完成作业后，及时清理清扫废料，保持实训环境的清洁卫生，培养7S管理的良好习惯。

3）通过对根据选用的用电设备的功率大小合理选用导线和断路器型号的学习，培养学生科学规范操作和安全意识。

任务描述

在电气安装中，识图是非常重要的施工前提，对于新时代的电工，必须学会识图安装家居综合照明电路。电气安装中的工艺直接决定工程的质量，因此在安装电路时需要熟知家居综合照明电路安装的注意事项。

1）能选择适宜的螺钉固定各种电器、塑槽、底盒等，使之牢固不松动。

2）电器安装时要做到整齐美观、不松动。

3）导线的线头接到电器上时，要接触良好，接头紧密可靠。

4）配线要做到横平竖直，各电器的安装均要符合有关规定，电路接线正确，能正确开断所有电器。

本任务的重点：家居综合照明电路的导线选择。

本任务的难点：家居综合照明电路的安装工艺。

任务实施

1. 安装步骤

1）根据图6.6所示，设计家居综合照明电路的电气平面图。

2）根据电气平面图确定开关电器位置、线路路径并弹线，如图6.9所示。

① 充分利用实训台的宽度和高度安装开关电器。

② 水平基准线与端子排的距离为20～25mm。

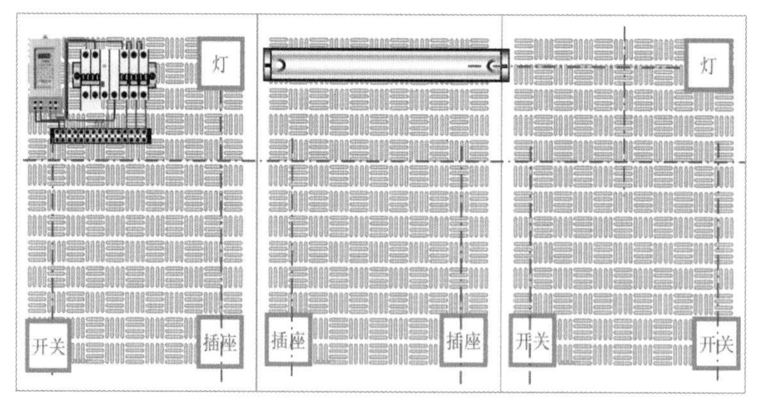

图6.9 家居综合照明电路的安装步骤一

3）安装塑槽底槽、开关底盒、灯座底盒和日光灯支架，如图6.10所示。

① 长塑槽与端子排的距离为15mm左右，右端剪成45°夹角。安装时，先安装中间，再安装两边，端部和尾部螺钉距离端口约40mm，中间螺钉间距离不大于500mm。

② 短塑槽为配发的塑槽，长 30cm，不能剪短，每条短塑槽至少两个螺钉固定。

③ 底槽要伸进底盒 3 ～ 5mm，底盒安装不能歪斜。

④ 日光灯水平安装，右端紧贴线槽。

⑤ 所有底盒安装高度一致，相差不超过 3mm。

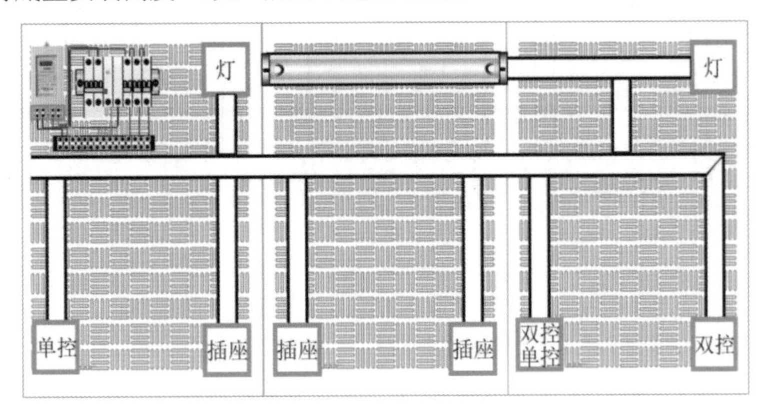

图 6.10　家居综合照明电路的安装步骤二

4）敷线。按线路长度裁剪火线、零线、地线及控线，放入线槽并盖槽盖。敷线时，从后往前敷，所有导线放入线槽后，盖好槽盖，如图 6.11 所示。

① 导线伸出底槽约 10cm，不能小于 8.6cm，也不要大于 12cm。

② 除日光灯外，其他电器必须在盖完槽盖之后才能接线。

③ 盖好槽盖之后，要求线路所有接口不能看到导线。

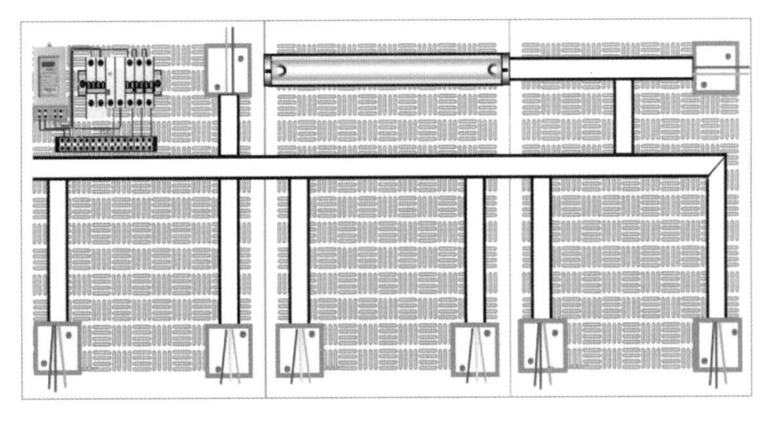

图 6.11　家居综合照明电路的安装步骤三

5）接开关、插座、灯头，装灯管和 LED 灯，如图 6.12 所示。

① 单极指甲开关接线安装时，开关上的红线必须在上方。

② 火线必须进开关，开关不能控制插座，所有接线线芯露出来不能超过 1mm。

③ 接插座时，火线（红色线）必须接插座的 L 端（右孔），零线必须接插座的 N 端（左孔），地线（黄绿双色线）接 E 端。

④ 接灯座时，控线必须接灯座的中心弹簧片，零线必须接灯座的螺纹。

⑤ 装灯管时，要装入卡槽后旋转 90°。

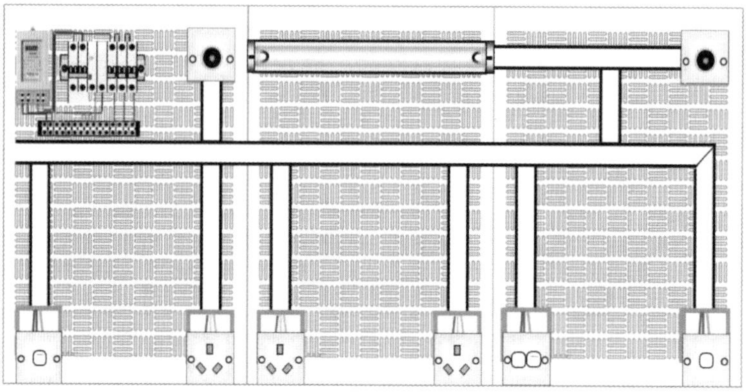

图 6.12　家居综合照明电路的安装步骤四

2. 通电试验

1）接电源前，必须检查电路是否正确、各接点是否牢固可靠。

2）接线前，先将实训台电源开关、开关箱开关断开。

3）接线顺序：先接负载侧，后接电源侧；先接地零线，后接相线。拆线则反之。

4）合上实训台电源开关、开关箱总开关及分开关，分别按每个开关检查线路是否接线正确；用电笔检查灯座、插座是否接线正确。

相关知识

1. 导线选择

（1）根据机械强度选择导线截面

室内照明线路导线机械强度的最小允许截面应符合表 6.5 的要求。

表 6.5　低压配线机械强度允许的导线最小截面

序号	类别		线芯最小允许截面 /mm^2		
			铜芯软线	铜导线	铝导线
1	移动式设备电源线	生活用	0.4	—	—
		生产用	1.0	—	—
2	吊灯引线	民用建筑，室内	0.4	0.5	1.5
		工业建筑，室内	0.5	0.8	2.5
		户外	1.0	1.0	2.5
3	敷设在绝缘支承件上的绝缘导线（d 为支点间距）	$d \leqslant 1$m　室内	—	1.0	1.5
		$d \leqslant 1$m　室外	—	1.5	2.5
		$d \leqslant 2$m　室内	—	1.0	2.5
		$d \leqslant 2$m　室外	—	1.5	2.5
		$d \leqslant 6$m　室内	—	2.5	4
		$d \leqslant 6$m　室外	—	2.5	6

续表

序号	类别		线芯最小允许截面 /mm²		
			铜芯软线	铜导线	铝导线
4	接户线	≤ 10m	—	2.5	6
		≤ 25m	—	4	10
5	爆炸危险场所穿管敷设的绝缘导线	1 区、10 区	—	2.5	—
		2 区、11 区	—	1.5	—
6	穿管敷设的绝缘导线		1.0	1.0	2.5
7	槽板内敷设的绝缘导线		—	1.0	2.5
8	塑料护套线敷设（明码直敷）		—	1.0	2.5

（2）根据允许持续电流选择导线截面

选择导线时，导线的允许持续电流应大于线路的计算电流。家居照明线路导线截面可按表 6.6 ～表 6.8 选择，如果线路敷设方式采用管道暗敷，则导线降级使用。例如，1.5mm² 塑料铜芯护套线明敷时允许持续电流为 21A，暗敷时允许持续电流为 16A。

表 6.6　聚氯乙烯绝缘铜芯线穿硬塑料管敷设的允许持续电流（A）（*T*+65℃）

截面积 / mm²	2 根电线			管径 / mm	3 根电线			管径 / mm	4 根电线			管径 / mm
	25℃	30℃	35℃		25℃	30℃	35℃		25℃	30℃	35℃	
1.0	12	11	10	15	11	10	9	15	10	9	8	15
1.5	16	14	13	15	15	14	12	15	13	12	11	15
2.5	24	22	20	15	21	19	18	15	19	17	16	20
4	31	28	26	20	28	26	24	20	25	23	21	20
6	41	38	35	20	36	33	31	20	32	29	27	25
10	56	52	48	25	49	45	42	25	44	41	38	32
16	72	62	57	32	65	60	56	32	57	53	49	32
25	95	88	82	32	85	79	73	40	75	70	64	40
35	120	112	103	40	105	98	90	40	93	86	80	50
50	150	140	129	50	132	123	114	50	117	109	101	65
70	185	172	160	50	167	156	144	50	148	138	129	65

表 6.7　橡皮绝缘铜芯线穿硬塑料管敷设的允许持续电流（A）（*T*+65℃）

截面积 / mm²	2 根电线			管径 / mm	3 根电线			管径 / mm	4 根电线			管径 / mm
	25℃	30℃	35℃		25℃	30℃	35℃		25℃	30℃	35℃	
1.0	13	12	11	15	12	11	10	15	11	10	9	15
1.5	17	15	14	15	16	14	13	15	14	13	12	20
2.5	25	23	21	15	22	20	19	15	20	18	17	20
4	33	30	28	20	30	28	25	20	26	24	22	20
6	43	40	37	20	38	35	33	20	34	31	29	25
10	59	55	51	25	52	48	44	25	46	43	39	32
16	76	71	65	32	68	63	58	32	60	56	51	32
25	100	93	86	32	90	84	77	32	80	74	69	40
35	125	116	108	40	110	102	95	40	98	91	84	40

续表

截面积 / mm²	2 根电线			管径 / mm	3 根电线			管径 / mm	4 根电线			管径 / mm
	25℃	30℃	35℃		25℃	30℃	35℃		25℃	30℃	35℃	
50	160	149	138	40	140	130	121	50	123	115	106	50
70	195	182	168	50	175	163	151	50	155	144	134	50

表 6.8 明敷塑料铜芯护套线的允许持续电流（A）（*T*+65℃）

截面积 /mm²	导线直径 /mm	单芯			二芯			三芯		
		25℃	30℃	35℃	25℃	30℃	35℃	25℃	30℃	35℃
1.0	1.13	19	17	16	15	14	12	11	10	9
1.5	1.37	24	22	21	19	17	16	14	13	12
2.5	1.76	32	29	27	26	24	22	20	18	17
4	2.24	42	39	36	36	33	31	26	24	22
6	2.73	55	51	47	47	43	40	32	29	27
10	7×1.33	75	70	64	65	60	56	52	48	44

（3）根据电压损失选择导线截面

负载端电压是保证负载正常运行的一个重要因素。由于线路存在阻抗，电流通过线路时会产生一定的电压损失，如果线路电压损失过大，负载就不能正常工作。

电压损失的大小与导线的材料、截面和长度有关，如用电压损失率来表示，其关系式为

$$\varepsilon=\frac{\Delta U}{U}\times 100\%$$

即

$$\varepsilon=\frac{U_1-U_2}{U}\times 100\%$$

式中，ε 为线路的电压损失率，正常情况下允许 5%；ΔU 为线路首末端的绝对电压差（V）；U_1 为线路首端电压（或电源端电压）（V）；U_2 为线路末端电压（或负载端电压）（V）。

当给定线路电功率、送电距离和允许电压损失率后，导线截面计算公式（经验公式）为

$$S=\frac{\Sigma P_j L_n}{C\varepsilon}$$

或

$$S=\frac{P_1L_1+P_2L_2+\cdots}{C\varepsilon}$$

式中，S 为导线截面积（mm²）；P_j 为线路或负载的计算功率（kW）；L_n 为线路长度（m）；ε 为允许电压损失率（%），正常情况下允许 5%；C 为使用系数，由导线材料、线路电压及配电方式而定。应按表 6.9 选取。

表 6.9 电压损失计算的 C 值

线路额定电压 /V	线路系统类别	C 值计算公式	C 值	
			铜	铝
380/220	三相四线	$10rU_L^2$	72.0	44.5
380/220	两相一零线	$10ruU_L^2/2.25$	32.0	19.5
220	单相、直流	$5rU_P^2$	12.1	7.45
110			3.02	1.86
36			0.323	0.200
24			0.144	0.0887
12			0.036	0.0220
6			0.009	0.0055

注：① 环境温度取 +35℃，线芯工作温度为 50℃。

② r 为导线电导率（/Ω · mm），$r_{铜}$为 49.88，$r_{铝}$为 30.79。

③ U_L、U_P 分别为线电压、相电压（kV）。

在从机械强度、允许持续电流、允许电压损失 3 个方面选择导线截面积时，应取其中最大的截面积作为依据，再从产品目录中选用等于或稍大于所求得的标称截面导线。

（4）电压损失校验

为保证电压损失不超过规定值，在选用导线截面和确定配电方式之后，还需要进行电压损失的校验，如不符合电压损失的规定，必须重新选择导线截面或调整负荷分配。

电压损失校验一般采用经验估算公式，即

$$\Delta U=\Sigma\varepsilon I_j L_n\times 100\%$$

式中，ΔU 为三相四线制对称负载的电压损失；I_j 为线路的计算工作电流（A）；L_n 为线路的长度（km）；ε 为线路每 1A · km 的电压损失率（%），可按表 6.10 查取。

表 6.10 三相四线制照明线路每 1A · km的电压损失率 ε（35℃）

敷设方式	导线截面/mm²	铜芯绝缘导线不同 $\cos\phi$ 的电压损失率 /%						铝芯绝缘导线不同 $\cos\phi$ 的电压损失率 /%					
		0.5	0.6	0.7	0.8	0.9	1.0	0.5	0.6	0.7	0.8	0.9	1.0
明敷	1	4.84	5.73	6.64	7.56	8.51	9.40	—	—	—	—	—	—
	1.5	3.23	3.83	4.45	5.06	5.66	6.27	5.41	6.44	7.46	8.51	9.50	10.54
	2.5	1.98	2.36	2.72	3.10	3.47	3.76	3.30	3.93	4.54	5.17	5.80	6.34
	4	1.28	1.51	1.71	1.97	2.17	2.35	2.11	2.49	2.87	3.25	3.62	3.96
	6	0.86	1.03	1.17	1.33	1.44	1.57	1.42	1.70	1.95	2.20	2.43	2.64
	10	0.57	0.658	0.739	0.814	0.896	0.94	0.91	1.06	1.195	1.35	1.54	1.58
	16	0.37	0.42	0.49	0.53	0.58	0.59	0.60	0.69	0.78	0.86	0.94	0.99
	25	0.269	0.295	0.346	0.355	0.372	0.376	0.42	0.47	0.53	0.58	0.61	0.63
	35	0.212	0.232	0.252	0.265	0.280	0.268	0.32	0.36	0.40	0.43	0.45	0.45
	50	0.19	0.199	0.211	0.227	0.232	0.125	0.274	0.303	0.330	0.354	0.370	0.362

续表

敷设方式	导线截面/mm²	铜芯绝缘导线不同 cosϕ 的电压损失率 /%						铝芯绝缘导线不同 cosϕ 的电压损失率 /%					
		0.5	0.6	0.7	0.8	0.9	1.0	0.5	0.6	0.7	0.8	0.9	1.0
穿管	1	4.7	5.64	6.58	7.52	8.46	9.40	—	—	—	—	—	—
	1.5	3.14	3.76	4.39	5.01	5.63	7.27	5.27	6.32	7.38	8.43	9.48	10.54
	2.5	1.92	2.30	2.68	3.06	3.44	3.76	3.20	3.84	4.47	5.10	5.76	6.34
	4	1.23	1.46	1.70	1.93	2.14	2.35	2.02	2.41	2.8	3.18	3.57	3.96
	6	0.82	0.98	1.13	1.29	1.41	1.57	1.36	1.62	1.88	2.13	2.38	2.64
	10	0.52	0.596	0.699	0.779	0.871	0.94	0.82	0.96	1.130	1.29	1.50	1.58
	16	0.32	0.38	0.45	0.50	0.53	0.59	0.52	0.63	0.72	0.81	0.90	0.99
	25	0.221	0.252	0.305	0.323	0.355	0.376	0.34	0.40	0.47	0.53	0.58	0.63
	35	0.165	0.189	0.215	0.234	0.255	0.268	0.25	0.30	0.34	0.38	0.42	0.45
	50	0.143	0.161	0.181	0.196	0.211	0.125	0.206	0.245	0.274	0.306	0.337	0.362

考核评价

1. 理论知识考核（表 6.11）

表 6.11 家居综合照明电路的安装理论知识考核评价表

班级		姓名		学号	
工作日期		评价得分		考评员签名	

1）家居综合照明电路的通电顺序是怎样的？（20 分）

____

____

____

2）导线选择的依据有哪些？（30 分）

____

____

____

3）家居综合照明电路的安装步骤是什么？（20 分）

____

____

____

4）家居综合照明电路的安装注意事项有哪些？（30 分）

____

____

____

2. 任务实施考核（表 6.12）

表 6.12　家居综合照明电路的安装任务实施考核评价表

<table>
<tr><td colspan="3">班级</td><td>姓名</td><td>最终得分</td><td></td></tr>
<tr><td>序号</td><td colspan="2">评分项目</td><td>评分标准</td><td>配分</td><td>实际得分</td></tr>
<tr><td>1</td><td colspan="2">制订计划</td><td>包括制订任务、查阅相关的教材、手册或网络资源等，要求撰写的文字表达简练、准确：
____
____________________</td><td>10</td><td></td></tr>
<tr><td>2</td><td colspan="2">材料准备</td><td>列出所用的工具材料：
____
____________________</td><td>5</td><td></td></tr>
<tr><td>3</td><td colspan="2">施工图纸</td><td>画出施工图：</td><td>5</td><td></td></tr>
<tr><td rowspan="2">4</td><td rowspan="2">实作考核</td><td>家居综合照明电路的设计</td><td>底盒、日光灯歪斜松动，扣 2 ～ 5 分
线芯露出端子大于 1mm，每处扣 2 分
接头松动，每处扣 2 分
导线伸出槽口小于 8.6cm 或大于 12cm，扣 2 分
转角不是 45° 夹角，扣 2 ～ 5 分
塑槽没有横平竖直，扣 2 ～ 10 分
没有尽最大宽度、高度安装，扣 2 ～ 10 分
不是按放线、盖槽盖，最后接开关、插座的作业顺序操作的，扣 10 分
线槽接缝不应超过 1mm，不得露出导线，否则每处扣 2 分
布线时，由于测量导线时出现错误，导致导线不够需补充，扣 10 分</td><td>35</td><td></td></tr>
<tr><td>原理功能</td><td>控线接螺纹，扣 10 分
不能实现双控制，扣 10 分
零线进开关，扣 10 分
插座接错线，扣 10 分</td><td>15</td><td></td></tr>
<tr><td>5</td><td colspan="2">安全防护</td><td>在任务的实施过程中，需注意的安全事项：
____
____________________</td><td>10</td><td></td></tr>
<tr><td>6</td><td colspan="2">7S 管理</td><td>包括整理、整顿、清扫、清洁、素养、安全、节约：
____
____________________</td><td>10</td><td></td></tr>
</table>

续表

序号	评分项目	评分标准	配分	实际得分
7	检查评估	包括对整个工作过程和结果进行检查评估、针对出现的问题提出建设性的意见或建议： ______ ______ ______ ______	10	

注：各项内容中扣分总值不应超过对应各项内容所分配的分数。

学习笔记

项目 7 典型三相异步电动机控制线路的安装接线与调试

任务7.1 三相异步电动机正转控制线路的安装接线与调试

教学目标

知识目标

1）熟知三相异步电动机正转控制线路的组成及各部分作用。

2）掌握三相异步电动机正转控制线路的工作原理。

能力目标

1）学会三相异步电动机正转控制线路的接线方法及工艺技术。

2）能够进行三相异步电动机正转控制线路的安装接线与调试。

素质目标

1）通过三相异步电动机正转控制线路的接线工艺训练，培养认真、细致的工作态度和工作习惯。

2）通过三相异步电动机正转控制线路的通电前检查及通电试验部分的操作，培养规范操作的职业素养和安全意识。

任务描述

三相异步电动机正转控制线路是最基本、最典型的电动机控制线路之一，适用于单方向运转的小功率电机控制，如小型鼓风机、水泵以及皮带传输机等机械设备。掌握三相异步电动机正转控制线路，能够为学习更复杂的电动机控制线路打下扎实的基本功。本任务主要让学生能够熟悉三相异步电动机正转控制线路的组成以及各电器元件的作用；训练学生掌握正转控制线路的安装接线与接线工艺，能够进行规范的通电试验操作。

本任务的重点：三相异步电动机正转控制线路的安装接线工艺、通电试验操作。

本任务的难点：布线合理，进出电器的导线做到横平竖直。

任务实施

本任务选用具有过载保护的三相异步电动机接触器自锁正转控制线路。该线路不仅能使电动机连续运转，而且还具有欠压和失压（零压）保护作用，是一个典型的三相异步电动机正转控制线路。该线路广泛应用于实际生产中，是学习三相异步电动机控制线路安装接线的入门，其电气原理图如图 7.1 所示。

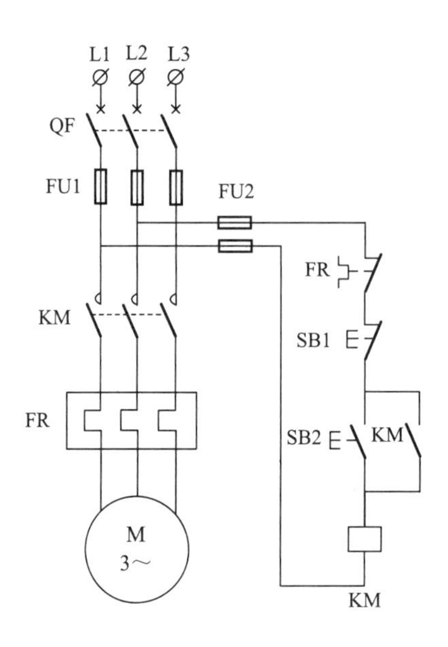

图 7.1　三相异步电动机正转控制线路电气原理图

1. 三相异步电动机正转控制线路中各元器件作用分析

由三相异步电动机正转控制线路的原理图可以看到，该线路是由主电路及控制电路两部分组成，而控制电路则由启动回路及自锁回路组成，如图 7.2 所示。

（1）主电路各电器元件的作用

1）空气开关（QF）：为线路引入电源，主要起接通电源的作用。

2）熔断器（FU1）：属于保护电器，在电动机控制线路中作短路保护用，当主电路的导线、电器元件或电动机发生短路时，熔芯（丝）熔断，切断主电路电源。

3）交流接触器（KM）主触头：用于切断或接通主电路电源，作电动机操作开关。KM 主触头受 KM 线圈控制，KM 线圈得电，KM 主触头闭合，电动机接入电源启动运行；KM 线圈失电，KM 主触头断开，电动机失电停止运行。

4）热继电器（FR）热元件：对主电路电动机起过负荷保护作用。当电动机不需过负荷保护时，可不装设热继电器。

5）电动机（M）：将电能转换成机械能，输出转矩。

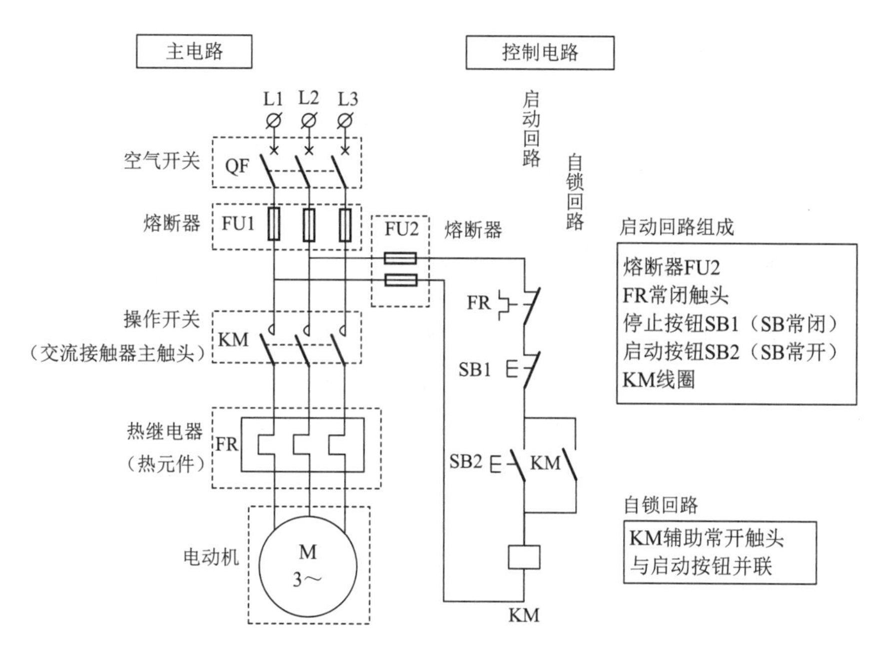

图 7.2 三相异步电动机正转控制线路各部分组成

（2）控制电路各电器元件的作用

1）熔断器 FU2：对控制电路起短路保护作用。

2）热继电器 FR 常闭触头：电机过载时断开，切断控制电路电源，从而使 KM 线圈失电，KM 主触头断开，切断电动机电源，电动机停止运行。

3）停止按钮 SB1：采用动断（常闭）触头，用于停机。

4）启动按钮 SB2：采用动合（常开）触头，用于启动。

5）KM 线圈：得电产生磁场，吸合磁铁带动 KM 触头动作。

6）KM 辅助动合（常开）触头：KM 线圈得电，其辅助动合（常开）触头闭合，接通自锁回路，当 SB2 断开时，KM 线圈通过其辅助动合（常开）触头仍然得电，即接触器自锁，实现电动机连续运行。

2. 三相异步电动机正转控制线路的工作原理分析

（1）合上电源开关 QF

合上电源开关 QF，电动机控制线路接通电源，但因 SB2 常开触头和 KM 辅助常开触头打开，KM 线圈不得电，KM 主触头继续打开，电动机不动作。

（2）电动机启动

按下启动按钮开关 SB2，SB2 常开触头接通，KM 线圈得电，主触头闭合，电动机得电正向转动。

（3）电动机运行

在 KM 线圈得电、KM 主触头闭合的同时，KM 辅助常开触头也闭合，当松开启动按钮 SB2 时，虽然启动按钮 SB2 的常开触头断开，但 KM 线圈通过其自身闭合的辅助常开触头仍接通电源，KM 实现自锁，主触头和辅助常开触头仍闭合，电动机继续运转。

（4）电动机停止运行

按下停止按钮 SB1，SB1 常闭触头断开，切断 KM 线圈电源，KM 主触头断开，切断主电路电源，电动机停止运行；与此同时，辅助常开触头断开，切断自锁回路。当松开停止按钮 SB1 后，因启动按钮 SB2 常开触头和 KM 辅助常开触头断开，KM 线圈不能得电，KM 主触头不能闭合，电动机仍停止运行。

（5）过载保护过程

当电动机过载时，流过热元件的电流增大，热元件产生的热量增加，使其双金属片弯曲位移增大，经过一定时间后，双金属片推动导板使热继电器 FR 的动断触头断开，切断控制电路电源，KM 线圈断电，KM 辅助常开触头断开，自锁解除，同时主触头断开，切断主电路电源，电动机停止运行。

3. 仪表、工具、材料等的准备

1）常用电工工具 1 套，包括电工刀、螺丝刀、剥线钳、电笔等。

2）万用表 1 只，500V 兆欧表 1 只，钳形电流表 1 只。

3）电路安装板 1 块，导线、紧固件、塑槽、号码管、导轨等若干。

4）按电气原理图、实际电源情况以及负载电动机功率大小配齐电器元件，明细表如表 7.1 所示。

表 7.1 三相异步电动机正转控制线路电器元件明细表

代号	名称	型号	规格	数量
M	三相异步电动机	Y2-100L1-4	2.2kW、380V、5.1A、1430r/min	1
QF	空气开关	DZ-10	三极、10A	1
FU1	熔断器	RT1-15	500V、15A、配 10A 熔芯	3
FU2	熔断器	RT1-15	500V、15A、配 2A 熔芯	2
KM	交流接触器	CJ10-10	10A、线圈电压 380V	1
FR	热继电器	JR16-20	三极、20A、整定电流 5.1A	1
SB1、SB2	按钮	LA4-2H	保护式、500V、5A、按钮 2	1
XT	端子板	JX2-1015	500V、10A、15 节	1

4. 元器件规格、质量检查

1）根据电器元件明细表，检查各电器元件与表中的型号与规格是否一致。

2）检查各元器件外观是否完整无损，附件、备件是否齐全等。

3）检查各电器元件（空气开关、交流接触器、热继电器、按钮）的电磁机构动作是否灵活，有无衔铁卡阻等不正常现象。

4）检查各电器元件（交流接触器、热继电器、按钮）触头有无熔焊、变形、严重氧化锈蚀现象，触头是否符合要求。核对各电器元件的电压等级、电流容量、触头数目及开闭状况等。

5）使用万用表低欧姆挡，测量检查熔断器熔芯的通断情况以及空气开关各极通断情况。

6）使用万用表低欧姆挡，测量检查交流接触器、热继电器以及按钮常开、常闭触头的通断情况。

7）使用仪表测量交流接触器的线圈电阻，不同的交流接触器线圈电阻有差异，但一般为 1.5kΩ 左右。

5. 电器元件的安装固定

1）根据电气原理图以及实际电路安装板情况，确定电器元件的安装位置，固定、安装电器元件，如图 7.3 所示。

2）安装要求。

① 在确定电器元件安装位置时，应做到既方便安装、布线，又要考虑到便于检修。

② 空气开关、熔断器、交流接触器及热继电器应按规定垂直安装，尤其注意空气开关、熔断器电源进线端在上，负载引线端在下。

③ 元件固定应牢固、排列整齐，紧固时用力要均匀，紧固程度要适当，防止电器元件的外壳压裂损坏。

6. 布线

1）在电气原理图上对主电路和控制电路进行标注，如图 7.4 所示。

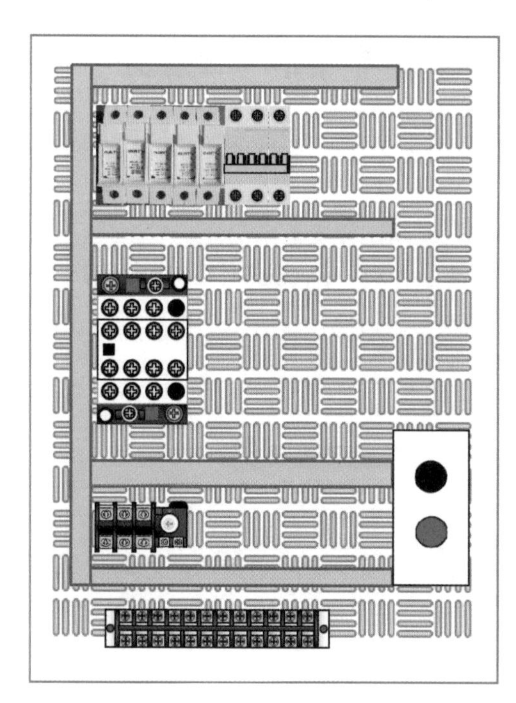

图 7.3　三相异步电动机正转控制线路电器元件布置

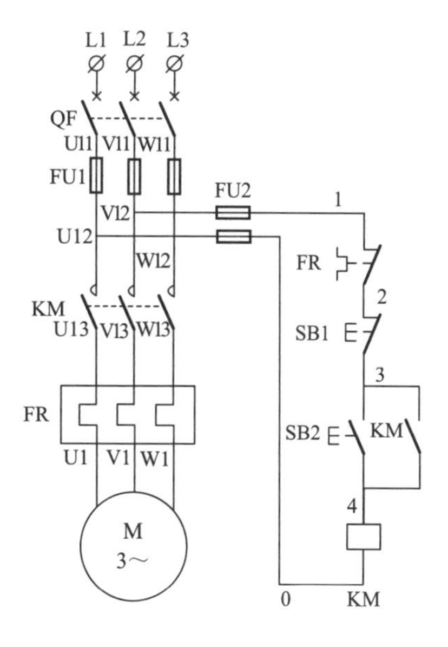

图 7.4　三相异步电动机正转控制线路电气原理图（标注编号）

2）采用节点法接线，可先接主电路，再接控制电路。

① 接主电路。接线时遵守“上进下出”的规定，空气开关电源进线从端子板引接，热继电器到电动机的连接线也接到端子板即止。接线顺序为：L1、L2、L3，U11、V11、W11，U12、V12、W12，U13、V13、W13，最后接U1、V1、W1，如图7.5所示。

② 接控制电路。接线时，没有规定进出方向，但应尽量符合就近原则，其中熔断器FU2必须遵守“上进下出”原则；各电器元件与按钮SB1、SB2的连接线，应通过电路板下方端子排过渡连接，接线顺序按线号的顺序0号、1号、2号、3号、4号线进行连接，如图7.6所示。

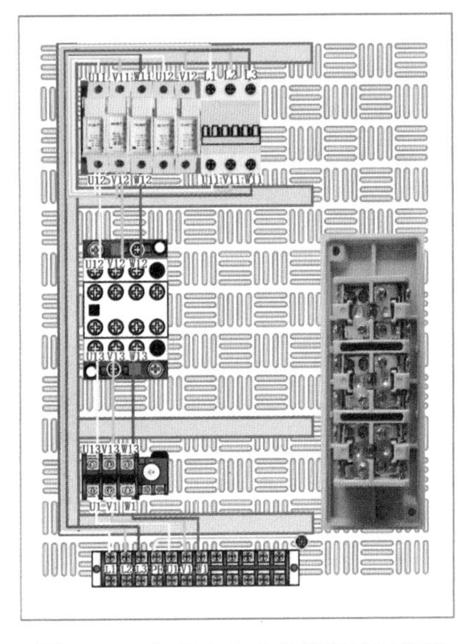

图7.5　三相异步电动机正转控制线路主电路接线

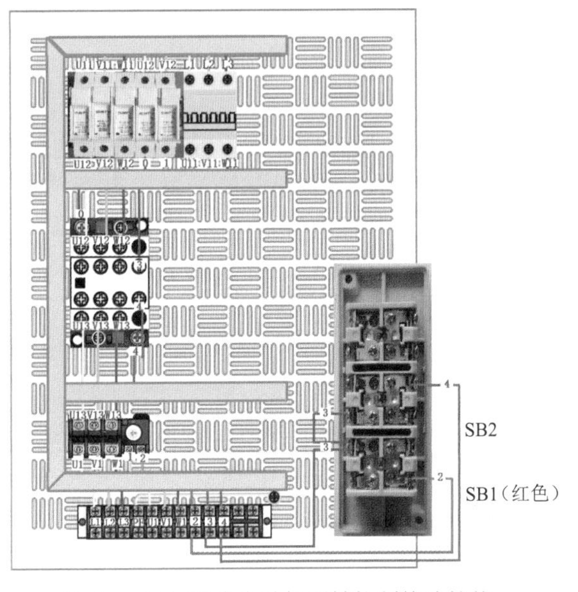

图7.6　三相异步电动机正转控制线路接线

③ 接线工艺要求。

a. 所有与接线端子连接的导线两端头，都应套有与原理图上相应节点编号一致的编码套管，号码书写方向应一致，如图7.7所示。

图7.7　号码管工艺要求

b. 一个接线端子最多只能接两根导线，连接必须牢靠，不得松动，露出线芯不应超过2mm。

c. 各电器元件与线槽之间的外露导线，要尽可能做到横平竖直。

d. 同一电器元件中同一平面的接线端子和相同型号电器元件中位置一致的接线端子，其引出或引入的导线应敷设在同一平面上，并应做到高低一致及前后一致，如图7.8所示。

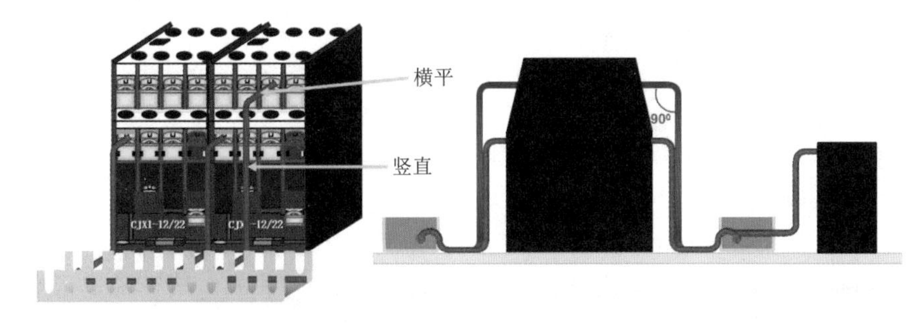

图 7.8　线槽布线工艺要求

e. 线槽内导线的总截面积（包括绝缘）不要超过线槽容量的 70%，如图 7.9 所示，线槽内的导线尽量不要交叉，以便盖上线槽盖、装配和维修。

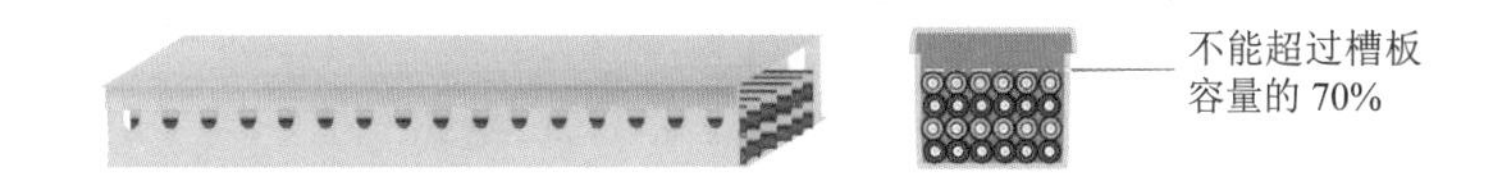

图 7.9　线槽内导线布线工艺要求

f. 所有导线的截面积应不小于 1mm^2，在振动场所，导线必须采用软线。

g. 除间距很小的进出入导线允许直接架空敷设外，其他导线必须经过线槽进行连接。

h. 电器元件接线端子引出导线的走向规定，如图 7.10 所示。

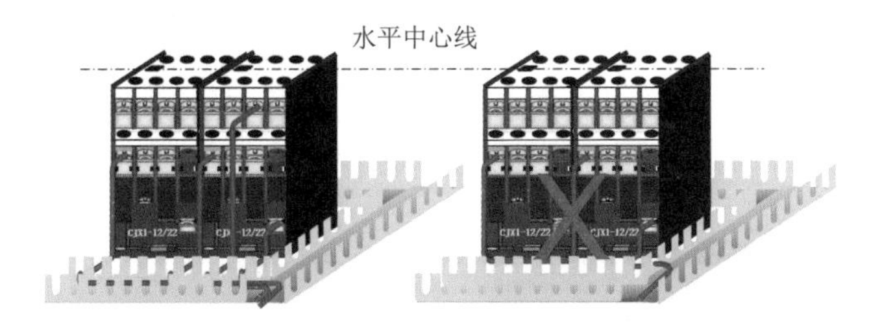

图 7.10　接线端子引出导线的走向规定

- 元件水平中心线以上的接线端子，其引出导线必须从元件的上方纵向进入线槽。
- 元件水平中心线以下的接线端子，其引出导线必须从元件的下方纵向进入线槽。
- 任何导线都不允许从水平方向进入线槽内。

7. 通电试验（调试）

（1）通电前检查

电动机控制线路安装完毕后，必须进行通电前检查，以防错接、漏接或接触不良（压绝缘层），导致不能实现控制功能。重点防止短路事故发生。

1）按电气原理图从电源端开始，逐段核对连接导线的编号。重点检查主电路有无漏接、错接及控制电路中容易接错之处。检查导线压接是否牢固，接触要良好，以免带负载运转时产生起弧现象。

2）用万用表检查线路的通断情况。可先断开控制电路，用欧姆挡检查主电路有无短路现象。然后断开主电路再检查控制电路有无开路或短路现象，自锁、联锁装置的动作及可靠性。

3）用500V兆欧表检查线路的绝缘电阻，绝缘电阻不应小于1MΩ。

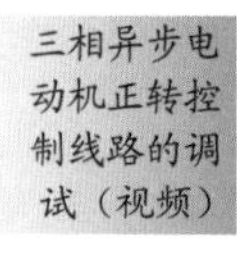

（2）通电试验

为保证人身安全，在通电试验时应认真执行安全操作规程的有关规定，一人监护，一人操作。试验前，应检查与通电试验有关的电气设备是否有不安全的因素存在，查出后应立即整改，方能试验。

1）空载试验。

① 接通三相电源，合上电源开关，用电笔检查熔断器出线端，氖管发亮表示电源接通。

② 操作控制按钮，观察交流接触器动作情况是否正常，并符合线路功能要求。

③ 观察电器元件动作是否灵活，有无卡阻及噪声过大等现象，有无异味。

④ 检查负载接线端子三相电压是否正常。

⑤ 停止。反复几次操作，均正常后方可进行带负载试验。

2）带负载（电动机）试验。

① 断开电路板QF和电源总开关，拔出电源线插头。

② 应先接上检查完好的电动机连线后，再接三相电源线，检查接线无误后再合闸送电。

③ 按照该电动机控制线路的工作原理启动电动机。

④ 当电动机平稳运行时，用钳形表测量三相电流是否平衡。

⑤ 通电试验完毕，停转、断开电源，先拆除三相电源线，再拆除电动机连线，完成通电试验。

相关知识

1. 常用低压器件的介绍

（1）熔断器

熔断器是一种最简单、有效的保护电器，其文字符号用FU表示，图形符号如图7.11（a）所示。

1）熔断器的作用。

熔断器主要用作短路保护，有时也用于过载保护。通常在动力电路中都作短路保护，在照明电路中用作过载保护。使用时，熔断器串接在所保护的电路中，作为电路及用电设备的短路和严重过载保护，当电路发生短路或严重过载时，熔断器中的熔体将自动熔断，从而切断电路，起到保护作用。

熔断器还有隔离作用，这时它应装在负荷开关的前面，只要将熔体拔出就有明显的断开点，可起隔离作用。

2）熔断器的基本结构。

熔断器的种类尽管很多，使用场合也不尽相同，但它们的基本结构大体相同，均由熔体(俗称保险丝)和安装熔体的熔管(或熔座)两大部分组成。熔管是装熔体的外壳，用于安装和固定熔丝，它由陶瓷、绝缘纸或玻璃纤维制成，在熔体熔断时兼有灭弧作用。熔体串联在被保护电路中，它由易熔金属材料铅、锌、锡、银、铜及其合金制成，通常制成丝状或片状，熔体熔点温度一般为 200 ～ 300℃。

3）熔断器的工作原理。

当被保护电路发生短路或严重过载时，过大的电流通过熔体，使其自身产生的热量增加，熔体温度升高，当熔体温度升高到其熔点温度时，熔体熔断，从而切断电路，起到保护作用。

4）熔断器的种类及其接线规定。

常用的低压熔断器种类有半封闭插入式熔断器（RC）、无填料封闭管式熔断器（RM）、有填料封闭管式熔断器（RT）、螺旋式熔断器（RL）等多种形式，如图 7.11 所示。

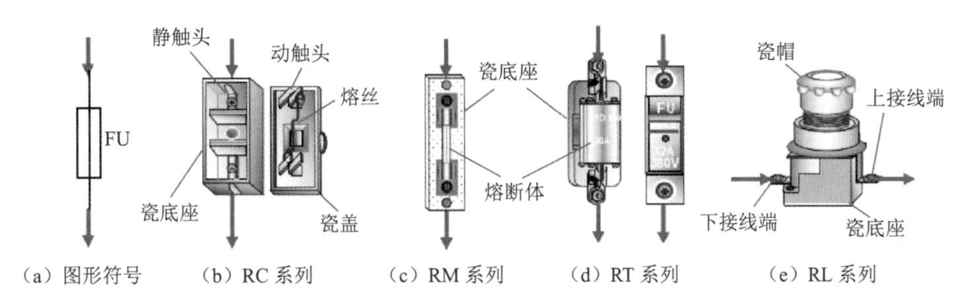

图 7.11　熔断器及其安装接线

① 半封闭插入式熔断器（RC）、无填料封闭管式熔断器（RM）、有填料封闭管式熔断器（RT）接线时要遵守“上进下出”的原则，即熔断器上方端子接电源进线，下方端子接出线，如图 7.11（b）～（d）所示。

② 螺旋式熔断器（RL）接线时要遵守“低进高出”的原则，即电源进线必须接到瓷底座的下接线端上，用电设备的连接线必须接到与金属螺纹壳相连的上接线端上，如图 7.11（e）所示，这样在更换熔芯时，旋出瓷帽后，金属螺纹壳上就不会带电，带电更换熔芯时比较安全。

5）熔断器的选择。

① 额定电压的选择。熔断器的额定电压要不小于线路实际的最高电压。

② 熔断器额定电流的选择。熔断器的额定电流应不小于熔体的额定电流。说明：熔断器的额定电流实际上是指熔座的额定电流。

③ 熔体额定电流 I_{RN} 的选择。熔体的额定电流是指熔体长期通过此电流而不熔断的最大电流。

a. 作照明电路保护时，熔体的额定电流不小于电路的工作电流 I_L 即可，即 $I_{RN} \geq I_L$。

b. 当熔断器保护一台电动机时，考虑到电动机受启动电流的冲击，必须要保证熔断器不会因为电动机启动而熔断。熔断器的熔体额定电流可按下式计算，即

$$I_{RN} \geq (1.5 \sim 2.5)\, I_N$$

式中，I_N 为电动机额定电流，轻载启动或启动时间短时，系数可取得小些，相反若重载启动或启动时间较长时，系数可取得大些。若系数取 2.5 后仍不能满足启动要求时，可适当放大至 3 倍。

c. 当熔断器保护多台电动机时，熔体额定电流可按下式计算，即

$$I_{RN} \geqslant (1.5 \sim 2.5) I_{MN} + \Sigma I_N$$

式中，I_{MN} 为容量最大的电动机额定电流；ΣI_N 为其余电动机额定电流之和。系数的选取方法同上。

注意：在配电线路上，后一级的熔体额定电流应至少比前一级的大一级。

④ 当电动机采用熔断器保护时，熔体额定电流可按下列要求选择。

a. 笼型电动机：按电动机额定电流的 1.5 ～ 2.5 倍选择，如不能满足启动要求，则可适当放大至 3 倍，正反转时可按电动机额定电流的 3 ～ 3.5 倍选择。

b. 绕线式电动机：按其额定电流的 1 ～ 1.25 倍选择。

c. 连续工作的直流电动机：按其额定电流选择。

d. 反复短时工作制的直流电动机：按其额定电流的 1.25 倍选择。

注意：应保证电动机正常启动时熔断器不动作。

（2）交流接触器

1）交流接触器的作用。

接触器是一种用来频繁接通和断开交流主电路及大容量控制电路的自动切换电器。它是利用电磁、气动或液动原理，通过控制电路来实现主电路的通断。交流接触器具有通断电流能力强、动作迅速、操作安全、能频繁操作和远距离控制等优点，但不能切断短路电流，故通常需与熔断器配合使用。交流接触器的主要控制对象是电动机，也可用来控制其他电力负载，如电焊机、电炉等。

交流接触器主要用于接通和分断电压不高于 1140V、电流不高于 630A 的交流电路。在设备自动控制系统中，可实现对电动机和其他电气设备的频繁操作和远距离控制。交流接触器的文字符号用 KM 表示。

2）交流接触器的基本结构。

交流接触器主要由电磁机构、触头系统和灭弧系统三大部分组成。此外，还有反作用弹簧、缓冲弹簧、触头弹簧、传动机构及外壳等其他部件，如图 7.12 所示。

① 电磁机构。交流接触器的电磁机构由线圈、动铁芯（衔铁）和静铁芯组成；电磁机构一般为交流电磁机构，也可采用直流电磁机构。对于 CJ0、CJ10 系列交流接触器，大都采用衔铁直线运动的双 E 型直动式电磁机构，而 CJ12、CJ12B 系列交流接触器则采用衔铁绕轴转的拍合式电磁机构。

吸引线圈为电压线圈，线圈的图形符号如图 7.13（a）所示，其额定电压有 380V、220V、127V、110V 及 36V 等多种级别。使用时，吸引线圈的额定电压应与所接控制电路的电压相一致，如果电压级别不同，线圈就会烧毁，或无法吸合衔铁，造成误动作。

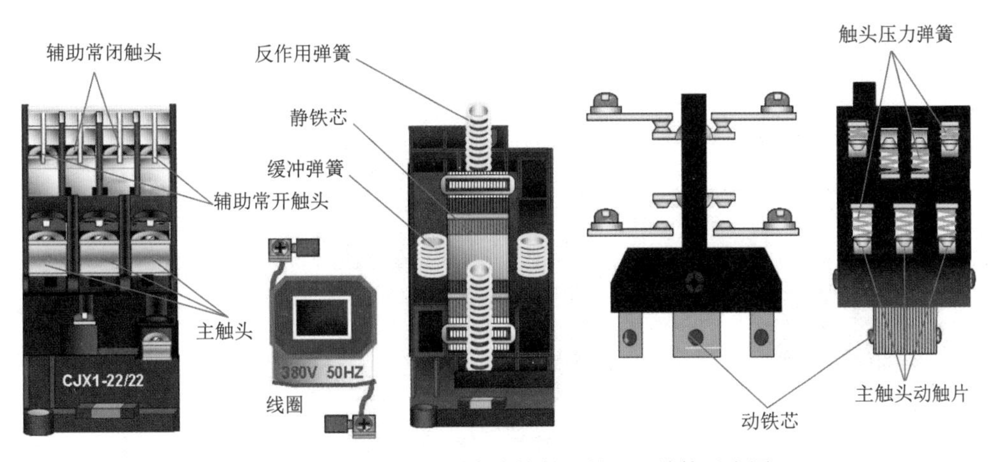

图 7.12　CJX1-22/22 型交流接触器外形、结构示意图

② 触头系统。触头系统包括主触头和辅助触头。主触头的电流通断能力较大，主要用于通断主电路，通常为 3 对（三极）常开触头（触点），主触头的图形符号如图 7.13（b）所示。辅助触头用于控制电路，起电器自锁或联锁作用，故又称联锁触头，一般有常开、常闭各两对，辅助常开触头的图形符号如图 7.13（c）所示，辅助常闭触头的图形符号如图 7.13（d）所示。不同型号的交流接触器，它们的线圈、主触头和辅助触头的引出位置不同，安装接线时必须注意。

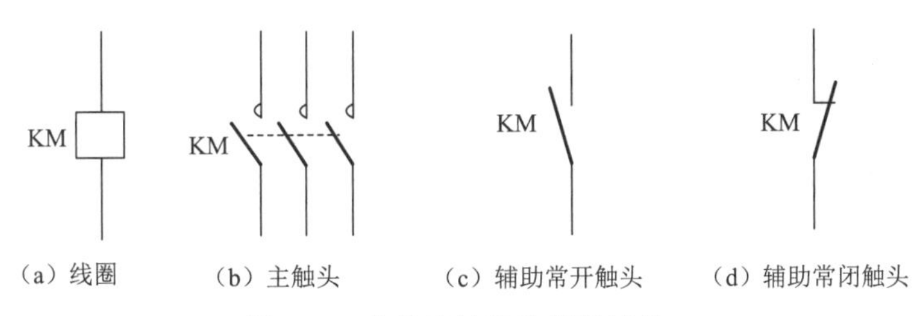

图 7.13　交流接触器的图形符号

a. CJX1-22/22 型交流接触器外形、触头线圈位置如图 7.14 所示，接线时，主触头上（1、3、5）进下（2、4、6）出，线圈和辅助触头进出线方向没有规定。

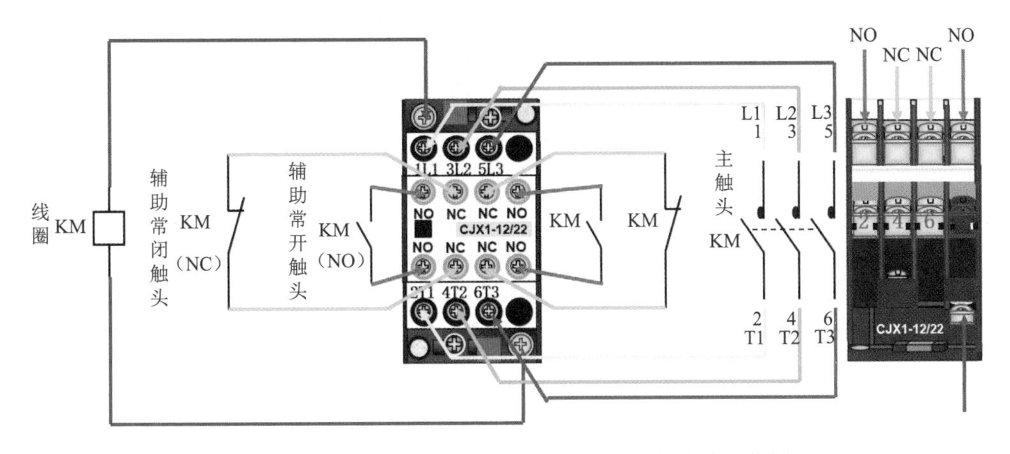

图 7.14　CJX1-22/22 型交流接触器外形、触头线圈位置

b. CJ16-20 型交流接触器外形、触头线圈位置如图 7.15 所示。

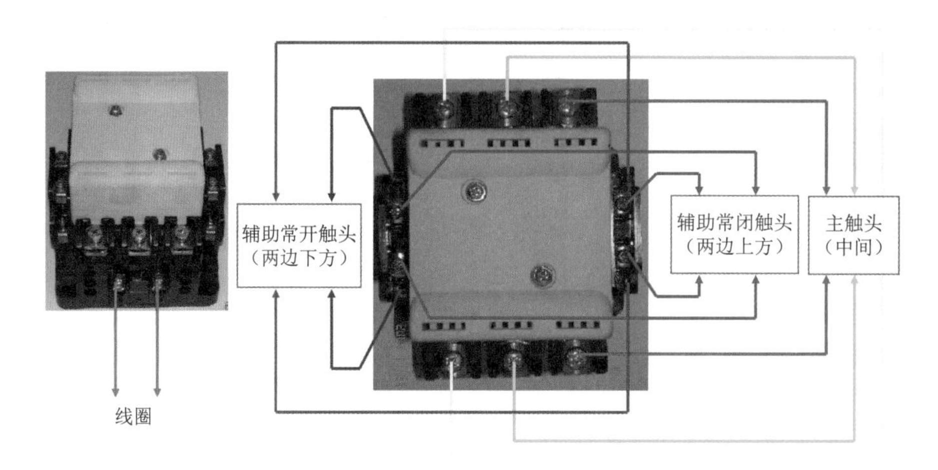

图 7.15 CJ16-20 型交流接触器外形、触头线圈位置

c. LC1-D12 型交流接触器外形、触头线圈位置如图 7.16 所示。

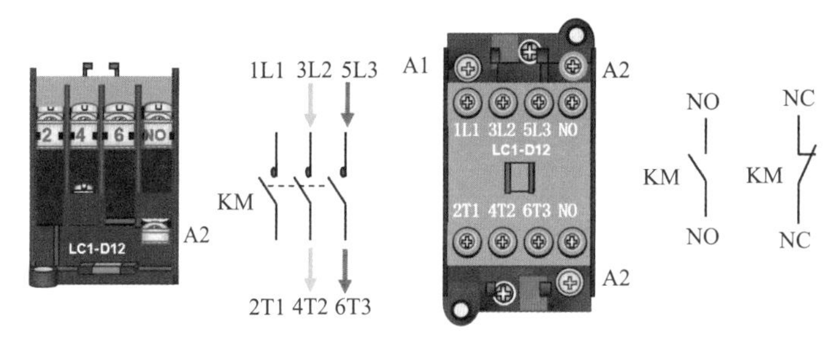

（a）没有安装辅助触头附件的 LC1-D12 型交流接触器

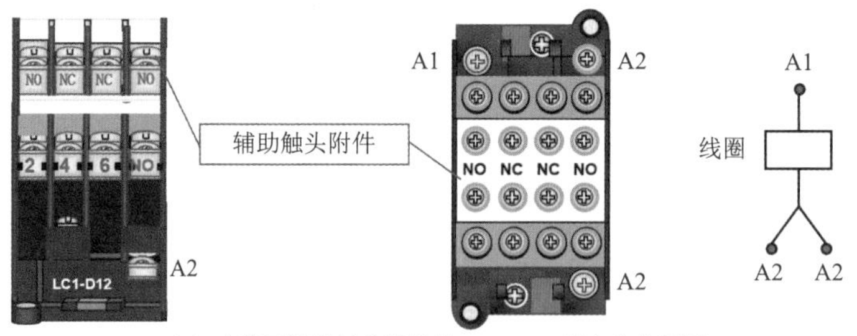

（b）安装了辅助触头附件的 LC1-D12 型交流接触器

图 7.16 LC1-D12 型交流接触器外形、触头线圈位置

d. CJ16-10 型交流接触器外形、触头线圈位置如图 7.17 所示。

③ 灭弧装置。交流接触器的触头在接通、断开过程中会产生电弧，电路中的电流越大，产生的电弧越强，强大的电弧会烧伤触头，甚至和动、静触点熔合在一起，导致接触器不能正常工作。因此，交流接触器需要装设灭弧装置。额定电流在 10A 以上的接触器主触头都有灭弧装置，对于小容量的交流接触器，常采用双断口触头灭弧、电动力灭弧、相间弧板隔弧及陶土灭弧等。对于大容量的交流接触器，采用纵缝灭弧罩及栅片

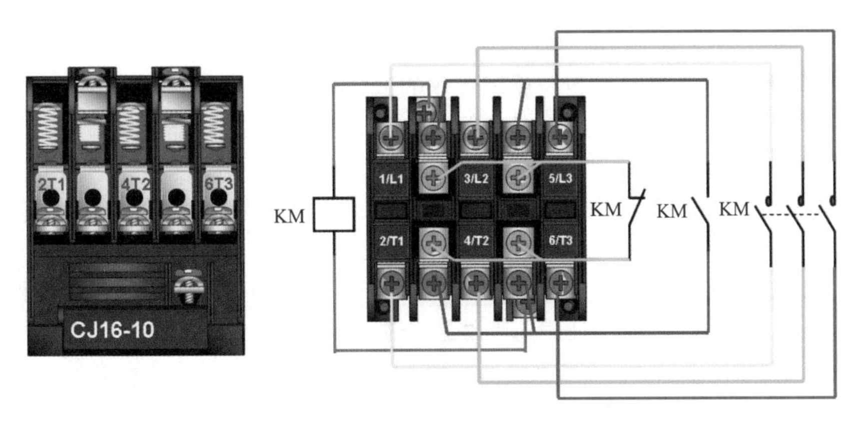

图 7.17 CJ16-10 型交流接触器外形、触头线圈位置

灭弧。辅助触头的电流容量小，不专门设置灭弧机构。

3）交流接触器的工作原理。

当 KM 线圈通电后，线圈电流产生磁场，使静铁芯产生电磁吸力将衔铁吸合。衔铁带动动触头动作，使常闭触头断开，常开触头闭合。当线圈断电时，电磁吸力消失，衔铁在反作用弹簧力的作用下释放，各触头随之复位。

4）交流接触器的选择。

根据接触器所控制的负载性质来选择接触器的类型，即交流负载应选用交流接触器、直流负载应选用直流接触器。交流接触器的选用，必须满足控制电路的要求。

① 额定电压的选择。指主触头的额定电压，应不小于负载回路的电压。

② 额定电流的选择。指主触头的额定电流，根据电动机的额定电流选择，应不小于电动机额定电流的 1.3 倍。

③ 吸引线圈的额定电压选择。吸引线圈的额定电压应与所接控制电路的电压相一致。一般情况下，为了节省变压器，当控制电路比较简单时，线圈电压可选用 380V 或 220V。但当控制电路中的线圈数超过 5 个时，应采用变压器供电，线圈电压可选用 127V 或 110V。考虑安全因素时，也可选用 36V 的线圈。

（3）热继电器

热继电器的文字符号用 FR 表示。热继电器的外形、热继电器热元件与触头的图形符号及其接线位置如图 7.18 所示，热元件是串接在主电路中，接线原则为“上进下出”。

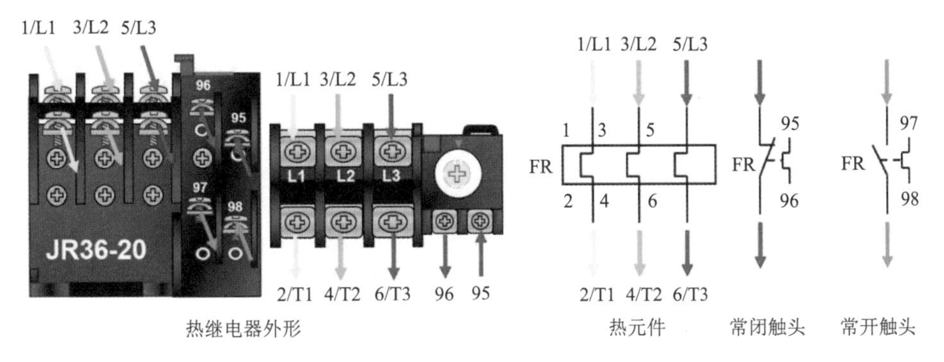

图 7.18 热继电器的外形及其图形符号

1）热继电器的作用。

热继电器是利用电流的热效应原理工作的保护电器，主要用于电动机的过载保护、断相保护及电流不平衡运行保护，也可用于其他电器设备发热状态的控制。

2）热继电器的结构。

热继电器主要由发热元件、双金属片、触头三部分组成。另外，还有传动机构、调节机构和复位机构等附件，如图 7.19 所示。从结构上来说，热继电器分为两极（二热元件）型和三极（三热元件）型，其中三极型又分为带断相保护和不带断相保护两种。

发热元件由电阻丝制成，使用时要注意与主电路串联（或通过电流互感器），当电流通过发热元件时，发热元件对双金属片进行加热，使双金属片弯曲。发热元件对双金属片加热方式有 3 种，如图 7.20 所示。

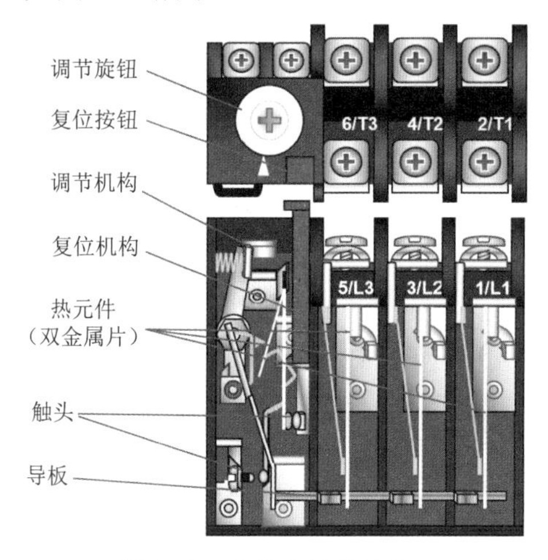

图 7.19 热继电器的结构

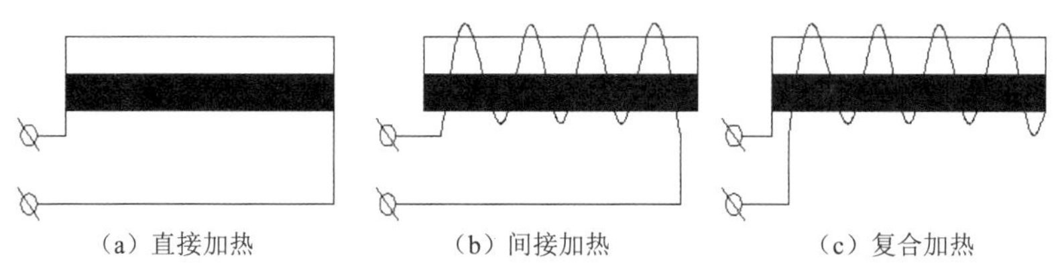

图 7.20 双金属片的加热方式示意图

双金属片是热继电器的感测元件，也是热继电器的核心部件，它由两种不同热膨胀系数的金属用机械碾压而成。当它受热膨胀时，会向膨胀系数小的一侧弯曲。

3）热继电器的工作原理。

热元件串接在电动机定子绕组中，电动机绕组电流即为流过热元件的电流。当电动机正常运行时，热元件产生的热量不足以使双金属片弯曲，热继电器不动作。当电动机过载时，流过热元件的电流增大，热元件产生的热量增加，使双金属片弯曲位移增大，经过一定时间后，双金属片推动导板使热继电器触头动作，切断电动机控制电路。旋转调节旋钮，可以改变热继电器整定电流。

4）热继电器的选用。

① 在结构型式上，一般都选用三极型结构。对于三角形接法的电动机，可选用带

断相保护装置的热继电器。但对于短时工作制的电动机，过载可能性很小的电动机，可不用热继电器来进行过载保护。

② 选用热继电器时，一般只要选择热继电器的整定电流等于或略大于电动机的额定电流即可。

（4）控制按钮

控制按钮也称按钮开关，其文字符号用 SB 表示，触头图形符号及其对应接线位置如图 7.21 所示。

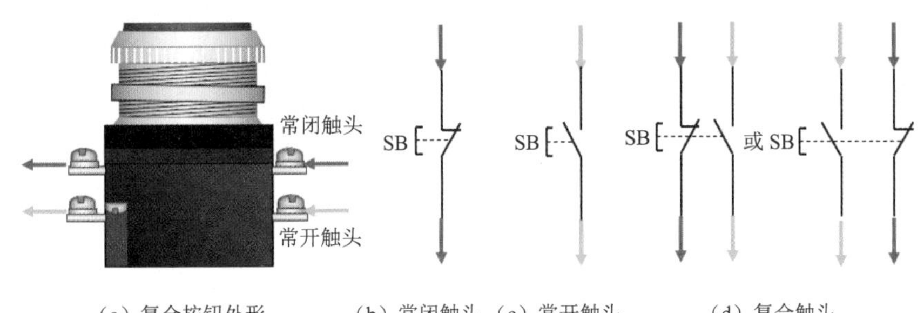

图 7.21　控制按钮的外形、触头图形符号及其对应接线位置

1）控制按钮的作用。

电气控制线路中，按钮开关主要用于操纵接触器、继电器或电气联锁电路，再由它们去控制主电路，实现对各种运动的控制。控制按钮可用来作远距离控制之用，也可用来转换各种信号线路，或实现电器联锁（互锁）。

2）控制按钮的结构。

按钮一般由按钮帽（操作头）、复位弹簧、桥式触点、外壳及支持连接部件等组成，如图 7.22（a）所示。为了便于识别各个按钮的作用，避免误操作，通常在按钮帽上作出不同的标志或涂以不同的颜色，红色表示停止按钮，绿色或黑色表示启动按钮，而红色蘑菇形按钮表示“急停”按钮。

从控制按钮的结构图 7.22（a）可知，当将按钮帽按到行程的中间时，常闭触头和常开触头均断开，如图 7.22（b）所示，也就是说，在操作过程中的某一瞬间，常闭触头和常开触头均切断其所在回路的电源。

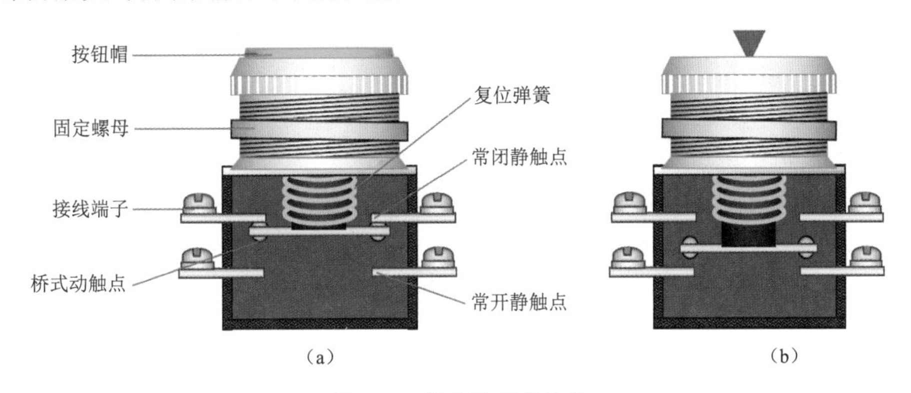

图 7.22　控制按钮的结构

3）控制按钮的选用。

① 根据使用场合，选择控制按钮的种类，如开启式、保护式、防水式和防腐式等。

② 根据用途，选用合适的形式，如按钮式、手把旋钮式、钥匙式、紧急式和带灯式等。

③ 按控制回路的需要，确定不同按钮数，如单钮、双钮、三钮和多钮等。

④ 按工作状态指示和工作情况要求，选择按钮和指示灯的颜色（参照国家有关标准）。

⑤ 核对按钮电压、电流等指标是否满足要求。

注意：按钮开关的触头允许通过的电流较小，一般不超过5A。因此，控制按钮不能直接控制大电流的主电路。

2. 电气控制线路的接线方法

电气控制线路的接线方法有回路法接线和节点法接线两种，在现实生产中，均采用节点法接线。

（1）回路法接线

电气控制线路是由很多回路组成的，在接线时可按每个回路为一个单元接线，按从左到右的顺序接完一个回路紧接着接下一个回路，直到所有回路接完为上，这种接线方法称为回路法接线。此方法对于初学者来说，可能较容易接受，但易出现接错线、漏接线等现象，而且布线不易合理，容易走冤枉路，拧螺钉的次数会增加较多。

（2）节点法接线

按原理图上节点编号顺序接线，将同一编号（同一节点）的所有导线按由近至远的原则短接起来，再接下一节点的导线，直到将所有节点的导线接完为止，这种接线方法叫作节点法接线。节点法接线的优点是不易接错线和漏接线，布线容易合理，易实现就近取电的原则，而且拧螺钉的次数比回路法接线少。

3. 电气控制线路节点编号的标注方法

为了便于电气工作人员进行安装施工或检修故障，电气主电路和控制电路的各个节点都必须加以编号。

（1）主电路各节点编号的标注方法

1）三相交流电源引入线采用L1、L2、L3标记。

2）电源开关之后的三相交流电源主电路分别用U1、V1、W1加阿拉伯数字1、2、3等标记。即主电路的标注方法是：相序加节点数为该节点的编号，节点数按从上到下、从左到右的规律按自然数编写。例如，电源开关之后的第一个节点用U11、V11、W11标注，第二个节点用U12、V12、W12标注，直到所有节点编写完为止。

3）控制电路只有单台电动机时，三相绕组的首端分别用U1、V1、W1标注，末端用U2、V2、W2标注。如果有两台或多台电动机，那么按从左到右的顺序，在电动机绕组首、末端前面加上相应的编号数字即可，即左边数起，第一台电动机的绕组首端标注为1U1、1V1、1W1，末端为1U2、1V2、1W2；第二台电动机的绕组首端标注为2U1、2V1、2W1，末端为2U2、2V2、2W2。

4）当主电路出现“0”电位节点时，用Y0标注。

（2）控制电路各节点编号的标注方法

1）控制电路采用阿拉伯数字编号，按照从上到下、从左到右的规律按自然数编写，直到所有节点编写完为止。

2）如果控制电路出现不同电压的回路，应按“等电位”的原则分段编写，最大的编号一般不超过3位数。

3）控制电路出现“0”电位的节点或线圈与熔断器之间的节点，其编号用“0”标注。

注意：标注编号时，凡是被线圈、触点、熔断器、电阻、电容、电感或其他电路元件所间隔的线段，都应标以不同的编号；但凡是从同一个元件的出线端引接到另一个或几个元件进线端的线段，即分支线都必须标注同一编号。

考核评价

1．理论知识考核（表7.2）

表7.2　三相异步电动机正转控制线路的安装接线与调试理论知识考核评价表

班级		姓名		学号	
工作日期		评价得分		考评员签名	
1）熔断器在主电路中起什么作用？（10分）					
2）试述热继电器的选用原则及其在线路中的作用。（20分）					
3）试述三相异步电动机正转控制线路的工作原理。（40分）					

续表

4）试述电气控制线路的接线方法及其优、缺点。（30 分）
________________ ________________ ________________ ________________

2. 任务实施考核（表 7.3）

表 7.3 三相异步电动机正转控制线路的安装接线与调试任务实施考核评价表

班级			姓名	最终得分	
序号	评分项目		评分标准	配分	实际得分
1	制订计划		包括制订任务、查阅相关的教材、手册或网络资源等，要求撰写的文字表达简练、准确： ________________ ________________	10	
2	材料准备		列出所用的工具材料： ________________ ________________	5	
3	操作图纸		画出电器元件布置图及电气接线图：	5	
4	实作考核	三相异步电动机正转控制线路的安装接线工艺	线芯露出端子超过 2mm，每处扣 3 分 没有盖槽盖，每处扣 2 分 导线松脱，每处扣 5 分 同一电器元件的进出线不对称，每处扣 2 ～ 5 分 没有或乱编号码，每处扣 2 分 同型号电器、同一水平的端子进出线不在同一平面，扣 2 ～ 6 分 导线没有做到横平竖直或起波浪形，每处扣 2 ～ 5 分 导线没有垂直进线槽就在槽外横向行走，每处扣 1 分 电器布置不合理，导致导线浪费，扣 10 分	35	
		原理功能	电路板没有接地线，扣 10 分 没有实现自锁功能，扣 5 分 没有实现正转功能，扣 5 分 通电时出现短路、漏电事故或不能正常工作，扣 15 分	15	

续表

序号	评分项目	评分标准	配分	实际得分
5	安全防护	在任务的实施过程中，需注意的安全事项： ________________ ________________ ________________ ________________	10	
6	7S 管理	包括整理、整顿、清扫、清洁、素养、安全、节约： ________________ ________________	10	
7	检查评估	包括对整个工作过程和结果进行检查评估、针对出现的问题提出建设性的意见或建议： ________________ ________________ ________________ ________________	10	

注：各项内容中扣分总值不应超过对应各项内容所分配的分数。

任务 7.2　三相异步电动机正转、点动控制线路的安装接线与调试

教学目标

知识目标

1）熟知三相异步电动机正转、点动控制线路的工作原理。

2）掌握三相异步电动机控制线路故障检修的方法及步骤。

能力目标

1）能够进行三相异步电动机正转、点动控制线路的安装接线。

2）能够进行三相异步电动机正转、点动控制线路的通电前检查与通电试验。

3）能够根据故障现象从线路原理上确定故障范围，并使用万用表欧姆挡找出线路故障点。

素质目标

1）通过对电动机正转、点动控制线路的安装与接线，以及对接线工艺必须做到横平竖直的训练，培养精益求精的工匠意识。

2）通过电动机正转、点动控制线路通电前检查以及通电试验

的训练，培养规范操作以及安全文明生产的职业习惯。

3）通过电动机正转、点动控制线路故障范围的分析以及故障点的检测训练，培养独立思考、分析问题以及解决问题的能力。

任务描述

在机床电气控制线路中，除了控制电动机的正转外，还经常用到点动控制，让电动机点动工作，如CA6140型卧式车床的立柱松紧控制、Z37摇臂钻床的刀架快速移动等，均用到点动功能。三相异步电动机正转、点动控制线路也是最基本、最典型的电动机控制线路之一。电动机控制线路在使用或安装接线的过程中，难免会出现故障。本任务主要让学生能够对三相异步电动机正转、点动控制线路进行原理分析；训练学生正转、点动控制线路的安装接线与接线工艺，能够进行规范的通电试验操作；同时还训练学生独立分析、查找并处理线路故障等能力。

本任务的重点："电阻测量法"查找线路故障（通电前检查）；对照电气原理图进行故障范围分析。

本任务的难点：判断故障范围，查找故障点。

任务实施

本任务选用的是交流接触器控制的三相异步电动机正转、点动控制线路，其电气原理图如图7.23所示。

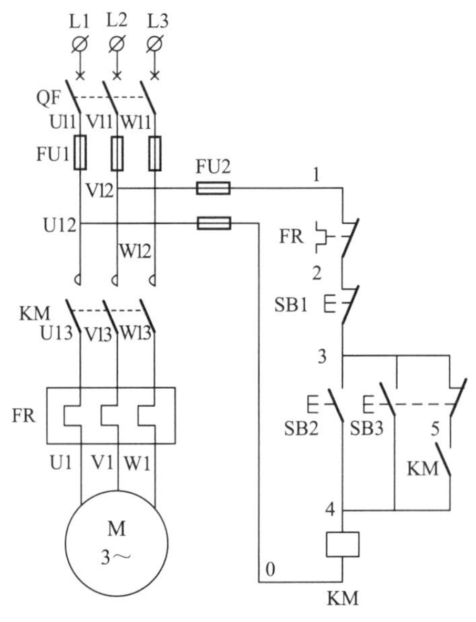

图7.23　三相异步电动机正转、点动控制线路电气原理图

1. 三相异步电动机正转、点动控制线路的工作原理（动作过程）分析

（1）合上电源开关QF

合上电源开关QF，电动机正转、点动控制线路接通电源，但因SB2常开触头、

SB3 常开触头和 KM 辅助常开触头打开，KM 线圈不得电，KM 主触头继续打开，电动机不动作。

（2）电动机启动

按下启动按钮 SB2，SB2 常开触头接通，KM 线圈得电，铁芯吸合，KM 动作。KM 主触头接通电源，电动机得电旋转，与此同时，KM 辅助常开触头闭合，接通自锁回路。

（3）电动机运行

当松开启动按钮 SB2 时，虽然启动按钮 SB2 的常开触头断开，启动回路被切断，但 KM 辅助常开触头已闭合，点动按钮 SB3 常闭触头也闭合，自锁回路导通，KM 线圈仍接通电源，KM 实现自锁，主触头和辅助常开触头仍闭合，电动机继续运转。

（4）电动机停止运行

按下停止按钮 SB1，其常闭触头断开，控制回路断电，KM 线圈失电释放，KM 主触头断开，切断主电路，电动机停止运行；与此同时，辅助常开触头断开，切断自锁回路。松开停止按钮 SB1，其常闭触头恢复闭合，但因启动按钮 SB2 常开触头、点动按钮 SB3 常开触头和 KM 辅助常开触头断开，KM 线圈不能得电，KM 主触头不能闭合，电动机仍停止运行。

（5）电动机点动

1）电动机停止状态下点动。

按下点动按钮 SB3，其常开触头闭合，接通点动回路，KM 线圈得电，铁芯吸合，KM 动作，SB3 常闭触头打开，切断自锁回路，KM 主触头接通电源，电动机得电开始转动，与此同时，KM 辅助常开触头闭合，但自锁回路仍断开。

松开 SB3，其常开触头与常闭触头均断开的瞬间，KM 线圈失电释放，电动机停止运行。同时，KM 辅助常开触头也断开自锁回路，当 SB3 常闭触头接通时，KM 线圈也不能得电，电机不转动。

2）电动机运行状态下点动。

按下点动按钮 SB3，其常闭触头断开，但常开触头还未接通的瞬间，启动回路、点动回路和自锁回路均被切断，KM 线圈失电，KM 主触头断开，电动机停止运行。当将点动按钮 SB3 按到底时，其常开触头闭合，接通点动回路，KM 线圈得电，KM 主触头闭合，电动机得电运行，点动开始进行。同时，KM 辅助常开触头也闭合，但因 SB3 常闭触头断开，自锁回路仍断开。

松开点动按钮 SB3，在按钮 SB3 常开触头断开，但常闭触头还未接通的瞬间，启动回路、点动回路和自锁回路均被切断，KM 线圈失电，KM 主触头断开，电动机停止运行，点动结束。当按钮 SB3 常闭触头接通时，由于 KM 自锁辅助常开触头已断开，自锁回路被切断，KM 线圈无法得电，KM 主触头仍断开，电动机继续停止运行。

2. 仪表、工具、材料等的准备

1）常用电工工具 1 套，包括电工刀、螺丝刀、剥线钳、电笔等。

2）万用表 1 只，500V 兆欧表 1 只，钳形电流表 1 只。

3）电路安装板 1 块，导线、紧固件、塑槽、号码管、导轨等若干。

4）按电气原理图、实际电源情况以及负载电动机功率大小配齐电器元件，明细表如表7.4所示。

表7.4　三相异步电动机正转、点动控制线路电器元件明细表

代号	名称	型号	规格	数量
M	三相异步电动机	Y2-100L1-4	2.2kW、380V、5.1A、1430r/min	1
QF	空气开关	DZ-10	三极、10A	1
FU1	熔断器	RT1-15	500V、15A、配10A熔芯	3
FU2	熔断器	RT1-15	500V、15A、配2A熔芯	2
KM	交流接触器	CJ10-10	10A、线圈电压380V	1
FR	热继电器	JR16-20	三极、20A、整定电流5.1A	1
SB1、SB2、SB3	按钮	LA4-2H	保护式、500V、5A、按钮数3	1
XT	端子板	JX2-1015	500V、10A、15节	1

3. 电器元件规格、质量检查

1）根据电器元件明细表，检查各电器元件与表中的型号与规格是否一致。

2）检查各电器元件外观是否完整无损，附件、备件是否齐全等。

3）检查各电器元件（空气开关、交流接触器、热继电器、按钮）的电磁机构动作是否灵活，有无衔铁卡阻等不正常现象。

4）检查各电器元件（交流接触器、热继电器、按钮）触头有无熔焊、变形、严重氧化锈蚀现象，触点是否符合要求。核对各电器元件的电压等级、电流容量、触头数目及开闭状况等。

4. 电器元件的安装固定

1）根据电气原理图以及实际电路安装板情况，确定电器元件的安装位置，固定、安装电器元件，如图7.24所示。

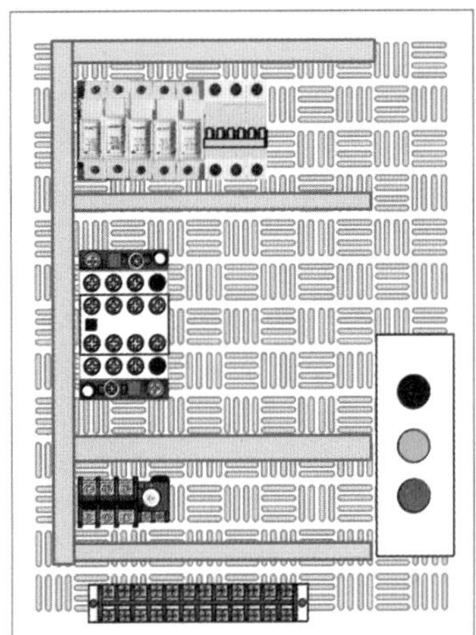

图7.24　三相异步电动机正转、点动控制线路电器元件布置

2）安装要求。

① 在确定电器元件安装位置时，应做到既方便安装、布线，又要考虑到便于检修。

② 空气开关、熔断器、交流接触器及热继电器应按规定垂直安装，尤其注意空气开关、熔断器的电源进线端在上，负载引线端在下。

③ 元件固定应牢固、排列整齐，紧固时用力要均匀，紧固程度要适当，防止电器元件的外壳压裂损坏。

5. 布线

（1）接主电路

接线时遵守“上进下出”的接线规定，空气开关电源进线从端子板引接，热继电器到电动机的连接线

也接到端子板即止。接线顺序为：L1、L2、L3，U11、V11、W11，U12、V12、W12，U13、V13、W13，最后接 U1、V1、W1，如图 7.25 所示。

（2）接控制电路

接线时，没有规定进出方向，但应尽量符合就近原则，其中熔断器 FU2 必须遵守“上进下出”原则；各电器元件与按钮 SB1、SB2 的连接线，应通过电路板下方端子排过渡连接，接线顺序按线号的顺序 0 号、1 号、2 号、3 号、4 号、5 号线进行连接，如图 7.26 所示。

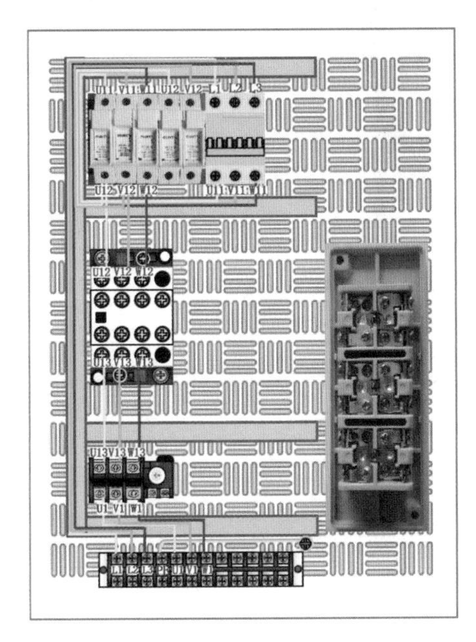

图 7.25　三相异步电动机正转、点动控制线路主电路接线

图 7.26　三相异步电动机正转、点动控制线路接线

（3）接线注意事项

1）在每根剥去绝缘层导线的两端套上号码管；所有从一个接线端子到另一个接线端子的导线必须连续，中间无接头。

2）一个电器元件接线端子上的连接导线不得多于 2 根。

3）同一平面的导线应高低一致及前后一致，不能交叉。非交叉不可时，该根导线应在接线端子引出时就水平架空跨越，且必须走线合理。

4）布线应做到横平竖直、分布均匀，变换走向时应垂直转向。

5）布线时严禁损伤线芯和导线绝缘，走线合理，符合工艺要求。

6）导线与接线端子或接线桩连接时，接头不得松动，不压绝缘层、不反圈以及不露铜过长。

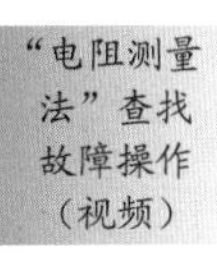

“电阻测量法”查找故障操作（视频）

6. 通电前检查（调试）

从电气原理图可以看到，该线路比较简单，电器元件较少，故在未通电之前，可采用“电阻测量法”先对每个电器元件、每根连接导线进行逐一检查（排除故障），操

作步骤如下。

1）将万用表的转换开关置于欧姆挡 ×100 的位置，然后两表笔短接，如果指针不指向“0”，则旋转欧姆调零旋钮，使指针指“0”，欧姆调零完毕后，准备进行检测，如图 7.27 所示。

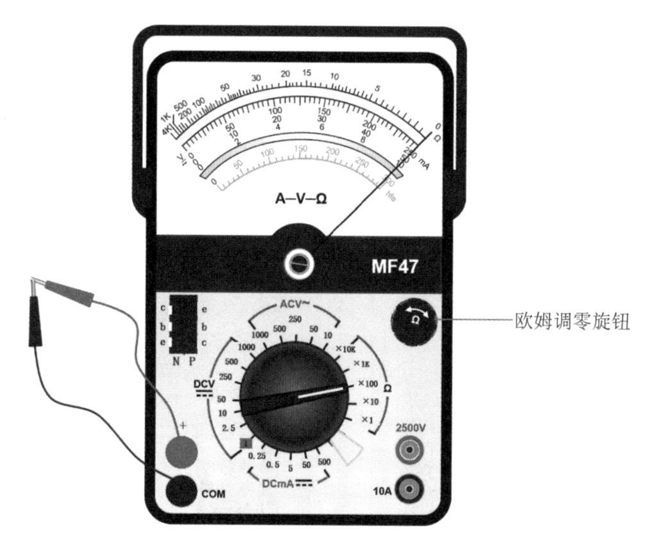

图 7.27　指针式万用表置于×100 挡并欧姆调零

注意：万用表欧姆挡不能带电测量，测量电阻期间，每换一个挡位测量均须重新进行欧姆调零。

2）检查各元器件触头的通断情况是否正常。包括空气开关、熔断器、交流接触器（主触头以及自锁回路的常开辅助触头）、热继电器（热元件、常闭触头）以及控制按钮（常开、常闭触头）。如发现器件触头接触不良，可用尖嘴钳等工具进行矫正，如无法矫正检修的，则更换器件。

3）检查交流接触器的线圈是否正常，线圈两端的阻值约为 1.5kΩ，如果测量结果为“0”，代表线圈短路，如果测量结果为“∞”，代表线圈断路。

4）对照电气原理图进行导线连接的检查，如出现接触不良的，则重新连接导线，紧固线头；若是出现接线错误的，则按照电气原理图重新连接。

① 合上 QF，测量 L1 电源端至 KM 主触头进线端 U12 的通断情况，如指针指“0”，代表线路正常导通；如指针不动，代表该线段出现断路。

② 测量 L1 电源端至控制回路 4 号线端通断情况，如测量阻值为接近 1.5kΩ，代表线路正常导通；如指针指“0”，代表线圈出现短路；如指针不动，代表该线段出现断路。

③ 测量其他线段的通断情况。

④ 测量 L1、L2、L3 之间有无短路，如发现短路，须找出短路故障点，并且清除故障点后方可通电。

5）测量完毕，必须将万用表转换开关置于交流挡最大量程位置，如果有 OFF 挡的，则置于 OFF 挡。

7. 通电试验（调试）

电动机正转、点动控制线路的调试（视频）

为保证人身安全，在通电试验时，应认真执行安全操作规程的有关规定，一人监护，一人操作。

1）接电源线。接线前，先将电路板开关、工作台总开关断开。

① 先接负载侧。接线时先接地零线，后接相线，如图 7.28 所示。

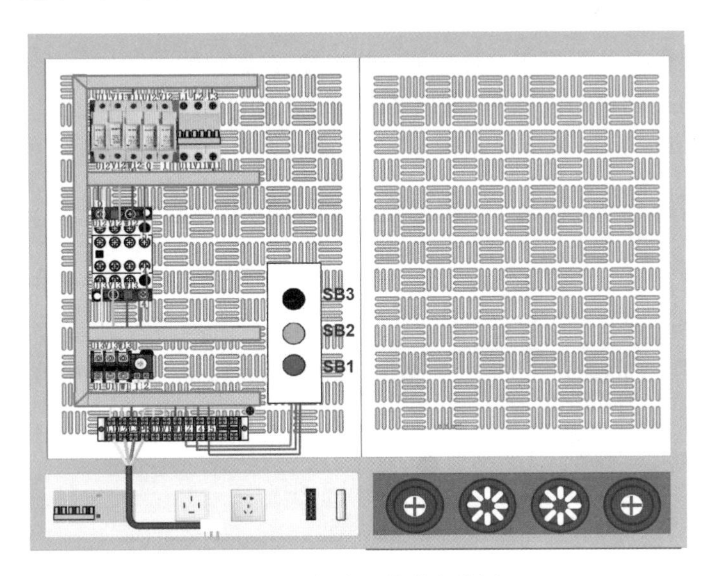

图 7.28　接电源线的负载侧

② 后接电源侧。接线时先接地零线，后接相线，或直接插入电源线插头，如图 7.29 所示。

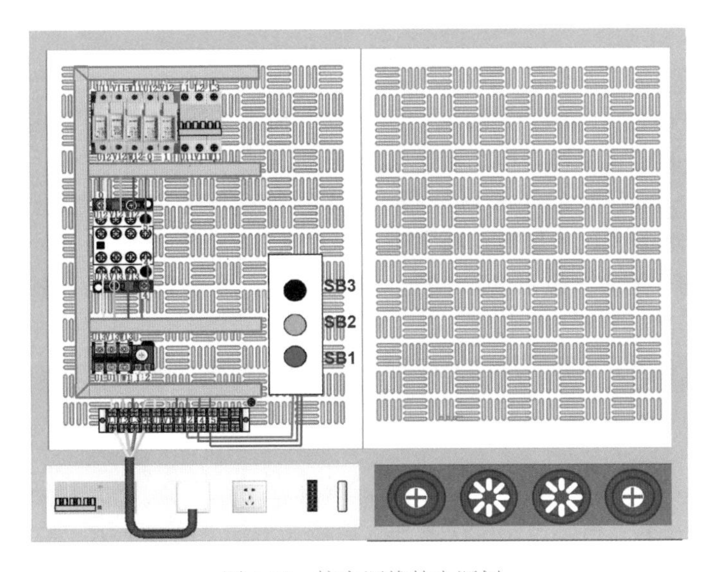

图 7.29　接电源线的电源侧

2）不带负载（电动机）通电试验。

① 合上工作台总开关和电路板开关，用电笔检查熔断器出线端以及端子排 4 号、5 号线端子是否带电。

② 正转试运行：按下 SB2 按钮，KM 动作，松开 SB2 按钮，KM 动作并自保持，用电笔测量 U1、V1、W1 端子是否带电。

③ 停止试运行：按下 SB1（红色）按钮，KM 复位，松开 SB1 按钮，KM 不动作。

④ 点动试运行：按下 SB3 按钮，KM 动作，松开 SB3 按钮，KM 复位。

3）带负载（电动机）通电试验。

① 断开电路板开关和工作台总开关，拔出电源线插头。

② 按标号将电动机的首尾端接到电路板引入引出端子排上（Y 接），检查接线无误后，插入电源线插头，如图 7.30 所示。

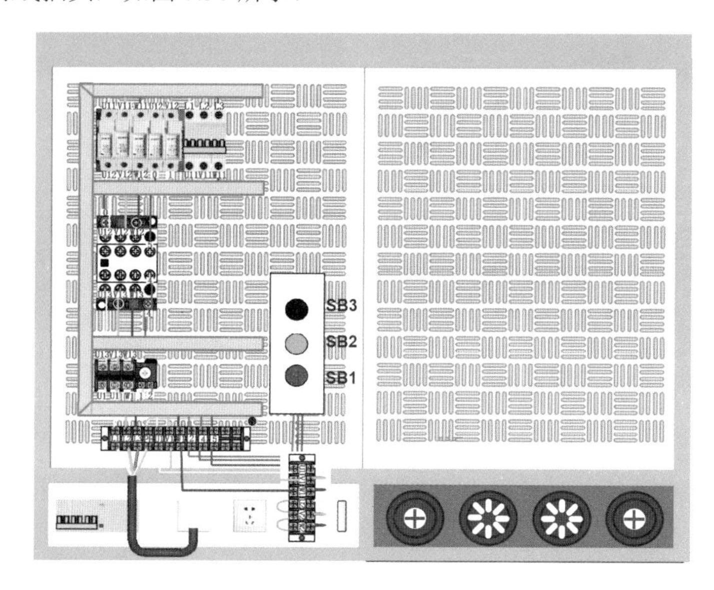

图 7.30　电动机首尾端接到电路板引入引出端子排上（Y 接）

③ 正转运行：合上工作台和电路板开关，按下 SB2 按钮，KM 动作，电动机启动运转，松开 SB2 按钮，KM 自保持，电动机继续运转。

④ 运行状态下点动：按下 SB3 按钮，KM 瞬间断开又合上，电动机继续运转，松开 SB3 按钮，KM 复位，主触头切断电源，电动机停止运转。

⑤ 停止状态下点动：按下 SB3 按钮，KM 动作，电动机得电启动运转，松开 SB3 按钮，KM 复位，主触头切断电源，电动机停止运转。

⑥ 停止运行：按下 SB1（红色）按钮，KM 复位，电动机停止运转。

8. 故障检修（调试）

如通电试验时出现故障，应马上切断电源进行故障检修，如需带电检查，必须在教师现场监护下进行。电动机控制线路故障检修的方法及步骤如下。

（1）收集、了解故障现象

三相异步电动机正转、点动控制线路的主要故障现象如下。

1）按下启动按钮 SB2，电器元件没有反应。

2）合上 QF，电动机立即转动。

3）按下 SB2 按钮时，电动机振动，发出“嗡嗡”响声，不能启动。

4）按下 SB2 按钮，电动机转动，但松开 SB2 按钮时，电动机立即停止转动。

（2）判断故障范围

1）逐一检查法。

对每个电器元件、每根连接导线进行逐一检查，直至找出故障点为止。该方法适用于简单的电动机控制线路，前面通电前检查应用的就是逐一检查法。

2）逻辑分析法。

根据故障现象，通过电气控制线路的原理图，分析确定故障可能发生的范围，这种方法可将故障范围缩小到最小，提高检修的针对性，达到既准又快的效果。下面采用逻辑分析法来判断三相异步电动机正转、点动控制线路的故障范围。

① 在图 7.23 中，按下 SB2 按钮时，电动机振动，发出“嗡嗡”响声，不能启动。

电动机正转、点动控制线路故障检修（视频）

a. 现象分析：电动机正常工作时，定子三相绕组接通三相正弦交流电源，产生三相旋转磁场，带动转子转动。当定子绕组其中一相绕组没接入电源（即缺相）时，其他两相通电绕组虽然产生的也是旋转磁场，但这两相磁场大小相等、方向相反，它们不但不能使转子转动，而且会加大电动机振动，使电动机发出“嗡嗡”响声。此时，如果转动转子，打破两相磁力的平衡，电动机也能转动，但不能消除振动和“嗡嗡”响声，也不能长时间运行；否则会烧坏电动机。

b. 故障范围：从以上分析可知，发生此故障的原因是电动机定子绕组发生缺相故障。因此，故障范围应是：主电路中的电动机三相供电回路中的其中一回路开路。

② 在图 7.23 中，按下 SB2 按钮，电动机转动，但松开 SB2 按钮时，电动机立即停止转动。

a. 现象分析：按下 SB2 按钮时，电动机正常启动，这证明启动回路工作正常。但当松开 SB2 按钮时，电动机立即停止转动，这就证明自锁回路不能正常工作，即自锁回路有断开点。因为正常情况下，按下 SB2 按钮时，启动回路接通，KM 线圈得电，KM 主触头闭合，电动机得电转动，与此同时，KM 辅助触头闭合，接通自锁回路；松开 SB2 按钮时，SB2 常开触头断开，切断启动回路，这时 KM 线圈应由自锁回路供电，使接触器 KM 继续工作，电动机继续转动。

b. 故障范围：从上述分析可知，发生此故障的原因是自锁回路有开路，但启动回路正常。因此，此故障可能是 SB3 常闭触头 3 号进线、KM 辅助触头 4 号出线、5 号线有断路现象出现造成的，也有可能是 SB3 常闭触头接触不良或 KM 辅助常开触头接触不良造成的。

③ 在图 7.23 中，合上 QF，电动机立即转动。

a. 现象分析：合上 QF，电动机立即转动，这证明不需按启动按钮 SB2，KM 主触头已经闭合，造成这种故障的原因有以下几点：原因之一是启动按钮 SB2 常开触头进出线之间短接，最大可能是 SB2 常开触头损坏自动短接，导致启动回路自动接通；原因之二是点动按钮 SB3 常开触头进出线之间短接，最大可能是 SB3 常开触头损坏短接，导致点动回路自动接通；原因之三是 KM 自锁辅助触头进出线之间短接，导致自锁回路自动接通；原因之四是 KM 主触头“熔焊”导通，导致主电路直接导通。如果是原因之四导致此故障，只要停电（断开 QF）检查交流接触器 KM，如 KM 处于吸合状态，证明是此原因造成。

b. 故障范围：从上述分析可知，发生此故障的原因是线路短接。因此，故障范围应是：控制电路中的所有常开触头，即启动按钮 SB2 常开触头、点动按钮 SB3 常开触头、KM 主触头和 KM 辅助常开触头。

④ 在 7.23 中，按下启动按钮 SB2，接触器 KM 不动作，电动机不转动。

a. 现象分析：按下启动按钮 SB2，KM 不动作，电动机不转动，这就证明启动回路有开路，导致 KM 线圈不得电、KM 主触头不闭合、电动机不转动。造成开路的最大原因是停止按钮 SB1 损坏，其常闭触头不闭合，或者是启动按钮 SB2 损坏，其常开触头不能闭合，也有可能是熔断器 FU2 熔芯熔断造成。如果是新安装的电路板，也很有可能是因为线芯剥的长度太短，接线时压到绝缘层，导致开路。

b. 故障范围：从上述分析可知，发生此故障的原因是启动回路有开路。因此，故障范围最大可能是熔断器 FU2 熔芯、停止按钮 SB1 常闭触头和启动按钮 SB2 常开触头，如果是新安装的电路板，也很有可能是因导线与端子连接不良造成。

（3）查找故障点

在确定故障范围之后，应用直观法，或电压测量法，或电阻测量法，或短路法等检查方法，顺着检修思路逐点检查，直到找出故障点。下面介绍几种常用查找故障点的方法。

1）直观法。

通过看、听、摸、闻等方法直接找出故障点。

① 看：看空气开关有无跳闸；看熔断器指示器是否正常；看电器线圈或者导线是否有烧焦现象；看继电器的触头是否复位；如果不是短路和漏电故障，可以通过接通电源按启动按钮，看电器动作是否正常。

② 听：如果不是短路和漏电故障，可以通过接通电源，按启动按钮，听电器工作响声是否正常。

③ 摸：在刚发生短路故障时，可以用摸导线或者线圈是否发热的方法，找出短路故障点。

④ 闻：闻电路板上是否有焦味，如有焦味，则证明发生了短路故障。

2）电压测量法。

适用于断路故障检查。将线路通电，用万用表交流电压挡或电笔，测量各节点是否带电，当节点无电时，无电节点与上一有电节点之间有断路故障发生，从而找出故障点。

3）电阻测量法。

适用于断路和短路故障检查：线路不通电，用万用表欧姆挡测量回路中各连通线段的电阻是否正常，若电阻为无穷大，则证明该线段有断路故障发生；若线段中有线圈元件，测量电阻为零或电阻远小于线圈电阻，则证明该线圈短路或局部短路，从而找出故障点。

4）短路法。

短路法也叫短接法，适用于断路故障检查。将线路通电，用导线短接断开点（常开触头）或跨接几个节点（包括常开触头），检查被短接回路的电器（线圈）工作是否正常，若电器（线圈）工作正常，则证明被短接部位有断路故障发生，从而找出故障点。

注意：此处的常开触头是指已动作的常开触头，即正动作处于闭合状态。

（4）排除故障

找到故障点后，下一步就是进行故障排除，不同的故障其排除方法不同，如电器元件烧坏或损坏，应更换新的电器元件；如线头松脱，应重新紧固线头。排除故障应注意以下几点。

1）更换新的电器元件时，要尽量使用同型号、同规格的电器元件，并进行性能检测，确认性能完好后方可替换。

2）对于熔断器熔断故障，必须仔细分析熔断原因。

① 如果是因负载电流过大或短路造成的，应进一步检查故障原因并排除后，方可更换同型号、同规格的熔体，不得随意加大或减小规格。

② 如果是接触不良引起的，应对熔座进行修理或更换。

③ 如果是因容量选小造成的，应根据负载重新计算并选用合适的熔体。

④ 为了减少设备的停机时间，可先用新的电器将故障电器替换下来再修。

⑤ 对于交流接触器主触头“熔焊”故障，很可能是由于负载短路或严重过载所致，一定要将负载问题解决后才能再试验。

⑥ 在排除故障过程中，特别是通电检查时，应注意周围的电器元件、导线等，不可再扩大故障。

（5）通电试验

故障排除后，应重新通电试验，检查电动机的各项功能，直至其符合技术要求为止。

（6）绘制故障点局部电路图

通电试验正常后，绘制查找出的故障点局部电路图，并做好相关记录。例如，故障现象 2 中，检测到的故障是 5 号线出现断路，则该故障点的局部电路图绘制如图 7.31 所示。

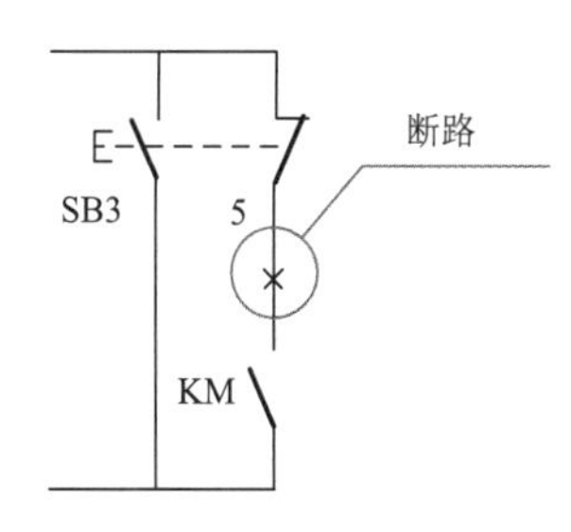

图 7.31　故障点局部电路图

相关知识

1. 三相异步电动机使用前的检查

对于新安装或久未使用过的三相异步电动机，在通电使用之前必须先做以下检查工作，以验证该电动机是否能通电运行。

（1）检查电动机外部是否清洁

对于长期搁置未使用的开启式或防护式电动机，如内部有灰尘或脏物时，则应先将电动机拆开，用不大于2个大气压的干燥压缩空气吹净各部分的污物。如无压缩空气也可用手风箱（通称皮老虎）吹，或用干抹布去抹，不应用湿布或沾有汽油、煤油、机油的布擦拭电动机的内部。清扫干净之后再复原。

（2）异步电动机运行前的绝缘电阻测定

对于新安装或停运3个月以上的异步电动机，投入运行之前都要有摇表测定绝缘电阻。测定内容包括电动机的三相相间绝缘和三相绕组对地（机壳）绝缘电阻。测量前，应首先拆除该电动机出线端子上的所有外部接线及出线端子本身之间的连接线，然后用摇表摇测各绕组绝缘电阻，看是否全部符合要求，绝缘电阻测试合格后，再将所有的接线复原，最后再通电使用。按要求，电动机每1kV工作电压，绝缘不得低于1MΩ，一般额定电压为380V的三相异步电动机，用500V的摇表测量，其绝缘电阻应大于0.5 MΩ才可使用。如发现绝缘电阻较低，则为电动机受潮所致，可对电动机进行烘干处理，然后再次测量绝缘电阻，合格后方可通电使用。如测出绝缘电阻为零，这时绝不允许通电运行，必须查明故障并排除故障后才可通电使用。

（3）对照电动机铭牌标明的额定数据

检查电源电压、功率、频率是否合适，定子绕组的连接方法是否正确（Y连接还是△连接）。

1）检查电源电压是否正确。

异步电动机是对电源电压波动敏感的设备。无论电源电压过高还是过低，都会给电动机运行带来不利的影响。电压过高，会使电动机迅速发热，甚至烧毁；电压过低，使电动机输出力矩减小，转速下降，甚至停转。故当电压波动超出额定值+10%及−5%时，应改善电源条件后再投入运行。

2）检查额定功率是否合适。

电动机的额定功率要与它所带动的机械负荷相适应，如果电动机的额定功率比机械负荷大很多，形成大马拉小车，容量不能得到充分利用，就会造成浪费；如果电动机的额定功率比机械负荷小，电动机就会过载工作，造成发热严重，若长时间运行，可能会烧毁电动机。

3）检查电动机定子绕组的连接方法是否正确。

电动机定子绕组的连接方法必须符合铭牌上的规定，如果连接错误，就会因电源电压严重不符合电动机的要求而造成严重事故。如将Y连接接成△连接，那么电动机接入的电源电压为额定电压的$\sqrt{3}$倍，电压严重超高，电动机就会因迅速发热而很快烧毁。如果将△连接接成Y连接，那么电动机接入的电源电压为额定电压的$1/\sqrt{3}$倍，电压严重不足，输出力矩只有额定力矩的1/3，转速迅速下降甚至堵转，这时若不停电，电动机也会严重发热甚至烧毁。

4）检查电动机的启动、保护设备是否合乎要求。

① 检查启动设备的接线是否正确（直接启动的中、小型异步电动机除外）。

② 电动机的熔断器有无熔断，熔丝的规格是否合格。

③ 检查电动机的外壳接地是否良好。

5）检查电动机安装是否符合规定。

① 检查电动机装配是否灵活（用手转动电动机转轴，看转动是否灵活，有无摩擦声或其他异声）、螺栓是否拧紧、轴承的润滑脂（油）是否正常及有无泄漏印痕。

② 检查联轴中心是否校正、安装是否正确、机组转动是否灵活、转动时有无卡阻或异声。

③ 检查电动机与安装座墩之间的固定是否牢固，有无松动现象。

2. 异步电动机启动时的注意事项

（1）合闸后应密切监视电动机有无异常

合闸后若电动机不转，立即拉闸断电。若不及时断电，电动机将在短时间内冒烟烧毁。拉闸后检查电动机不转的原因，予以消除后重新投入运行。

电动机转动后，观察它的噪声、振动情况以及相应的电压、电流表的指示。若有异常，应停机判明原因并进行处理。

（2）电动机连续启动次数不能过多

电动机空载连续启动的次数不能超过3～5次；经长时间工作，处于热状态下的电动机，连续启动不能超过2～3次；否则电动机可能过热损坏。

（3）注意启动电动机与电源容量的配合

一台变压器同时为几台大容量的异步电动机供电时，应对各台电动机的启动时间和顺序进行合理安排，不能同时启动，应按容量从大到小的顺序逐台启动。

3. 三相异步电动机运行中的监视与维护

三相异步电动机在运行时，要通过听、看、闻等及时监视电动机，确保当电动机在运行中出现不正常现象时能及时切断电动机的电源，以免故障扩大，具体项目如下。

1）听电动机在运行时发出的声音是否正常。

电动机正常运行时，发出的声音应该是平稳、轻快、均匀和有节奏的。如果出现尖叫、沉闷、摩擦、撞击或振动等异声，应立即断电检查。

2）经常检查、监视电动机的温度，观察电动机的通风是否良好。

3）注意电动机在运行中是否发出焦臭味，如有则说明电动机温度过高，应立即断电检查，必须找出原因后才能再通电使用。

4）要保持电动机的清洁，特别是接线端和绕组表面的清洁。不允许水滴、油污及杂物落到电动机上，更不能让杂物和水滴进入电动机内部。要定期检修电动机，清扫内部，更换润滑油等。

5）要定期测量电动机的绝缘电阻，特别是电动机受潮时，如发现绝缘电阻过低，要及时进行干燥处理。

6）笼型异步电动机采用全压启动时，启动次数不宜过于频繁。

考核评价

1. 理论知识考核（表 7.5）

表 7.5 三相异步电动机正转、点动控制线路的安装接线与调试理论知识考核评价表

班级		姓名		学号	
工作日期		评价得分		考评员签名	
1）试述三相异步电动机正转、点动控制线路的工作原理。（20 分）					
2）什么是“电阻测量法”？（20 分）					
3）试述三相异步电动机正转、点动控制线路中故障现象“按下启动按钮 SB2，KM 不动作，电动机不转动”的故障原因与故障范围。（30 分）					
4）试述电动机控制线路故障检修的方法与步骤。（30 分）					

2. 任务实施考核（表 7.6）

表 7.6 三相异步电动机正转、点动控制线路的安装接线与调试任务实施考核评价表

班级			姓名		最终得分	
序号	评分项目	评分标准			配分	实际得分
1	制订计划	包括制订任务、查阅相关的教材、手册或网络资源等，要求撰写的文字表达简练、准确：			10	

续表

<table>
<tr><th>序号</th><th colspan="2">评分项目</th><th>评分标准</th><th>配分</th><th>实际得分</th></tr>
<tr><td>2</td><td colspan="2">材料准备</td><td>列出所用的工具、材料：</td><td>5</td><td></td></tr>
<tr><td>3</td><td colspan="2">施工图纸</td><td>画出电器元件布置图及电气接线图：</td><td>5</td><td></td></tr>
<tr><td rowspan="2">4</td><td rowspan="2">实作考核</td><td>三相异步电动机正转、点动控制线路的安装接线</td><td>线芯露出端子超过 2mm，每处扣 1 分
导线松脱，每处扣 2 分
同一电器元件的进出线不对称，每处扣 1 分
没有或乱编号码，每处扣 1 分
同型号电器、同一水平的端子进出线不在同一平面，扣 2 分
导线没有做到横平竖直或起波浪形，每处扣 1 分
导线没有垂直进线槽就在槽外横向行走，每处扣 1 分
电器布置不合理，导致导线浪费，扣 5 分</td><td>20</td><td></td></tr>
<tr><td>线路的通电试验与故障检修</td><td>通电前检查方法不正确，扣 5 分
仪表使用不熟练，扣 5 分
通电试验步骤不正确，每处扣 5 分
未能在第一次通电前检查时排除所有故障点，重排一次扣 5 分
如出现故障，未能检测出故障点，扣 20 分
故障排除过程中造成新的故障点，扣 20 分</td><td>30</td><td></td></tr>
<tr><td>5</td><td colspan="2">安全防护</td><td>在任务的实施过程中，需注意的安全事项：</td><td>10</td><td></td></tr>
<tr><td>6</td><td colspan="2">7S 管理</td><td>包括整理、整顿、清扫、清洁、素养、安全、节约：</td><td>10</td><td></td></tr>
<tr><td>7</td><td colspan="2">检查评估</td><td>包括对整个工作过程和结果进行检查评估、针对出现的问题提出建设性的意见或建议：</td><td>10</td><td></td></tr>
</table>

注：各项内容中扣分总值不应超过对应各项内容所分配的分数。

任务7.3 三相异步电动机正反转控制线路的安装接线与调试

教学目标

知识目标

1）熟知各电器元件的接线规定与安装注意事项。

2）掌握三相异步电动机正反转控制线路的工作原理。

能力目标

1）学会三相异步电动机正反转控制线路的安装接线。

2）学会三相异步电动机控制线路的通电试验与故障检修。

素质目标

1）通过电动机正反转控制线路的安装接线训练，培养专心细致、精益求精的工作态度。

2）通过电动机正反转控制线路的通电试验训练，培养规范操作和安全文明生产的职业素养。

3）通过电动机正反转控制线路故障分析与故障检修训练，培养分析问题及解决问题的能力。

任务描述

在机床电气控制线路中，电动机正反转控制线路也是最典型的电动机控制线路之一，如Z37摇臂钻床的摇臂上升与下降、Z3050摇臂钻床的液压夹紧与松开、T68型卧式镗床的正反向进给等，均需电动机正反转控制线路。本任务主要让学生能够对三相异步电动机正反转控制线路进行原理分析；训练学生正反转控制线路的安装接线与接线工艺，能够进行规范的通电试验操作；同时训练学生能够对电动机控制线路进行简单的故障分析与故障检修。

本任务的重点：线路的安装接线、通电试验、故障分析与故障检修。

本任务的难点：接线工艺、故障分析。

任务实施

典型的电动机正反向运行直接启动控制线路有很多种，包括不带互锁、按钮互锁、电气互锁及双重互锁的电动机正反向运行直接启动控制线路，本任务学习用交流接触器控制的三相异步电动机双重互锁正反转控制线路，其电气原理图如图7.32所示。

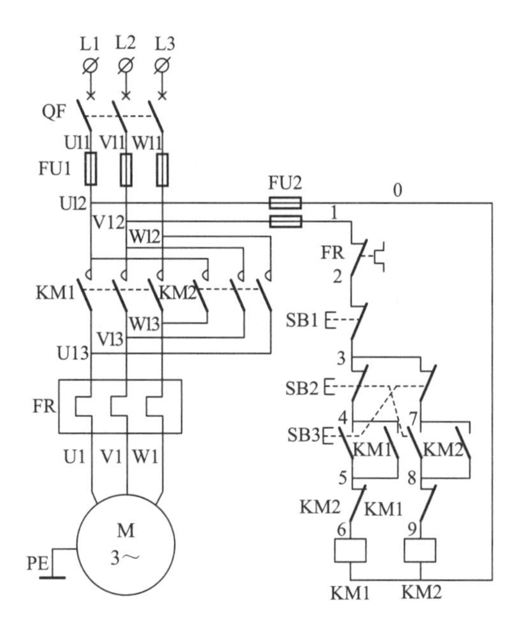

图 7.32　三相异步电动机正反转控制线路电气原理图

电动机正反转控制线路工作原理分析（视频）

1. 三相异步电动机正反转控制线路工作原理的分析

（1）正转启动过程

1）合上电源开关 QF，电动机正反转控制线路进入带电状态。但由于正转启动按钮 SB3 常开触头断开，切断正转启动回路，KM1 辅助常开触头断开，切断正转自锁回路，KM1 线圈无法得电，KM1 不动作，KM1 主触头不闭合，电动机无法正转启动运行。同样，反转启动按钮 SB2 常开触头断开，KM2 辅助常开触头断开，也导致电动机无法反转启动运行。

2）电动机正转启动。

按下正转启动按钮 SB3，SB3 常开触头闭合，正转启动回路接通，KM1 线圈得电，KM1 主触头闭合，电动机得电开始正转启动。KM1 辅助常开触头也闭合，接通正转自锁控制回路，KM1 实现自锁，为正转连续运行做好准备。

在 SB3 常开触头闭合的同时，SB3 常闭触头断开，切断反转控制回路，起到机械互锁作用；与此同时，KM1 辅助常闭触头也断开，也一样切断反转控制回路，实现电气互锁。双重互锁，可更有效地保证 KM1、KM2 不能同时动作，防止主电路相间短路。

3）电动机正转运行。

当松开正转启动按钮 SB3 时，虽然正转启动按钮 SB3 的常开触头断开，但 KM1 线圈通过其自身闭合的辅助常开触头仍接通电源，KM1 实现自锁，KM1 主触头和辅助常开触头仍闭合，电动机继续正转运行。此时，KM1 辅助常闭触头断开，仍切断反转控制回路，实现电气互锁。

（2）反转启动过程

1）按下反转启动按钮 SB2，SB2 常闭触头首先断开，切断正转控制回路，KM1 线圈失电，KM1 触头复位，KM1 主触头断开，电动机失电停止正向转动。KM1 辅助常开触头断开，切断正转自锁控制回路。KM1 辅助常闭触头闭合，为电动机反转启动做好准备。

2）电动机反转启动。

当将反转启动按钮 SB2 按到底时，SB2 常开触头闭合，反转启动回路接通，KM2 线圈得电，KM2 主触头闭合，电动机得电开始反转启动。KM2 辅助常开触头闭合，接通反转自锁控制回路，为反转连续运行做好准备。KM2 辅助常闭触头断开，与 SB2 常闭触头一起切断正转控制回路，实现双重互锁，可有效地保证 KM1、KM2 不能同时动作，防止主电路相间短路。

3）电动机反转运行。

当松开反转启动按钮 SB2 时，虽然反转启动按钮 SB2 的常开触头断开，但 KM2 线圈通过其自身闭合的辅助常开触头仍接通电源，KM2 实现自锁，KM2 主触头和辅助常开触头仍闭合，电动机继续反转运行。此时，KM2 辅助常闭触头断开，仍切断正转控制回路，实现电气互锁。

（3）电动机停止运行

按下停止按钮 SB1，SB1 常闭触头断开，切断 KM 线圈电源，KM 主触头断开，切断主电路电源，电动机停止运行；与此同时，辅助常开触头断开，切断自锁回路。当松开停止按钮 SB1 后，因启动按钮 SB2 常开触头和 KM 辅助常开触头断开，KM 线圈不能得电，KM 主触头不能闭合，电动机仍停止运行。

（4）过载保护过程

当电动机过载时，流过热元件的电流增大，热元件产生的热量增加，使其双金属片弯曲位移增大，经一定时间后，双金属片推动导板使热继电器 FR 的动断触头断开，切断控制电路电源，KM 线圈断电，KM 辅助常开触头断开，自锁解除，同时主触头断开，切断主电路电源，电动机停止运行。

2. 仪表、工具、材料等的准备

1）常用电工工具 1 套，包括电工刀、螺丝刀、剥线钳、电笔等。

2）机械万用表 1 只，500V 兆欧表 1 只，钳形电流表 1 只。

3）电路安装板 1 块，导线、紧固件、塑槽、号码管、导轨等若干。

4）按电气原理图及负载电动机功率大小配齐电器元件，明细表如表 7.7 所示。

表 7.7　三相异步电动机正反转控制线路电器元件明细表

代号	名称	型号	规格	数量
M	三相异步电动机	Y2-100L1-4	2.2kW、380V、5.1A、1430r/min	1
QF	空气开关	DZ-10	三极、10A	1
FU1	熔断器	RT1-15	500V、15A、配 10A 熔芯	3
FU2	熔断器	RT1-15	500V、15A、配 2A 熔芯	2

续表

代号	名称	型号	规格	数量
KM1、KM2	交流接触器	CJ10-10	10A、线圈电压 380V	2
FR	热继电器	JR16-20	三极、20A、整定电流 5.1A	1
SB1、SB2、SB3	按钮	LA4-3H	保护式、500V、5A、按钮数 3	1
XT	端子板	JX2-1015	500V、10A、15 节	1

3. 电器元件规格、质量检查

1）根据电器元件明细表，检查各电器元件与表 7.7 中的型号与规格是否一致。

2）检查各电器元件外观是否完整无损，附件、备件是否齐全等。

3）检查各电器元件（空气开关、交流接触器、热继电器、按钮）的电磁机构动作是否灵活，有无衔铁卡阻等不正常现象。

4）检查各电器元件（交流接触器、热继电器、按钮）触头有无熔焊、变形、严重氧化锈蚀现象，触点是否符合要求。核对各电器元件的电压等级、电流容量、触头数目及开闭状况等。

5）使用万用表低欧姆挡，测量检查熔断器熔芯的通断情况以及空气开关各极通断情况。

6）使用万用表低欧姆挡，测量检查交流接触器、热继电器以及按钮常开、常闭的通断情况。

7）使用仪表测量交流接触器的线圈电阻，线圈电阻不同的交流接触器有差异，但一般为 1.5kΩ 左右。

4. 电器元件的安装固定

1）根据电气原理图以及实际电路安装板情况，确定电器元件的安装位置，固定、安装电器元件，如图 7.33 所示。

2）安装要求。

① 在确定电器元件安装位置时，应做到既方便安装、布线，又要考虑到便于检修。

② 空气开关、熔断器、交流接触器及热继电器应按规定垂直安装，尤其注意空气开关、熔断器电源进线端在上，负载引线端在下。

③ 紧固电器元件要受力均匀、紧固程度适当，以防止损坏电器元件。

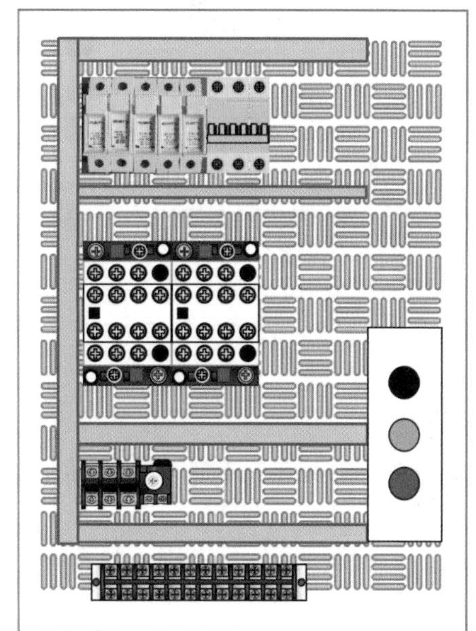

图 7.33 三相异步电动机正反转控制线路电器元件布置

电动机正反转控制线路安装接线（视频）

5. 布线

1）接主电路，每根连接线的两端应先套入号码管，接线时遵守“上进下出”的规定。特别注意正反转的转换接线环节，如图 7.34 所示，接 KM2 进出线时要注意，相对于 KM1 进出线的位置，KM2 只能在其中一侧调换两根导线。如果进出两侧同时调换两根导线的位置，或 3 根导线同时顺移一个位置，电动机不会反向转动。

2）接控制电路，虽与电器元件连接的导线没有规定进出方向，但要符合就近原则，合理布线，减少导线用量，关键是线路路径的确定。接线时不但要考虑本节点的线路路径，还要考虑下几个节点的线路路径，同一节点的导线进出电器元件时，应尽量在同一水平线槽上，做到布线合理，图 7.35 所示为 4 号线、5 号线及 6 号线的布线示例。

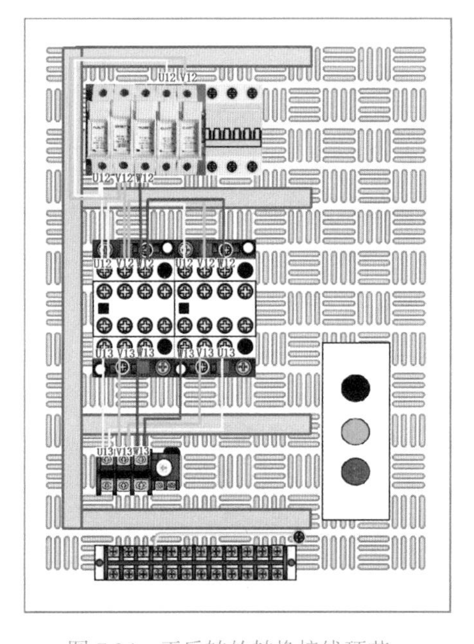

图 7.34　正反转的转换接线环节

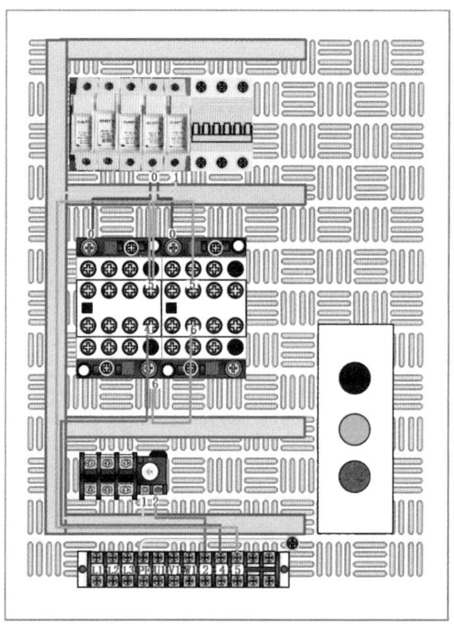

图 7.35　控制电路部分布线示例

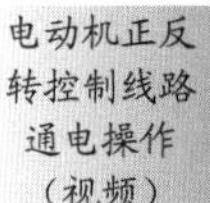

6. 通电试验

通电试验前要进行通电前的检查，防止短路事故，并认真执行安全操作规程的有关规定，一人监护，一人操作。

1）检查线路：用万用表检查线路无误后方可进行通电试验。

2）接电源线。

① 接线前，先将电路板开关、工作台总开关断开。

② 先接负载侧。接线时先接地、零线，后接相线。

③ 后接电源侧。接线时先接地、零线，后接相线，或直接插入电源线插头。

3）不带负载（电动机）通电试验。

① 合上工作台总开关和电路板开关，用电笔检查熔断器出线端以及端子排 4 号、5 号、7 号、8 号线端子是否带电。

② 按下正转启动操作按钮 SB3，观察 KM1 接触器动作情况是否正常，是否符合线路功能要求。

③ 按下反转启动操作按钮 SB2，观察 KM2 接触器动作情况是否正常，是否符合线路功能要求。

④ 观察电器元件动作是否灵活，有无卡阻及噪声过大等现象，有无异味。

⑤ 检查负载接线端子三相电压是否正常。

⑥ 按动停止按钮。反复操作几次，均正常后方可进行带负载电动机试验。

4）带负载（电动机）通电试验。

① 断开电路板开关和工作台总开关，拔出电源线插头。

② 按标号将电动机的首尾端接到电路板引入、引出端子排上（△接）。检查接线无误后，插入电源线插头，如图 7.36 所示。

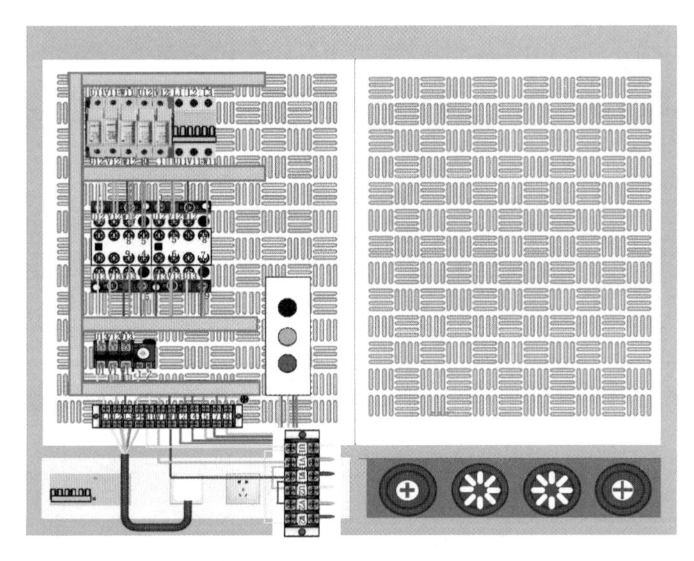

图 7.36　电动机首尾端接到电路板引入、引出端子排上（△接）

③ 合上工作台总开关和电路板开关，按照控制电路的工作原理启动电动机。

④ 试验完毕，按下停止按钮，使电动机停止运行。

5）拆电源线（拆线顺序与接线顺序相反）。

① 拆线前，先将电路板开关、工作台总开关断开。

② 先拆电源侧导线。拆线时先拆相线，后拆零、地线，或直接拔出电源线插头。

③ 后拆负载侧导线。拆线时先拆相线，后拆零、地线。

④ 最后拆电动机接线端子进线。

7. 故障排除（调试）

如出现故障，应立即断电，并根据故障现象进行故障分析与检修，故障排除后才能进行再次通电试验。注意，如需带电检测，必须在教师现场监护下进行。

1）将接好线的电路板接入三相电源，并接通三相异步电动机。

2）检查接线无误，通电试验，操作正转启动、反转启动、停止，观察电动机运行情况。

3）若出现故障，必须断电检测，分析故障原因并重新检测、调试，再通电，直到试验成功。

4）可能出现的故障现象、故障原因及处理方法，如表 7.8 所示。

表 7.8 三相异步电动机正反转控制线路故障分析表

故障现象	故障原因	检查方法
合上 QF，按 SB2 或 SB3 按钮，所有元器件都不动作，电动机不转	1）无电源 2）FU1 或 FU2 熔断 3）FR 常闭触头、SB1 常闭触头损坏 4）1 号线、2 号线、3 号线、0 号线断路	用电笔测量 QF 出线端或熔断器进线端，如有电则排除电源问题。断开电源，用“电阻测量法”在故障范围内排查，直至查出故障点
合上 QF，按下 SB3，电动机正转，松开 SB3，电动机停止转动	正转无自锁，KM1 常开触头接触不良	可用电笔测量 KM1 上下端是否带电，确定故障点；也可断电采用“电阻测量法”确定故障点
正转正常，按反向按钮 SB2，KM1 能释放，但 KM2 不吸合，电动机不能反转	1）KM1 辅助常闭触头接触不良或断路 2）反向按钮 SB2 常开触头接触不良 3）正向按钮 SB3 常闭触头接触不良 4）KM2 线圈断路 5）KM2 触头卡阻	按下 SB2 按钮，用电笔依次测量 SB2 常开的上下触头，SB3 常闭的上下触头，KM1 常闭的上下触头，故障点在有电和无电之间。若均有电正常，则断开电源，用万用表欧姆挡测量 KM2 线圈的上下端头，检查其通断情况。如线圈也正常，则是交流接触器触头卡阻的原因

注意:

1）尽量在断电的情况下进行故障检测，尤其是出现短路故障时，应马上切断电源。

2）如在通电状态下检测，应注意周围的电器元件、导线等，不可再扩大故障。

8. 现场整理

整理、清理多余的导线、号码管等材料，将能回收再利用的材料收好待下次使用；将工具及器材整理并放回原处，尤其记得将万用表挡位打到“OFF”挡或交流电压最大挡，如长期不用，则将万用表的电池取出放好；最后进行现场的清洁。

相关知识

1. 电动机简介

电动机的文字符号用 M 表示。图 7.37 所示为三相笼型异步电动机的图形符号，其中“M”表示电动机，“3～”表示三相交流电。

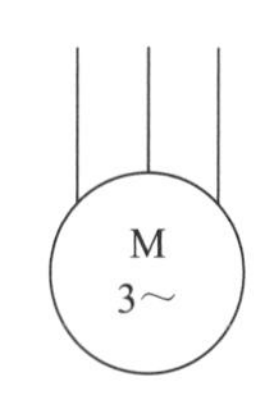

图 7.37　三相笼型异步电动机的图形符号

（1）电动机的作用

电动机的作用是将电能转变成机械能，输出旋转力矩。

（2）三相笼型异步电动机的结构

三相异步电动机虽然种类繁多，但基本结构均由定子和转子两大部分组成，定子和转子之间有空气隙，图 7.38 所示为目前广泛使用的封闭式三相笼型异步电动机的结构。

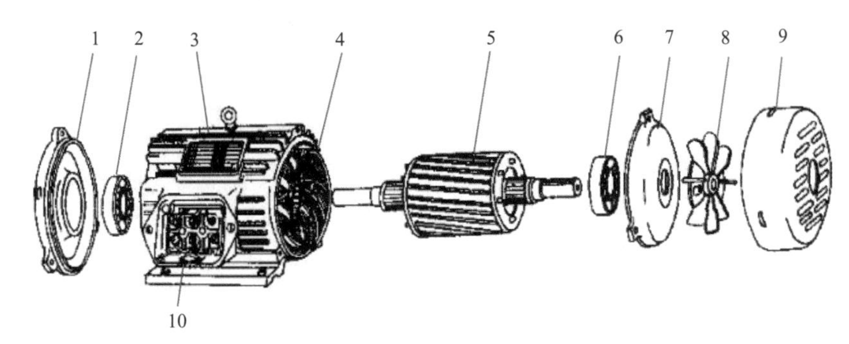

1—前端盖；2—前轴承；3—机座；4—定子；5—转子；6—后轴承；7—后端盖；8—风扇；9—风扇罩；10—接线盒。

图 7.38　三相笼型异步电动机典型结构

1）定子。

定子是指电动机中静止不动的部分，它主要包括定子铁芯、定子绕组、机座、端盖、罩壳等部件。

① 定子铁芯。定子铁芯的主要作用是导磁，是电动机磁路的一部分。铁芯一般采用 0.5mm 厚，而且表面涂有绝缘层的硅钢片叠压而成。同时在定子铁芯的内圆有沿圆周均匀分布的槽，用于嵌放三相定子绕组。

② 定子绕组。三相异步电动机的定子绕组的主要作用是将电能转换为磁能，产生旋转磁场，是电动机的电路部分。它是由嵌入在定子铁芯槽中的线圈按一定规则连接而成的。

2）转子。

转子指电动机的旋转部分，它包括转子铁芯、转子绕组、风扇和转轴等。

① 转子铁芯。转子铁芯作为电动机磁路的一部分，用于放置转子绕组。转子铁芯一般采用 0.5mm 厚，而且表面涂有绝缘层的硅钢片叠压而成，转子铁芯的外圆冲有均匀分布的槽，用来放置转子绕组。

② 转子绕组。转子绕组用来切割定子旋转磁场，产生感应电动势和电流，并在旋转磁场的作用下受力而使转子转动，也就是说，转子绕组的作用是将磁能转换为电能，再将电能转换为机械能。转子绕组分笼型转子和绕线型转子两类，笼型和绕线型异步电动机即由此得名。

（3）电动机定子绕组的接线方式

三相异步电动机的定子绕组由 U、V、W 三相绕组组成，这三相绕组有 6 个引出接线端，U1、V1、W1 为首端，U2、V2、W2 为尾端，它们分别连接到电动机机座外部接线盒内规定位置的端子上，然后根据需要接成星形连接（Y 接）或三角形连接（△接），如图 7.39 所示。

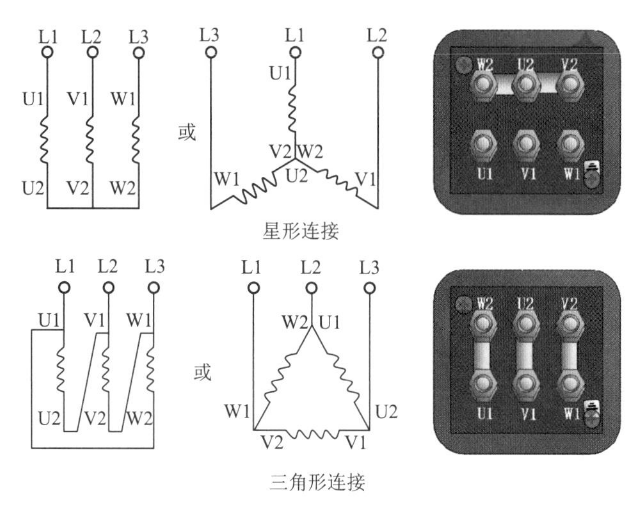

图 7.39　三相笼型异步电动机三相绕组出线端的连接

电动机定子绕组具体采用哪一种接线方式，要根据电动机铭牌上的连接方式确定。当铭牌上的电压为 380V、连接方式为 Y 接时，这类电动机每相绕组的额定电压为 220V，电动机定子绕组必须采用星形连接方式。如采用三角形连接，加到绕组上的电压为 380V，远超每相绕组的额定电压，流过的电流增大而易使绕组烧毁。当铭牌上的电压为 380V、连接方式为△接时，这类电动机每相绕组的额定电压为 380V，电动机定子绕组必须采用三角形连接方式。如采用星形连接，加到绕组上的电压为 220V，远低于每相绕组的额定电压，流过电阻的电流减小而使电动机功率下降。

注意：电动机铭牌上的电压是指电动机绕组的线电压。

（4）电动机的旋转方向与转速

1）电动机的旋转方向。

电动机的旋转方向与定子绕组产生的旋转磁场方向相同。当定子绕组的首端 U1、V1、W1 分别接 L1、L2、L3 时，旋转磁场沿顺时针方向旋转，即电动机正转；当任意两相的电源相序调换时，旋转磁场沿逆时针方向旋转，即电动机反转。当电源缺一相电源时，电动机会发出“嗡嗡”响声，不能转动。

2）电动机的转速。

① 旋转磁场的转速。旋转磁场的转速为

$$n_1 = 60\frac{f}{p}$$

式中，n_1 为旋转磁场的转速（r/min），又称同步转速；f 为交流电的频率（Hz）；p 为电动机的磁极对数。

② 电动机的转速。转子的转速 n 小于旋转磁场的转速 n_1，异步电动机的“异步”就是指电动机转速 n 与旋转磁场转速 n_1 之间存在差异，两者的步调不一致。

把异步电动机旋转磁场的转速 n_1 与电动机转速 n 之差与旋转磁场转速之比，称为异步电动机的转差率 s，即 $s=(n_1-n)/n_1$。三相异步电动机在额定状态（即加在电动机定子三相绕组上的电压为额定电压，电动机输出的转矩为额定转矩）下运行时，额定转差率 s_N 为 0.01 ～ 0.05。

2. 与电动机有关的常用规程

（1）电动机操作开关的选择和安装规程

1）开关的安装应便于操作、维修，并应有足够的操作通道。低压开关安装高度一般应在 1.3m 左右，操作通道不应小于 1m。高压开关以及配电柜式的低压开关应符合配电装置的有关规定。

2）开关的额定电流应按电动机额定负荷和启动电流选择，一般不小于电动机额定电流的 1.3 倍，但直接启动的闸刀开关不应小于 3 倍。

3）低压电动机可根据不同容量，配用下列开关。

① 在正常干燥场所，容量在 3kW 及以下时，允许采用胶壳开关作为操作开关。

② 电动机容量在 4.5kW 及以下时，允许采用铁壳开关作为操作开关。

③ 电动机容量在 55kW 及以下时，允许采用磁吸开关或交流接触器。

④ 电动机容量在 55kW 以上时，应采用自动空气开关、交流接触器或油开关。

（2）有关电动机保护装置规程

1）电动机应装设过负荷保护和短路保护装置，但下列情况可不装设过负荷保护装置。

① 短时间内反复开机、停机的电动机。

② 4.5kW 及以下连续运行的电动机。

③ 过负荷可能性很小的电动机（如排风机和离心泵等）。

2）电动机的短路保护装置，应采用自动开关或熔断器，保护装置应保证电动机正常启动时不动作。采用熔断器时，熔体的额定电流可按下列要求选择。

① 笼型电动机：按其额定电流的 1.5 ～ 2.5 倍选择；如不能满足启动要求，可适当放大至 3 倍。

② 正反转运行的笼型电动机：按其额定电流的 3 ～ 3.5 倍选择。

③ 绕线式电动机：按其额定电流的 1 ～ 1.25 倍选择。

④ 连续工作制的直流电动机：按其额定电流值选择。

⑤ 反复短时工作制的直流电动机：按其额定电流的 1.25 倍选择。

3）电动机过负荷保护装置的电流整定值，当采用热继电器或自动开关长延时过流脱扣器时，为电动机额定电流的 100%，当采用定时限电流继电器时为电动机额定电流的 120%，其时限应保证电动机正常启动时不动作。

4）连续运行的三相电动机，应装设防止两相运行的保护装置，但符合下列情况之一者可以不装设。

① 运行中定子为星形接线，且装有过负荷保护者。

② 经常有人监视，能及时发现断相故障者。

③ 用自动开关作短路保护者。

5）电动机的传动部分应加装必要的护罩。非逆转的电动机及其转动机构，应用红漆标明旋转方向。

（3）有关电动机选择、导线选择的规定

1）电动机应按下列条件选择。

① 电动机的额定电压与配电电压相适应。

② 电动机的额定功率应满足生产机械的需要，但应防止大马拉小车。

③ 电动机的防护形式及冷却方式须适应安装地点环境特征。

④ 电动机的机械特性应满足生产工艺的要求。

2）选择导线时，其长期允许负荷电流应符合下列要求。

① 设有过负荷保护时，导体长期允许负荷电流，不应小于熔体额定电流或自动开关长延时动作过电流脱扣器整定电流的 125%。

② 设有短路保护时，其熔体的额定电流不应大于线路长期允许负荷电流的 250%。

（4）电动机安装场所的规定

1）通风良好，保证电动机在额定负荷下其温升不超过额定值。

2）高压电动机室应为耐火或半耐火结构。

3）维修方便，容量为 50kW 以上的电动机及其底座与四周的最小净距与墙壁间为 0.7m；与相邻机器间为 1m；与其他配电盘间为 2m。

（5）有关电动机降压启动的规程

1）由公用变压器供电的低压电动机，单台容量在 14kW 及以上时，应配装降压启动器。

2）高压电动机或由专用变压器供电的低压电动机在满足下列要求时，允许采用全压启动；否则需配装降压启动器。

① 生产机械能经受全压启动时所产生的冲击。

② 启动时电动机端子的电压，对经常启动者，不低于额定电压的 90%，对不经常启动者，不低于额定电压的 85%。

③ 电动机启动时，能保证生产机械要求的启动转矩，并不破坏其他用电设备的工作。

3）交流电动机所配装的降压启动器，应符合下列要求。

① 电压为 380/660V，△ / Y 接线的笼型电动机或同步电动机，其启动转矩满足生产要求时，容量在 30kW 及以下者，可配装一般的 Y－△启动器；容量在 30kW 以上者，应配装油浸式 Y－△启动器。

② 电压为 220/380V，△ / Y 接线的笼型电动机或同步电动机，应配自耦降压变压器作降压启动。

③ 绕线型电动机，一般应在转子回路接入频敏变阻器或电阻启动。

④ 高压电动机可采用电抗器启动，当不能同时满足启动电流和最少转矩的要求时，应采用自耦变压器或其他适当的启动方式。

考核评价

1. 理论知识考核（表 7.9）

表 7.9　三相异步电动机正反转控制线路的安装接线与调试理论知识考核评价表

班级		姓名		学号	
工作日期		评价得分		考评员签名	
1）画出接触器双重互锁三相异步电动机正反转控制线路电气原理图，简述其工作原理。（30 分） ______ ______ ______					
2）试述三相异步电动机正反转控制线路通电试验的注意事项。（30 分） ______ ______ ______ ______					
3）如果只有正转控制功能，而没有反转控制功能，试分析其可能产生的原因。（40 分） ______ ______ ______ ______					

2. 任务实施考核（表 7.10）

表 7.10　三相异步电动机正反转控制线路的安装接线与调试任务实施考核评价表

班级		姓名		最终得分	
序号	评分项目	评分标准		配分	实际得分
1	制订计划	包括制订任务、查阅相关的教材、手册或网络资源等，要求撰写的文字表达简练、准确： ______ ______		10	
2	材料准备	列出所用的工具、材料： ______ ______		5	

续表

<table>
<tr><th>序号</th><th colspan="2">评分项目</th><th>评分标准</th><th>配分</th><th>实际得分</th></tr>
<tr><td>3</td><td colspan="2">施工图纸</td><td>画出电器元件布置图及电气接线图：</td><td>5</td><td></td></tr>
<tr><td rowspan="2">4</td><td rowspan="2">实作考核</td><td>三相异步电动机正反转控制线路的安装接线工艺</td><td>线芯露出端子超过 2mm，每处扣 3 分
没有盖槽盖，每处扣 2 分
导线松脱，每处扣 5 分
同一电器元件的进出线不对称，每处扣 2 ～ 5 分
没有或乱编号码，每处扣 2 分
同型号电器元件、同一水平的端子进出线不在同一平面，扣 2 ～ 6 分
导线没有做到横平竖直或起波浪形，每处扣 2 ～ 5 分
导线没有垂直进线槽就在槽外横向行走，每处扣 1 分
电器布置不合理，导致导线浪费，扣 10 分
电路板没有接地线，扣 10 分</td><td>20</td><td></td></tr>
<tr><td>线路的通电试验与故障排除</td><td>通电试验步骤不正确，每处扣 5 分
没有实现正转自锁、反转自锁功能，扣 10 分
没有实现互锁功能，扣 10 分
没有实现正反转直接切换功能，扣 10 分
通电时出现短路、漏电事故或不能正常工作，扣 20 分
如出现故障，未能检测出故障点，扣 15 分
故障排除过程中造成新的故障点，扣 20 分</td><td>30</td><td></td></tr>
<tr><td>5</td><td colspan="2">安全防护</td><td>在任务的实施过程中，需注意的安全事项：</td><td>10</td><td></td></tr>
<tr><td>6</td><td colspan="2">7S 管理</td><td>包括整理、整顿、清扫、清洁、素养、安全、节约：</td><td>10</td><td></td></tr>
<tr><td>7</td><td colspan="2">检查评估</td><td>包括对整个工作过程和结果进行检查评估、针对出现的问题提出建设性的意见或建议：</td><td>10</td><td></td></tr>
</table>

注：各项内容中扣分总值不应超过对应各项内容所分配的分数。

触电急救

任务8.1 使触电者脱离电源的方法

教学目标

知识目标

1）了解触电的类型及原因。

2）掌握预防触电的措施。

能力目标

1）学会使低电压触电者脱离电源的方法。

2）学会使高电压触电者脱离电源的方法。

素质目标

通过学习了解触电的原因，培养严格遵守安全操作规范的习惯。

任务描述

在触电急救过程中，要贯彻执行“迅速、准确、有效、坚持”八字方针，动作迅速是触电急救的基本原则之一。据资料统计，从触电后1min开始抢救，救活率达90%；触电后6min开始抢救，救活率则只有10%；触电后12min开始抢救，救活的可能性很小。当发现触电者时，触电者可能由于手痉挛或失去知觉等原因而紧张抓带电体，不能自行摆脱电源。这时，使触电者尽快脱离电源是救活触电者的首要因素。因此，如何根据触电者的触电情况，用正确的方法使触电者迅速脱离电源，是本任务的重中之重。

本任务的重点：使低压触电者脱离电源的方法。

本任务的难点：如何用最正确的方法使触电者迅速脱离电源。

任务实施

1. 使低压触电者脱离电源的方法

（1）切断电源法

如果触电地点附近有电源开关或电源插销，应立即拉开开关或拔出插销，切断触电电源，如图 8.1 所示。

（2）剪断导线法

如果触电地点附近没有电源开关或电源插销，而且触电者因肌肉收缩握紧导线或电力设备时，应立即用有干燥木柄的砍刀、斧头或锄头切断电线，或有绝缘柄的电工钳将导线剪断，使触电者脱离电源，如图 8.2 所示。

图 8.1　切断电源法

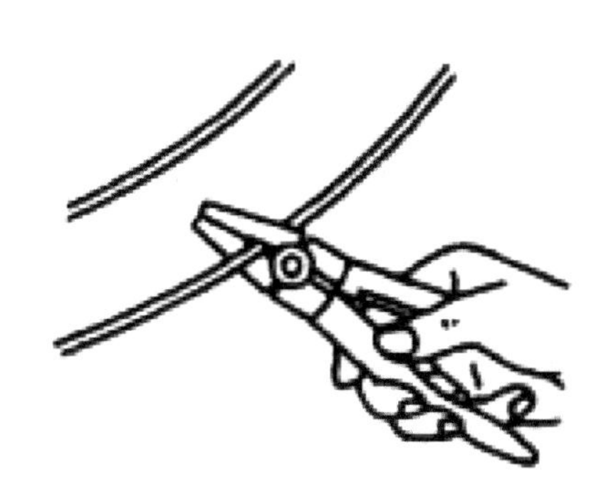

图 8.2　剪断导线法

（3）挑开导线法

如果触电地点附近没有电源开关或电源插销，而且电线搭在触电者身上方时，抢救者可用干燥的竹竿、棍棒等长绝缘物体将导线挑开；也可以用干燥的衣服、手套，穿绝缘鞋或者站在干燥的木板、木凳上用干燥的衣服或手套将导线包住拿开，使触电者脱离电源，如图 8.3 所示。

（4）拉开触电者

如果触电地点附近没有电源开关或电源插销，而且触电者压着导线或电力设备时，可用干燥的衣服、手套、麻绳将触电者包住拉开，使之脱离电源；如果触电者的衣服是干燥的，又没有紧缠在身上，可以用一只手抓住他的衣服，将触电者拉离电源，如图 8.4 所示。但因触电者的身体是带电的，其鞋的绝缘也可能遭到破坏，救护人员不得接触触电者的皮肤，也不能抓他的鞋。

2. 高压触电使触电者正确脱离电源的方法

1）立即打电话通知有关部门停电。

2）戴上绝缘手套，穿上绝缘靴，使用相应电压等级的绝缘工具拉开开关。

3）抛掷裸金属线使线路短路接地，迫使保护装置动作，断开电源。注意，抛掷裸金属线前，先将金属线的一端可靠接地，然后抛掷另一端；抛掷的一端不可触及触电者和其他人员。

图 8.3 挑开导线法

图 8.4 拉开触电者

3. 使触电者脱离电源时的注意事项

上述使触电者脱离电源的方法，应根据具体情况，以“快”为原则，施救时应注意以下几点。

1）救护人员确保自身安全，防止自己触电。

救护人员不可直接用手抢救，也不可用金属或潮湿的物件作为救护工具，而必须使用适当的绝缘工具。救护人员最好用一只手操作，以防自己触电。

2）防止触电者二次伤害。

防止触电者脱离电源后可能的摔伤。特别是当触电者在高处的情况下，应考虑防摔措施。即使触电者在平地，也要注意触电者倒下的方向，注意防摔。

3）在夜间，应迅速准备临时照明。

如果触电发生在夜间或黑暗场所，应迅速解决临时照明问题（如用手电筒、蜡烛等），以便看清导致触电的带电物体，防止自己触电，也便于看清触电者的状况以利于抢救，也可避免事故扩大。

4）高压触电时要防止跨步电压触电。

高压触电时，不能用干燥木棍、竹竿去碰高压线。应与高压带电体保持足够的安全距离，防止跨步电压触电。

5）妥善处理带电导线和带电设备，防止触电事故扩大。

如果触电者脱离电源后，留下的导线仍带电，应妥善处理，以防围观者又发生触电事故。

相关知识

1. 触电的原因

（1）电气设备安装不合理

为确保用电安全，电气设备安装必须符合安全用电的各项要求，很多触电事故发生在不符合安装要求的电气设备上，如照明电路的相线必须接在开关上，但如果没有按照规范而将零线接到开关上，虽然开关断开时灯也不亮，但灯头的相线仍是接通的，此时如触及灯头容易碰到带电部位，造成触电事故。

（2）电气设备维护不及时

电气设备（包括线路、开关、插座、灯头等）使用久了，就会出现导线绝缘层老化、设备老化、开关失灵等现象，如不及时发现、维修，极容易导致触电事故的发生。

（3）不重视安全工作制度

电既能造福于人类，也可能因用电不当而危及生命并造成财产损失。所以，在用电过程中，必须特别注意电气安全。要防止触电事故，应在思想上高度重视，严格遵守安全操作规章制度。例如，在检修线路或设备前，应先拉闸断电，并在开关前挂上“禁止合闸，线路有人工作”的警示牌。

（4）缺乏安全用电常识

缺乏安全用电常识也是造成触电事故的一个原因。例如，晒衣服的铁丝离低压线太近；在高压线附近放风筝；用手摸破损的开关等。

2. 预防触电的措施

（1）组织措施

在电气设备的设计、制造、安装、运行、使用、维护以及专用保护装置的配置等环节中，要严格遵守国家规定的标准和法规。加强安全教育、普及用电安全意识和防护技能，杜绝违章操作。建立健全安全规章制度，如安全操作规程、电气安装规程、运行管理规程维修维护制度等，并在实际工作中严格执行。

（2）停电作业时的安全技术措施

1）切断电源。工作地点必须停电的设备有：检修的设备与线路，与工作人员工作时正常活动范围的距离小于规定的安全距离的设备，无法采取必要的安全防护措施而又影响工作的带电设备。切断电源时必须按照停电损伤顺序进行，来自各方面的电源都要断开，并保证各电源有一个明显断点。对多回路的线路，要防止从低电压侧反送电。严禁带负荷切断隔离开关，刀闸的操作把手要锁住。

2）验电。对线路和设备在停电后再确认其是否带电的过程称为验电。停电检修的设备或线路，必须验明电气设备或线路无电后，才能确认无电；否则应视为有电。验电时，应选用电压等级相符、经试验合格且在试验有效期内的验电器对检修设备的进出线两侧各相分别验电，确认无电方可工作。对于6kV以上带电体验电时，禁止验电器接触带电体。高压验电时应戴绝缘手套，穿绝缘靴。不许以电压表和信号灯的有无指示作为判断有无电的依据。

3）装设临时地线。对于可能送电到检修的设备或线路，在验明电气设备或线路无电后，立即接到被检修的设备或线路上，拆除时与之相反。其操作人员应戴绝缘手套，穿绝缘鞋，人体不能触及临时接地线，并有人监护。

4）悬挂警示牌和装设遮栏。该措施可使检修人员与带电体设备保持一定的安全距离，又可隔绝不相关人员进入现场，标示牌可提醒人们有触电危险。停电工作时，对一经合闸即能送电到检修设备或线路开关和隔离开关的操作手柄，要在其上面悬挂“禁止合闸，线路有人工作”的警示牌，必要时派专人监护或加锁固定。

（3）带电作业时采取的安全措施

1）在一些特殊情况下必须带电工作时，应严格按照带电工作的安全规定进行。

2）在低压电气设备或线路上进行带电作业时，应使用合格的、有绝缘手柄的工具，穿绝缘鞋，戴绝缘手套，并站在干燥的绝缘物体上，同时派专人监护。

3）对工作中可能碰触到的其他带电体用接地物体，应使用绝缘物隔开，防止相间短路和接地短路。

4）检修带电线路时，应分清相线和地线。断开导线时，应先断开相线，后断开地线。

5）搭接导线时，应先接地线，后接相线；接相线时，应将两个线头搭实后再进行缠接，切不可使人体或手指同时接触两根线。

（4）对电气设备采取的安全措施

1）电气设备的金属外壳要采取保护接地或接零。

2）安装自动断电装置。自动断电装置有漏电保护、过流保护、过压或欠压保护、短路保护等功能。当带电线路、设备发生故障或触电事故时，自动断电装置能在规定时间内自动切除电源，起到保护人身和设备安全的作用。

3）尽可能采用安全电压。为了保障操作人员的生命安全，各国都规定了安全操作电压。安全操作电压是指人体较长时间接触带电体而不发生触电的电压。其数值与人体可承受的安全电流及人体电阻有关。国际电工委员会（IEC）规定，安全电压限定值为50V。我国安全电压规定：对50～500Hz的交流电压安全额定值（有效值）为42V、36V、24V、12V、6V共5个等级，供不同场合选用，还规定安全电压在任何情况下均不得超过50V有效值。当电气设备采用大于24V的安全电压时，必须有防止人体直接触及带电体的保护措施，根据这一规定，凡手提式的照明灯，以及用于机床工作台局部照明、高度不超过2.5m的照明灯，要采用不大于36V的安全电压；在潮湿、易导电的地沟或金属容器内工作时，行灯采用12V电压，某些继电器保护回路、指示灯回路和控制回路也采用安全电压。

安全电压的电源必须采用双绕组的隔离变压器，严禁用自耦变压器提供低压。使用隔离变压器时，一次侧、二次侧绕组必须加装短路保护装置，并有明显标志。

4）保证电气设备具有良好的绝缘性能。注意，要用绝缘材料把带电体封闭起来。对一些携带式电气设备和电动工具（如电钻等），还须采用工作绝缘和保护绝缘的双重绝缘措施，以提高绝缘性能。电气设备具有良好的绝缘性能是保证电气设备和线路正常运行的必要条件，也是防止触电的主要措施。

5）采用电气安全用具。电气安全用具分为基本安全用具和辅助安全用具，其作用是把人与大地或设备外壳隔离开来，基本安全用具是操作人员操作带电设备时必需的用具，其绝缘必须足以承受电气设备的工作电压。辅助安全用具的绝缘不足以完全承受电气设备的工作电压，但操作人员使用它，可使人身安全有进一步的保障，如绝缘手套、绝缘靴、绝缘垫、绝缘站台、验电器、临时接地线及警告牌等。

6）设立屏护装置。为了防止人体直接接触带电体，常采用一些屏护装置（遮栏、护罩、护套和栅栏等）将带电体与外界隔开。屏护装置须有足够的机械强度和良好的耐热、耐火性能。若使用金属材料制作屏护装置，应妥善接地或接零。

7）保证人或物与带电体的安全距离。为防止人或车辆等移动设备触及或过分接近带电体，在带电体与地面之间、带电体与带电体之间、带电体与其他设备之间应保持一定的安全距离。距离多少取决于电压的高低、设备类型、安装方式等因素。

8）定期检查用电设备。为保证用电设备的正常运行和操作人员的安全，必须对用电设备定期检查，进行耐压试验。对有故障的电气线路、电气设备要及时检修，确保安全。

拓展知识

1. 常见的触电形式

（1）单相触电

当人站在地面上或其他接地体上，人体的某一部位触及三相导线中的任意一根相线时，电流就会从接触相通过人体流入大地，这种情形称为单相触电（或称单线触电），如图 8.5 所示。另外，当人体距离高压带电体（或中性线）小于规定的安全距离时，高压带电体将对人体放电，造成触电事故，也叫单相触电。单相触电的危险程度与电网运行的方式有关，在中性点直接接地系统中，当人触及一相带电体时，该相电流流经人体流入大地再回到中性点，如图 8.5（a）所示，由于人体电阻远大于中性点接地电阻，电压几乎全部加在人体上，而在中性点不直接接地系统中，正常情况下电气设备对地绝缘电阻很大，当人体触及一相带电体时，通过人体的电流较小，如图 8.5（b）所示。所以，在一般情况下，中性点直接接地电网的单相触电比中性点不直接接地电网的单相触电危险性大。

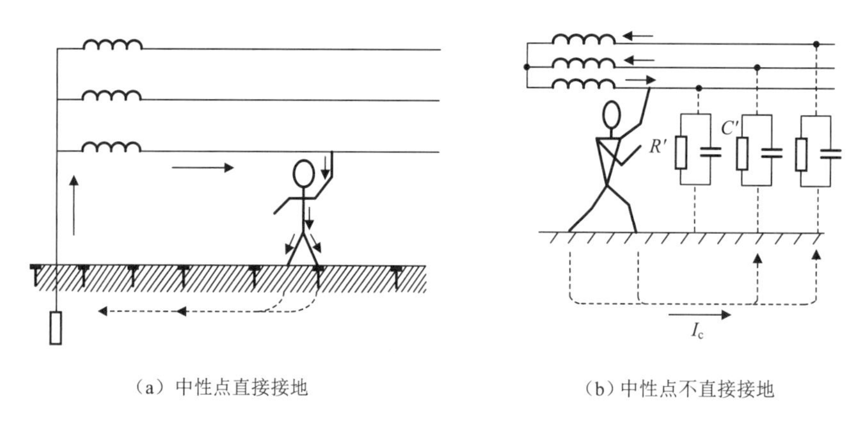

图 8.5　单相触电

（2）两相触电

两相触电是指人体两处同时触及两根不同的相线，或是人体同时接触电器的不同相的两个带电部分，就会有电流经过相线、人体到另一相线而形成通路，这种情况称为两相触电，如图8.6所示。在220V/380V的低压电网发生两相触电时，人体处在线电压（380V）的作用下，所以不论电网的中性点是否接地，其触电的危险性更大。

在单相和两相触电情况下还可能发生电弧放电触电，主要指人体接近高压带电设备时的电弧伤害事故，一般人体直接接触高压电线或设备的可能性很小，电弧通常是当人体与高压电线或设备的距离小于最小安全距离时，空气被击穿，高压对人体发生电弧闪络放电（也称飞弧放电）。高电压对人体放电造成单相接地而引起的触电属于单相触电；人体同时接近高压系统不同相带电体而发生电弧放电，致使电流从其中某相导体通过人体流入另一相导体构成一个回路的触电属于两相触电。

（3）跨步电压和接触电压触电

当电气设备的绝缘体损坏或架空线路的一相断线落地时，落地点的电位就是导线的电位，其电位分布是以接地点为圆心向周围扩散，并逐步降低。根据实际测量，在离导线落地点20m以外的地方，入地电流非常小，地面的电位近似等于零。如果有人走近导线落地点附近，由于人的两脚电位不同，则在两脚之间出现电位差，这个电位差叫跨步电压，对地电压曲线如图8.7所示。由此引起的触电事故称为跨步电压触电。由图可知，跨步电压的大小取决于人体站立点与接地点的距离，距离越小，跨步电压越大，当距离超过20m时，可认为跨步电压为零，不会发生触电危险。

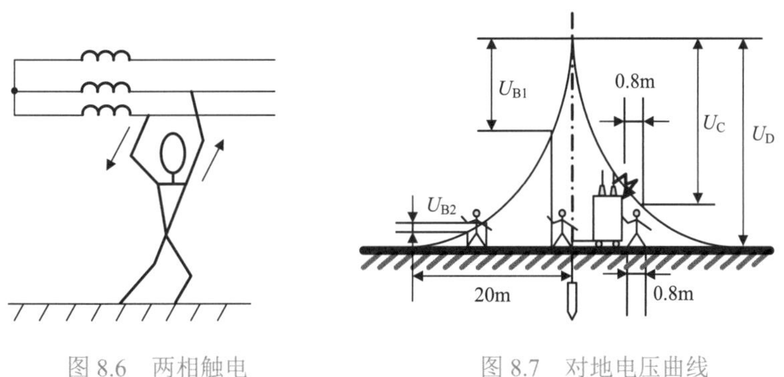

图8.6 两相触电　　图8.7 对地电压曲线

导线接地后，不但会产生跨步电压触电，也会产生另一种形式的触电，即接触电压触电。当人体触及漏电设备外壳时，电流通过人体和大地形成回路，这时加在人体手和脚之间的电位差即为接触电压，如图8.7所示。在电气安全技术中，接触电压是以站立在距漏电设备接地点水平距离为0.8m处的人，手触及的漏电设备外壳距地1.8m高时，手脚间的电位差作为衡量基准。由图8.7可知，接触电压值的大小取决于人体站立点的位置，若距离接地点越远，则接触电压值越大；当超过20m时，接触电压值为最大，等于漏电设备的对地电压；当人体站在接地点与漏电设备接触时，接触电压为零。

（4）感应电压触电

当人触及带有感应电压的设备和线路时，所造成的触电事故称为感应电压触电，如一些带电的线路由于大气变化（如雷电活动）会产生感应电荷。此外，停电后一些可能感应电压的设备和线路未接临时地线，这些设备和线路对地均存在感应电压。

（5）剩余电荷触电

剩余电荷触电是指当人触及带有剩余电荷的设备时，带有电荷的设备对人体放电造成的触电事故。设备带有剩余电荷，通常是由于检修人员在检修中摇表测量停电后的并联电容器、电力电缆、电力变压器及大容量电动机等设备时，检修前后没有对其充分放电造成的。此外，并联电容器因其电路发生故障而不能及时放电，退出运行后又未进行人工放电，也导致电容器的极板上带有大量的剩余电荷。

2. 电流对人体的伤害

电流对人体的伤害是电气事故中最主要的事故之一。它的伤害是多方面的，其热效应会造成电灼伤、化学效应可造成电烙印和皮肤金属化，它产生的电磁场对人辐射会导致人头晕、乏力和神经衰弱等。电流对人体的伤害程度与通过人体电流的大小、电流通过人体的持续时间、电流的种类、电流通过人体的路径以及人体的自身状况等多种因素有关。

（1）电流大小的影响

通过人体的电流越大，人体的生理反应和病理反应越明显，感觉越强烈，从而引起心室颤动所需的时间越短，致命的危险性就越大。对于工频交流电，按照通过人体电流大小和人体呈现的不同状态，可将电流划分为以下 3 种。

1）感知电流。

感知电流是指引起人体感知的最小电流。试验证明，成年男性平均感知电流有效值约为 1.1mA，成年女性约为 0.7mA。感知电流一般不会对人体造成伤害，但是电流增大时，感知增强，反应变大，可能造成坠落等间接事故。

2）摆脱电流。

人触电后能自行摆脱电源的最大电流称为摆脱电流。一般男性的平均摆脱电流约为 16mA，成年女性约为 10mA，儿童的摆脱电流较成年人小。摆脱电流是人体可以忍受而一般不会造成危险的电流。若通过人体的电流超过摆脱电流且时间过长，会造成昏迷、窒息甚至死亡。因此，人摆脱电流的能力随时间的延长而降低。

3）致命电流。

致命电流是指在较短时间内危及人生命的最小电流。当通过人体的电流达到 50mA 以上时，就会引起人的心室发生纤维性颤动，有生命危险；如果通过人体的工频电流超过 100mA 时，在极短的时间内人就会失去知觉而死亡。

（2）电流持续时间的影响

表 8.1 表明，电击持续时间越长，电击危险性越大，其原因有以下 4 点。

1）时间越长，人体吸收局外电能越多，引起心室颤动的电流减小，伤害越严重。

2）时间越长，电流越容易与心脏易激期（易损期）重合，越容易引起心室颤动，电击危险性越大。

3）随着时间延长，人体电阻由于出汗、击穿、电解而下降，如接触电压不变，流经人体的电流必然增加，电击危险性随之越大。

4）电击持续时间越长，中枢神经反射越强烈，危险性越大。

表 8.1 工频电流对人体作用的分析资料

电流 /mA	通电时间	人体生理反应
0 ～ 0.5	连续通电	没有感觉
0.5 ～ 5	连续通电	开始有感觉，手指手腕处有痛感，没有痉挛，可以摆脱带电体
5 ～ 30	数分钟以内	痉挛，不能摆脱带电体，呼吸困难，血压升高，是可忍受的极限
30 ～ 50	数秒到数分	心脏跳动不规则，昏迷，血压升高，强烈痉挛，时间过长即引起心室颤动
50 至数百	低于心脏搏动周期	受强烈冲击，但未发生心室颤动
	超过心脏搏动周期	昏迷，心室颤动，接触部位留有电流通过的痕迹
超过数百	低于心脏搏动周期	在心脏搏动周期特定的相位触电时，发生心室颤动，昏迷，接触部位留有电流通过的痕迹
	超过心脏搏动周期	心脏停止跳动，昏迷可能致命，电灼伤

（3）电流种类对人体的影响

各种电流对人体都有致命危险，但不同种类的电流危险程度不同，直流电、调频电流、冲击电流和静电电荷对人体都有伤害作用，其伤害程度一般较工频电流（50 ～ 60Hz）的伤害程度轻。

电流的频率不同，对人体的伤害程度也不同。经试验与分析，认为在电流频率为 25Hz 时，人体可忍受较大的电流，在 3 ～ 10Hz 时能忍受更大的电流，在雷击时能忍受几百安的大电流，但人们非常容易受到 40 ～ 60Hz 电流的伤害。因此，一般认为 40 ～ 60Hz 的交流电对人体最危险。随着频率的增高，电流对人体的危险性将降低（如高频 20 000Hz 电流不仅不伤害人体，还能用于理疗），工频从设计电气设备的角度考虑，认为 50Hz 比较合理，但这个频率对人体可能造成严重伤害。

（4）电流路径的影响

电流通过头部会使人昏迷而死亡；通过脊髓会使人截瘫及严重损伤；通过中枢神经或有关部位可能会引起中枢相关部位神经系统强烈失调而导致残疾；通过心脏会导致心室颤动，较大的电流还会使心脏停止跳动而导致死亡；通过呼吸系统会造成窒息。实践证明，从左手到脚是最危险的电流路径，从右手到脚、从手到手也是很危险的路径；从脚到脚是危险较小的路径。

（5）人体特征的影响

电流对人体伤害程度与人体状况的关系有以下几点。

1）电流对人体的作用，女性较男性敏感。女性的感知电流和摆脱电流约比男性低 1/3。

2）小孩遭受电击较成人危险。例如，一个 11 岁男孩的摆脱电流为 9mA，一个 9 岁男孩的摆脱电流为 7.6mA。

3）身体健康、肌肉发达者摆脱电流较大，危险性减小。

4）室颤电流与心脏质量成正比，患有心脏病、中枢神经系统疾病、肺病的人电击后的危险性较大。

考核评价

1．理论知识考核（表 8.2）

表 8.2　使触电者脱离电源的方法理论知识考核评价表

班级		姓名		学号	
工作日期		评价得分		考评员签名	
1）简述低压触电者脱离电源的方法。（30 分）					
2）简述高压触电者脱离电源的方法。（30 分）					
3）简述使触电者脱离电压的注意事项。（20 分）					
4）简述停电作业时应采取的安全技术措施。（10 分）					
5）我国安全电压规定，对 50 ～ 500Hz 的交流电压安全额定值（有效值）的 5 个等级分别是什么？（10 分）					

2. 任务实施考核（表 8.3）

表 8.3 使触电者脱离电源的方法任务实施考核评价表

<table>
<tr><td colspan="2">班级</td><td></td><td>姓名</td><td></td><td>最终得分</td><td></td></tr>
<tr><td>序号</td><td colspan="2">评分项目</td><td colspan="2">评分标准</td><td>配分</td><td>实际得分</td></tr>
<tr><td>1</td><td colspan="2">制订计划</td><td colspan="2">包括制订任务、查阅相关的教材、手册或网络资源等，要求撰写的文字表达简练、准确：</td><td>10</td><td></td></tr>
<tr><td>2</td><td colspan="2">材料准备</td><td colspan="2">列出所用的工具材料：</td><td>10</td><td></td></tr>
<tr><td rowspan="2">3</td><td rowspan="2">实作考核</td><td>低压触电者脱离电源的方法</td><td colspan="2">附近有电源开关不会先拉开开关者，扣 5 分
在无法快速拉开电源开关时，不会用合适的绝缘工具切断电源，扣 5 ～ 10 分
操作错误导致人体触电，扣 10 ～ 30 分</td><td>25</td><td></td></tr>
<tr><td>高压触电者脱离电源的方法</td><td colspan="2">没有立即通知有关部门停电者，扣 10 分
没有穿绝缘鞋、戴绝缘手套，用相应电压等级绝缘工具拉开开关者，扣 20 分
没有做好防护触电者摔倒措施，扣 10 分
操作错误导致人体触电，扣 25 分</td><td>25</td><td></td></tr>
<tr><td>4</td><td colspan="2">安全防护</td><td colspan="2">在任务的实施过程中，需注意的安全事项：</td><td>10</td><td></td></tr>
<tr><td>5</td><td colspan="2">7S 管理</td><td colspan="2">包括整理、整顿、清扫、清洁、素养、安全、节约：</td><td>10</td><td></td></tr>
<tr><td>6</td><td colspan="2">检查评估</td><td colspan="2">包括对整个工作过程和结果进行检查评估、针对出现的问题提出建设性的意见或建议：</td><td>10</td><td></td></tr>
</table>

注：各项内容中扣分总值不应超过对应各项内容所分配的分数。

任务8.2 触电紧急救护法

教学目标

知识目标

1）了解健康人正常呼吸每分钟的次数。

2）了解健康人正常心脏的跳动次数。

3）了解判定触电者受伤程度的方法。

能力目标

1）掌握口对口人工呼吸法。

2）掌握人工胸外心脏按压急救法。

素质目标

1）锻炼两人在口对口人工呼吸和胸外心脏按压时的协调合作，培养团结协作的集体主义精神。

2）通过沉着、准确地判断触电者的受伤情况，培养应急处理能力。

3）通过持续不断地抢救，如两种抢救方法各练习半小时以上，并做到边抢救边观察触电者的状态，培养耐心、细心的工作态度。

任务描述

动作迅速、方法正确是触电急救的基本原则。当人体接触电流时，轻者立刻出现惊慌、呆滞、面色苍白，接触部位肌肉收缩，且有头晕、心跳加快和全身乏力；重者出现昏迷、持续抽搐、心室纤维颤动、心跳和呼吸停止。对触电者的受伤程度能否及时、准确判断并正确施救，关系到触电者能否获救。有资料统计，若人心跳、呼吸停止，在1min内进行抢救，约80%的人可以救活；如在6min后才开始抢救，则约80%的人救不活。由此可见，使触电者脱离电源后，争分夺秒、立即就地正确抢救是至关重要的。

本任务的重点：熟练掌握口对口人工呼吸法和人工胸外心脏按压法两种施救方法。

本任务的难点：迅速、准确判定触电者的受伤情况。

任务实施

一旦发生触电事故时，应立即组织人员急救。急救时必须做到沉着果断、动作迅速、方法正确。首先要尽快使触电者脱离电源，然后根据其受伤程度，采取相应的急救措施。

1. 检查触电者的受伤的程度

触电急救准备症状检查（视频）

把脱离电源的触电者迅速抬到附近通风干燥的地方，使其仰卧，并解开其上衣和腰带，然后对触电者进行简单诊断。

1）检查神志是否清醒。

在触电者耳边响亮而清晰地喊其名字或“睁开眼睛”等话语，或用手拍打其肩膀，无反应则可判断是失去知觉、神志不清。

2）检查呼吸情况。

触电者如意识丧失，应在5s内用看、听、试的方法，判断触电者呼吸心跳情况，如图8.8所示。

① 看。看触电者的胸部、腹部有无起伏动作。

② 听。用耳贴近触电者的口鼻处，听有无呼吸的气流声，同时用面部感觉有无呼吸的气流。

③ 试。将羽绒、薄纸或棉纤维放在鼻、口前观察是否被呼气气流吹动。

3）检查心跳情况。

救护人用食指和中指并齐放在触电者的喉结上，然后将手指滑向颈部气管和邻近肌肉带之间的沟内，两手指轻压颈动脉，检查有无搏动，如图8.9所示。测颈动脉脉搏时应避免用力压迫动脉，脉搏可能缓慢不规律或微弱而快速，因此测试时间需5～10s。将耳朵贴在触电者左侧胸壁乳头内侧二横指处，听一听是否有心跳的声音，从而判断心跳是否停止。

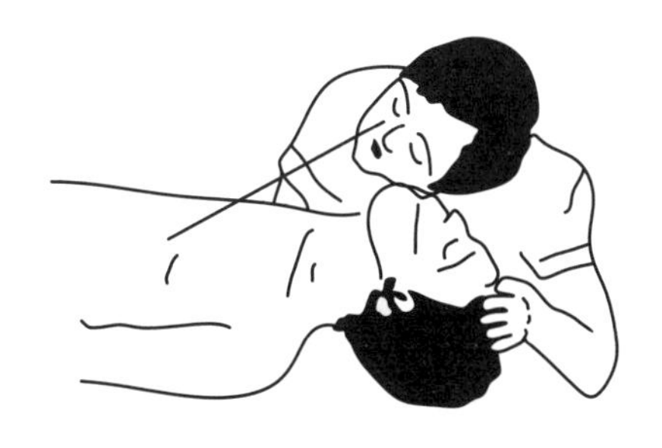

图8.8 看、听、试

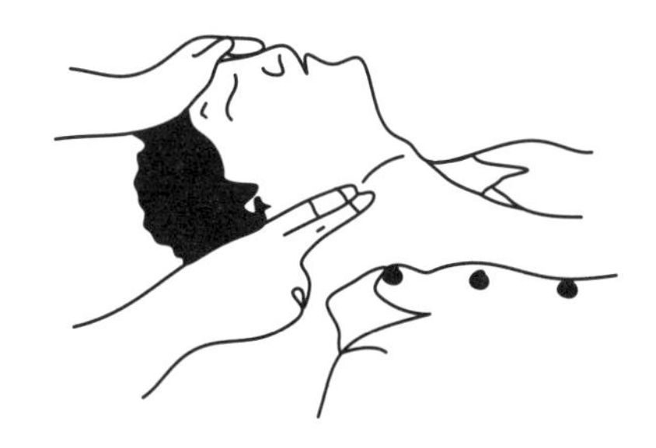

图8.9 颈动脉测试

4）检查瞳孔。

当触电者处于假死状态时，大脑细胞严重缺氧，处于死亡边缘，瞳孔自行放大，对外界光线强弱无反应。可用手电照射触电者的瞳孔，看其是否回缩，以判断触电者的瞳孔是否放大。

5）检查其他伤害情况，如骨折、烧伤等。

2. 现场急救

根据简单诊断的结果，迅速采取相应的救护方法抢救触电者，同时向附近医院告急求救。

（1）触电者神志清醒的救护法

如果触电者未失去知觉、能回答问话，仅因触电时间较长只感到心慌乏力和四肢发麻，或在触电过程中曾一度昏迷的轻型触电者，则必须让其保持安静，不要走动，以减轻心脏负担，加快恢复；并迅速请医生前来诊治或送往医院，同时应严密注意触电者的症状变化情况。

（2）触电者昏迷的抢救法

如果触电者已失去知觉或神志不清，但呼吸、心跳正常，应使触电者舒适安静地平卧，解开衣服裤带，不让人围观，使空气流通；给触电者闻风油精等有刺激性的物质，也可用拇指按其人中穴，使触电者尽快清醒；同时可用毛巾沾酒精或少量水摩擦其全身，使之发热。如天气寒冷，应注意保温，并迅速请医生前来现场治疗或送往医院。

（3）触电者呼吸停止但有心跳的抢救法

触电者呼吸停止但有心跳时，应立即采用“口对口人工呼吸法”，并迅速请医生前来抢救，做好将触电者送往医院的准备工作。

（4）触电者心跳停止但有呼吸的抢救法

对已失去知觉、没有心跳但仍有呼吸的触电者，应立即采用“胸外心脏按压法”，并迅速请医生前来抢救，做好将触电者送往医院的准备工作。

（5）触电者呼吸与心跳均停止的抢救法

触电者呼吸心跳均停止，应立即采用“口对口人工呼吸法”和“胸外心脏按压法”交替进行抢救，并迅速请医生前来抢救，做好送往医院的准备工作。

应当注意，急救要尽快进行，即使在送往医院的途中也不能终止急救。抢救人员还需有耐心，抢救触电者需要进行数小时，甚至更长时间的抢救，方能苏醒。此外不能给触电者打强心针、泼冷水等。

3. 急救技术

口对口人工呼吸（视频）

（1）口对口人工呼吸法

口对口人工呼吸是在触电者有心跳但停止呼吸时所采用的急救方法。目的是在触电者不能自主呼吸时，人为地帮助其进行被动呼吸，救护人将空气吹入触电者肺内，然后触电者自行呼出，达到气体交换，维持氧气供给。具体做法如下。

1）进行口对口人工呼吸法之前的准备工作。

① 使触电者仰卧平躺在地面上，迅速解开其衣领、腰带，使胸、腹部能自由舒张。

② 将触电者头偏向一侧，张开其嘴，清除口腔中的假牙、血块、黏液等异物，使呼吸道畅通。

图 8.10 清理口腔异物

③ 救护者跪在触电者的一边，使触电者头部充分后仰，使其鼻孔朝上，以利于呼吸道通畅。救护者一手放在触电者前额上，手掌向后压，另一只手的手指托着下颚向上抬起，使头部充分后仰至鼻孔朝天，防止舌根后坠堵塞气道，如图 8.10 所示。因为在昏迷状态下舌根会向下坠，将气道堵塞，令头部充分后仰可以提起舌根，使气道开放。

2）口对口人工呼吸的操作方法，如图 8.11 所示。

图 8.11 口对口人工呼吸法

① 吹气前，救护人深吸一口气，用拇指和食指捏住触电者的鼻孔，紧贴触电者的口向内吹气（吹气量为 800 ～ 1200mL），为时约 2s；吹气时目光注视触电者的胸、腹部，吹气正确胸部会扩张。

② 吹气完毕，立即离开触电者的口，并松开触电者的鼻孔，让其自行呼气，为时约 3s。

如果触电者的牙关紧闭无法张开时，可以采用口对鼻孔吹气。对儿童进行人工呼吸时，吹气量要减少。

持续不断地做，直到触电者恢复呼吸或医生到来，判定触电者瞳孔扩大无法抢救才停止。

（2）人工胸外心脏按压法

胸外心脏按压法（视频）

胸外心脏按压法是触电者心脏跳动停止后的急救方法。触电者心跳停止后，血液循环失去动力，用人工的方法可建立血液循环。人工有节律地压迫心脏，按压时使血液流出，放松时心脏舒张，使血液流入心脏，这样可迫使血液在人体内流动。胸外心脏按压的 3 个基本要素是压点正确、向下按压、迅速放松。具体做法如下。

1）按压心脏前的准备工作。

① 迅速使触电者平放（或在背部垫硬板，以保证按压效果），将其身上妨碍呼吸的衣领、腰带等解开，使胸、腹部能自由舒张。

② 迅速取出触电者口腔内妨碍呼吸的食物、脱落的假牙、血块、黏液等，以免堵塞呼吸道。清理口腔时，将触电者头部侧向一面，有利将异物清出。

③ 使触电者的头部充分后仰，鼻孔朝上，头部低于心脏，以利血液流向脑部，利于呼吸道通畅，必要时可稍抬高下肢促进血液回流心脏。

④ 确定正确的按压部位：人工胸外心脏按压是按压胸骨下半部，间接压迫心脏，促使血液循环。按压部位正确才能保证效果，按压部位不当，不但无效甚至有危险，比如压断肋骨伤及内脏，或将胃内流质压出引起气道堵塞等。所以，在按压前必须准确确定按压部位。了解心脏、胸骨、胸骨剑突、肋弓的解剖位置（图 8.12），有助于掌握正确的按压部位（正确压点）。

确定按压部位通常有以下几种寻找方法。

方法一：沿着肋骨向上摸，遇到剑突放二指，手掌靠在指上方，掌心应在中线上。先在腹部的左（或右）上方摸到最低的一条肋骨（肋弓），然后沿肋骨摸上去，直到左、右肋弓与胸骨的相接处（在腹部正中上方），找到胸骨剑突，把手掌放在剑突上方并使手掌边离剑突下沿二手指宽，如图 8.13 所示。掌根压在胸骨的中心线上，偏左偏右都可能会造成肋骨骨折。

方法二：中指与两乳连线重合，掌根压在胸骨的中心线上。

2）人工胸外心脏按压的操作方法。

① 救护人跪在触电者一侧或骑跪在触电者腰部两侧（但不要蹲着），两手相叠，下方的手掌根部放在正确的按压部位上，紧贴胸骨，手指稍翘起不要接触胸部，按压时

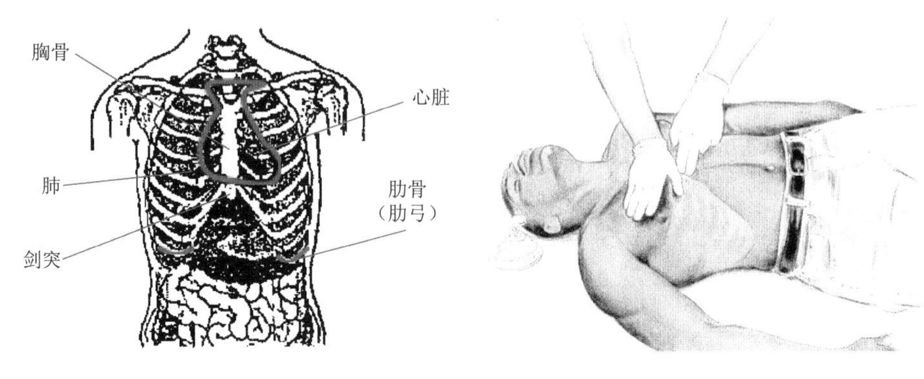

图 8.12　胸部解剖图　　　　图 8.13　心脏按压部位

只是手掌根用力下压，手指不得用力；否则会使肋骨骨折，如图 8.14 所示。

② 腰稍向前弯，上身略向前倾斜，两臂伸直，使双手与触电者胸部垂直。双手用力垂直迅速向下按压，如图 8.15 所示，压出心脏里面的血液。下压时以髋关节为支点用力，合力方向是垂直向下压向胸骨，如斜压则会推移触电者。按压时切忌用力过猛；否则会造成骨折伤及内脏。压陷过深有骨折危险，压下深度不足则效果不好，成年人压陷最少 5cm 以上，体形大的可压下深一些。

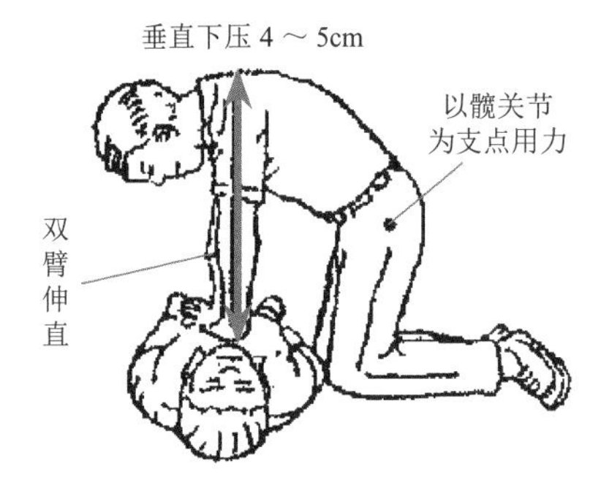

图 8.14　正确的按压方法

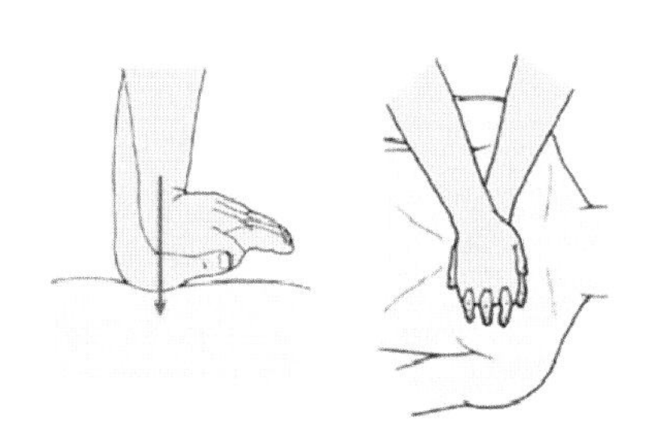

图 8.15　按压时两手的姿势

③ 按压后迅速放松，让触电者胸部自动复原，心脏舒张使血液流入心脏。注意，放松时掌根不要离开胸部。

④ 以按压 100 ～ 120 次 /min 的频率节奏均匀地反复按压，按压与放松的时间相等。

⑤ 对婴儿和幼童做心脏按压时，1 岁以下采取用两只手指按压，1 ～ 8 岁采取用单手压，8 岁以上采取用双手压。儿童压深约 5cm，婴儿压深约 4cm，按压频率最少 100 次 /min。

为了快速掌握心脏胸外按压法，可参考以下口诀：跪在一侧，找准压点，掌贴压点，双手重叠，手指互扣，两臂伸直，身稍前倾，垂直下压，成人压下，五厘米余，小孩压下，四五厘米，用力均匀，压下即松，每分钟压，整数百二。

心肺复苏的救助方法（视频）

3）口对口人工呼吸法与人工胸外心脏按压法交替抢救法。

如果现场仅一个人抢救，两种方法应交错进行，首先按压心脏 30 次，然后吹 2 次气，反复进行。在做第二次人工呼吸时，吹气后不必等伤员呼气就可立即按压心脏。

如果双人抢救，其中一人进行心脏按压，另一个人进行人工呼吸。一人按压心脏30次后，另一人立即吹2次，反复进行。注意，吹气时不能按压心脏。

相关知识

口对口人工呼吸法和人工胸外心脏按压法进行触电急救时的注意事项如下。

1）一旦发现伤员无呼吸、无心跳，应立即就地、正确、持续抢救。越早开始抢救生还的机会越大，脱离电源后立即就地抢救，避免转移伤员而延误抢救时机，正确的方法是取得成效的保证，抢救应坚持不断，在医务人员未接替抢救前，现场抢救人员不得放弃抢救，也不得随意中断抢救。

2）抢救过程中要注意观察伤员的变化，每隔数分钟检查一次，检查伤员是否恢复自主心跳、呼吸。

① 如果恢复呼吸，则停止吹气。

② 如果恢复心跳，则停止按压心脏；否则会使心脏停搏。

③ 如果心跳和呼吸都恢复，则可暂停抢救，但仍要密切注意呼吸脉搏的变化，随时有再次骤停的可能。

④ 如果心跳和呼吸虽未恢复，但皮肤转红润、瞳孔由大变小（正常状态下瞳孔3～4mm），说明抢救已收到效果，要继续抢救。

⑤ 如果出现尸斑、身体僵冷、瞳孔完全放大，经医生确定真正死亡，可停止抢救。

在有触电危险的处所或容易产生误判断、误操作的地方，以及存在不安全因素的现场，设置醒目的文字或图形标志，提示人们识别、警惕危险因素，对防止人们偶然触及或过分接近带电体而触电具有重要作用。

考核评价

1．理论知识考核（表8.4）

表8.4 触电紧急救护法理论知识考核评价表

班级		姓名		学号	
工作日期		评价得分		考评员签名	
1）简述触电者神志清醒的救护法。（20分）					
2）简述触电者昏迷的抢救法。（20分）					

续表

3）简述口对口人工呼吸法。（20 分）

____

____

____

4）简述人工胸外心脏按压法。（20 分）

____

____

____

____

5）简述口对口人工呼吸法与人工胸外心脏按压法交替抢救法。（20 分）

____

____

____

2. 任务实施考核（表 8.5）

表 8.5　触电紧急救护法任务实施考核评价表

班级			姓名	最终得分	
序号	评分项目		评分标准	配分	实际得分
1	制订计划		包括制订任务、查阅相关的教材、手册或网络资源等，要求撰写的文字表达简练、准确： ______________ ______________ ______________	10	
2	材料准备		列出所用的工具材料： ______________ ______________	10	
3	实作考核	口对口人工呼吸抢救法	施救前未进行救前的触电类型的判断，扣 10 分 施救前，未清除触电者口腔杂物，扣 10 分 救护姿势不正确，扣 5 ～ 10 分 吹气和呼气频率太快或太慢，扣 15 分 操作错误导致二次受伤，扣 10 ～ 25 分	25	
		人工胸外心脏按压法	按压位置不正确，扣 5 ～ 10 分 按压深度不够、方法不正确，扣 15 分 按压频率太快或太慢，扣 5 分 双人抢救时，口对口人工呼吸和胸外心脏按压间隔时间不准确，扣 25 分	25	

续表

序号	评分项目	评分标准	配分	实际得分
4	安全防护	在任务的实施过程中，需注意的安全事项： ________ ________ ________ ________	10	
5	7S 管理	包括整理、整顿、清扫、清洁、素养、安全、节约： ________ ________	10	
6	检查评估	包括对整个工作过程和结果进行检查评估、针对出现的问题提出建设性的意见或建议： ________ ________ ________ ________	10	

注：各项内容中扣分总值不应超过对应各项内容所分配的分数。

学习笔记

项目9 电气火灾的扑救方法

任务9.1 用干粉灭火器灭火的操作方法

教学目标

知识目标

1）了解电气起火的原因。

2）掌握电气灭火的注意事项。

能力目标

能够用干粉灭火器进行灭火。

素质目标

通过学习分析电气火灾的原因，提高安全防患意识。

任务描述

对于厂矿企业，特别是对于有火灾危险的场所，应贯彻“以防为主，防消结合”的方针，积极采取有效的防火措施，根据企业场所的特点，配备必要的消防器材，而且人人都必须学会正确使用消防器材，当发生火灾时能够及时扑灭火灾，防止火灾的扩大蔓延，尽可能减少火灾造成的损失。

干粉灭火器适用于扑救易燃液体及气体的初起火灾，也可用于扑救带电设备的火灾，其中MFZ/ABC型还可用于扑救易燃固体的火灾。干粉灭火器广泛应用于油田、油库、工厂、商店、配电室等场所。

本任务的重点：干粉灭火器灭火的操作方法。

本任务的难点：找准最佳灭火位置和灭火点。

任务实施

1. 用干粉灭火器灭火的操作方法

干粉灭火器一般分为手提式和手推车式两种，如图 9.1 所示。

用干粉灭火器灭火的操作方法（视频）

（a）手提式

（b）手推车式

图 9.1 干粉灭火器

手提式干粉灭火器的使用方法如下。

1）检查干粉灭火器上的压力表。灭火前须打开消防箱顶盖，右手握着压把，将干粉灭火器提出消防箱，检查干粉灭火器上的压力表，观察压力表的指针是否指在绿色或黄色区域；否则不能用。

2）右手握着压把，左手托着灭火器的底部上下颠倒摇晃使干粉松动，如图 9.2 所示。快速跑到火灾现场。

3）右手握着压把，左手将压把手上的铅封拔掉，如图 9.3 所示。

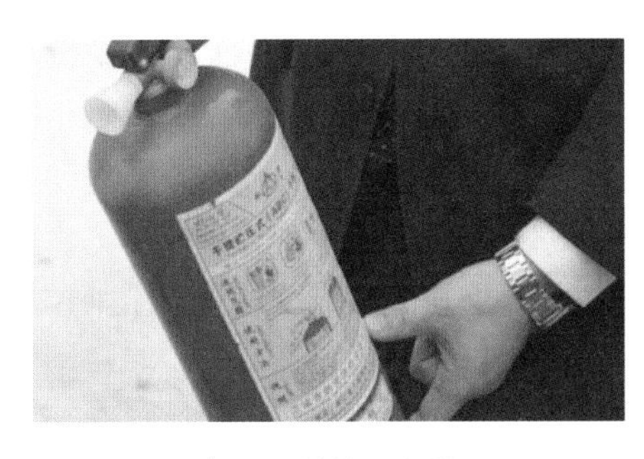

图 9.2 摇晃灭火器

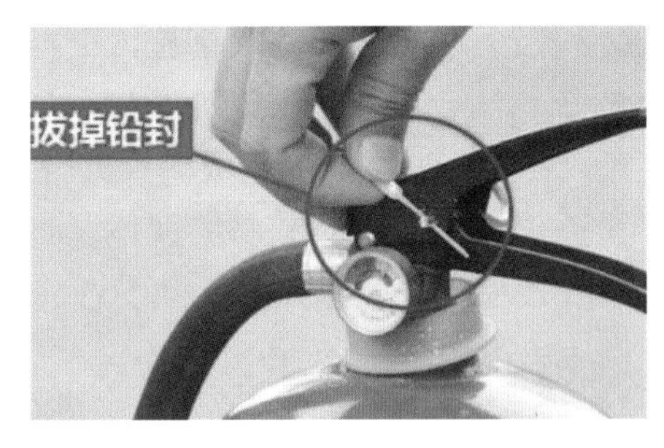

图 9.3 拔掉铅封

4）再用左手拉出另一侧的保险销，如图 9.4 所示。

5）距离火源 2 ～ 3m，左手握着喷管（无喷管的托灭火器的底部），右手用力压下压把，并始终不能放开，否则会中断喷射，喷嘴对准火焰的根部由远及近，向前平推，左右横扫，使喷射出来的干粉覆盖燃烧区，如图 9.5 所示。

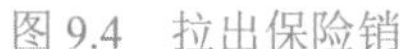

图 9.4　拉出保险销

图 9.5　喷嘴对准火焰根部喷射

2. 注意事项

1）在室外灭火时，要站在上风头。

2）灭火后，如在室内灭火，灭火后迅速打开门窗，快速离开现场，并密切观察火焰是否复燃。

相关知识

1. 干粉灭火器灭火剂主要成分

干粉灭火器灭火剂的主要成分有碳酸氢钠干粉、改性钠盐干粉、钾盐干粉、磷酸二氢铵干粉、磷酸氢二铵干粉、磷酸干粉和氨基干粉灭火剂等。

2. 干粉灭火器的灭火原理

干粉灭火器利用二氧化碳气体或氮气气体作动力，将筒内的干粉喷出，粉雾与火焰接触、混合时发生的物理、化学作用灭火。干粉中的无机盐的挥发性分解物，与燃烧过程中燃料所产生的自由基或活性基团发生化学抑制和副催化作用，使燃烧的链反应中断而灭火；干粉的粉末落在可燃物表面外，发生化学反应，并在高温作用下形成一层玻璃状覆盖层，从而隔绝氧气，进而窒息灭火。

3. 电气火灾的原因

（1）危险温度

在实际应用中，电气设备正常的发热是允许的。但当电气设备的正常运行遭到破坏时，发热量增加，温度升高，成为危险温度，在一定条件下可以引起火灾，如短路、过载、接触不良、铁芯发热、漏电、散热不良、机械故障、电热器具和照明灯具的工作时间太长，使电气设备过度发热超过危险温度，从而导致火灾或爆炸发生。

（2）电火花和电弧

电火花是电极间的击穿放电，而电弧是大量的电火花汇集而成的。电火花的温度很高，特别是电弧，温度可高达 3000 ～ 6000℃。因此，电火花和电弧不仅能引起可燃物燃烧，还能使金属熔化、飞溅，构成危险的火源。在有爆炸危险的场所，电火花和电弧更是十分危险的因素。

在生产和生活中，电火花是经常见到的。电火花大体包括工作火花和事故火花两类。

1）工作火花。

工作火花是指电气设备正常工作时或正常操作过程中产生的火花。例如，刀开关、断路器、接触器、控制器接通和断开线路时会产生电火花；直流电机电刷与整流子滑动接触处、交流电机电刷与滑环滑动接触处也会产生电火花；切断感性电路时，断口处将产生比较强烈的电火花等。

2）事故火花。

事故火花是指线路或设备发生故障时出现的火花。例如，电路发生故障，保险丝熔断时产生的火花；导线过松导致短路或接地时产生的火花。事故火花还包括由于外来原因产生的火花，如雷电火花、静电火花、高频感应电火花等。

电动机转子和定子发生摩擦（扫堂）或风扇与其他部件相碰也都会产生火花，这是由于碰撞引起的机械性质的火花。应当指出的是，灯泡破碎瞬时温度达 2000 ～ 3000℃的灯丝有类似火花的危险作用。

就电气设备着火来讲，外界热源也可能引起火灾或爆炸的危险。例如，变压器周围堆积杂物、油污，并由外界火源引燃，可能导致变压器喷油燃烧甚至爆炸事故。

电气设备本身，除油断路器、电力变压器、电力电容器、充油套管等充油设备可能爆裂外，一般不会出现爆炸事故。下列情况可能引起空间爆炸。

① 周围空间有爆炸性混合物，在危险温度或电火花作用下引起空间爆炸。

② 充油设备的绝缘油在电弧作用下分解和汽化，喷出大量油雾和可燃气体，引起空间爆炸。

③ 有发电机场所氢冷装置漏气、酸性蓄电池排出氢气等，形成爆炸性混合物，引起空间爆炸。

4. 电气灭火的注意事项

与一般火灾相比，电气火灾有两个显著的特点：一是着火的电气设备可能带电，扑灭时若不注意就会发生触电事故；二是有些电气设备充有大量的油（如电力变压器、多油断路器等），一旦着火，可能发生喷油甚至爆炸事故，造成火焰蔓延，扩大火灾范围。因此，根据现场情况，可以断电的应断电灭火，无法断电的则带电灭火。

（1）防止触电事故的发生

电气火灾发生后，电气设备和电气线路可能是带电的，如不注意，没有及时切断电源，扑救人员或所持器械接触带电部分，造成触电事故；使用导电的灭火剂喷射到带电部分，也可能造成触电事故；绝缘损坏或电线断落接地短路，使正常时不带电的金属构架、地面等部分带电，也可能导致接触电压或跨步电压触电的危险。

（2）切断电源的注意事项

1）火灾发生后，由于受潮或烟熏，开关设备绝缘能力降低，因此拉闸时最好用绝缘工具操作。

2）先拉负荷开关，后拉隔离开关，以免引起弧光短路。

3）切断电源的地点要选择适当，防止切断电源后影响灭火工作。

4）剪断电线时，不同相电线应在不同部位剪断，以免造成短路。剪断空中电线时，剪断位置应选择在电源方向的支持物附近，以防止电线剪断后断落下来造成接地短路和触电事故。

（3）带电灭火的注意事项

原则上要求不带电灭火，但有时为了争取灭火时间，防止火灾扩大，来不及断电；或因生产需要或其他原因不能断电，则需要带电灭火。带电灭火必须注意以下几点。

1）电气设备起火时，应尽快切断电源，如来不及切断电源，应选择二氧化碳、干粉灭火器灭火。禁止用泡沫灭火器或水灭火。

2）用水灭火时，宜采用喷雾水枪，这种水枪泄漏电流较小，带电灭火比较安全；用普通直流水枪时，要做好绝缘安全措施，如可将水枪喷嘴接地，也可穿戴绝缘手套、绝缘靴或穿均压服工作。

3）注意人与带电体之间的安全距离。用水枪时，水枪喷嘴与带电体的距离为：电压110kV及以上者不应小于3m；电压220kV及以上者不应小于5m。用灭火器时，身体、喷嘴至带电体的最小距离：10kV者不应小于0.4m，35kV者不应小于0.6m。

4）架空线路等空中设备进行灭火时，人体位置与带电位之间的仰角不应超过45°，以防导线断落危及灭火人员的安全。

5）如果带电导线断落在地面上，要划出一定的警戒区，防止跨步电压伤人。

6）充油电气设备灭火。如果只在设备外部起火，可用二氧化碳、干粉灭火器灭火；如火势较大，应切断电源，并可用水灭火；如油箱、喷油燃烧，火势很大时，除切除电源外，有事故储油坑的应设法将油放进储油坑，坑内和地上的油可用泡沫扑灭；要防止燃烧着的油流入电缆沟而顺沟蔓延，电缆沟内的油只能用泡沫覆盖扑灭。

7）旋转电机的灭火。发电机和电动机等旋转电机起火时，为防止轴和轴承变形，应避免绝缘受损，所以在灭火时要注意：慢慢转动电机转轴，用喷雾水枪扑灭火，并使其均匀冷却；也可用二氧化碳或者蒸汽灭火；不宜用干粉、砂子或泥土灭火，以免损坏电气设备的绝缘。

考核评价

1．理论知识考核（表9.1）

表9.1　用干粉灭火器灭火的操作方法理论知识考核评价表

班级		姓名		学号	
工作日期		评价得分		考评员签名	
1）简述用干粉灭火器灭火的操作方法。（30分）					

续表

2）简述用干粉灭火器灭火的注意事项。（20分）
3）简述发生电气火灾时如何防止触电事故。（20分）
4）简述带电灭火的注意事项。（30分）

2. 任务实施考核（表9.2）

表9.2 用干粉灭火器灭火的操作方法任务实施考核评价表

班级		姓名		最终得分	
序号	评分项目	评分标准		配分	实际得分
1	制订计划	包括制订任务，查阅相关的教材、手册或网络资源等，要求撰写的文字表达简练、准确：		10	
2	材料准备	列出所用的工具材料：		10	

续表

序号	评分项目	评分标准	配分	实际得分
3	实作考核	检查压力表指针所指区域，没有检查扣5分；指针指在红色区域仍用者，扣20分 提干粉灭火器到火源附近不会马上拔掉铅封者，扣5～10分 灭火时，忘记拔掉保险销，扣5～10分 操作错误导致人体触电，扣25分 没有站在上风头处灭火者，扣5分 距离火源太近或太远喷射者，扣5～10分 没有上下摇动灭火器瓶身使干粉松动者，扣5～10分	50	
4	安全防护	在任务的实施过程中，需注意的安全事项： __________ __________ __________ __________	10	
5	7S管理	包括整理、整顿、清扫、清洁、素养、安全、节约： __________ __________	10	
6	检查评估	包括对整个工作过程和结果进行检查评估、针对出现的问题提出建设性的意见或建议： __________ __________ __________ __________	10	

注：各项内容中扣分总值不应超过对应各项内容所分配的分数。

任务9.2　用二氧化碳灭火器灭火的操作方法

教学目标

知识目标

1）了解常用的灭火方法。

2）了解电气设备防火措施。

能力目标

能够用二氧化碳灭火器灭火。

素质目标

通过电气防火措施的学习，培养重视安全作业的习惯。

任务描述

与一般火灾相比，电气火灾有两个显著的特点：一是着火的电气设备可能带电，扑灭时若不注意就会发生触电事故；二是有些电气设备充有大量的油（如电力变压器、多油断路器等），一旦着火，可能发生喷油甚至爆炸事故，造成火焰蔓延，扩大火灾范围。因此，发生电气火灾时，要根据现场条件，可以断电的应断电灭火；无法断电的则带电灭火。灭火时应注意防止火焰蔓延扩大火灾范围，注意防止发生爆炸。二氧化碳灭火器可以带电灭火，并对设备造成的损坏最小。

本任务的重点：用二氧化碳灭火器对运行中的电机起火进行灭火。

本任务的难点：用二氧化碳灭火器灭火时，人裸露的身体和手不能碰到灭火器的瓶身。

任务实施

二氧化碳灭火器灭火的操作方法（视频）

1. 用二氧化碳灭火器灭火的操作方法

1）打开消防箱顶盖，右手握着压把，将灭火器提出消防箱。

2）右手握着压把，左手握着喇叭筒，跑到火灾现场。

3）拔掉铅封，再拔出保险销。

4）站在上风头，左手握着喇叭筒，双手和身体裸露部位不要接触灭火器的瓶身，以防冻伤。在距火焰 2m 左右的地方，右手用力压下压把，对着火焰根部喷射，并不断推前，直至把火焰扑灭。

2. 注意事项

二氧化碳灭火器使用注意事项：使用时，手和皮肤不要接触灭火器的瓶身及金属弯管，防止冻伤。使用二氧化碳灭火器扑救电器火灾时，如果电压超过 600V，应先断电后灭火。在室外使用二氧化碳灭火器灭火时，应选择在上风方向喷射。在室内窄小空间使用时，灭火后操作者应迅速打开门窗并快速离开现场，以防窒息。

相关知识

1. 二氧化碳灭火器灭火剂主要成分

二氧化碳灭火器灭火剂主要成分是液态二氧化碳。图 9.6 所示为常见的二氧化碳灭火器。

2. 用二氧化碳灭火器灭火的原理

二氧化碳灭火器瓶体内储存液态二氧化碳，当压下瓶阀的压把时，内部的液态二氧化碳便由虹吸管经过瓶阀到喷筒喷出，使燃烧区氧的浓度迅速下降，当二氧化碳达到足够浓度时火焰会窒息而熄灭，同时由于液态二氧化碳会迅速气化，在很短的时间内吸收大量的热量，因此对燃烧物起到一定的冷却作用，也有助于灭火。

图 9.6 二氧化碳灭火器

3. 用二氧化碳灭火器灭火的适用范围

二氧化碳灭火器是一种清洁、无毒，灭火后对环境、设备不造成任何污染的灭火器。适用于扑救易燃液体及气体的初起火灾以及600V以下的电器初起火灾，常应用于实验室、计算机房、变配电所以及对精密电子仪器、贵重设备或物品维护要求较高的场所。

拓展知识

1. 常用的灭火方法

（1）冷却灭火法

冷却灭火法是将灭火剂直接喷射到燃烧的物体上，以降低燃烧的温度于燃点之下，使燃烧停止；或者将灭火剂喷洒在火源附近的物质上，使其不因火焰热辐射作用而形成新的火点。简单来说，就是消除火源，使燃烧停止。

冷却灭火法是灭火的一种主要方法，常用水和二氧化碳作灭火剂冷却降温灭火。灭火剂在灭火过程中不参与燃烧过程中的化学反应。这种方法属于物理灭火方法。

（2）隔离灭火法

隔离灭火法是将正在燃烧的物质和周围未燃烧的可燃性物质隔离或移开，中断可燃物质的供给，使燃烧因缺少可燃物而停止。简单来说，就是使可燃物不存在，致使燃烧停止。具体方法有以下几个。

1）把火源附近的可燃、易燃、易爆和助燃物品搬走。

2）关闭可燃气体、液体管道的阀门，以减少和阻止可燃物质进入燃烧区。

3）设法阻拦流散的易燃、可燃液体。

4）拆除与火源相毗连的易燃建筑物，形成防止火势蔓延的空间地带。

（3）窒息灭火法

窒息灭火法是阻止空气流入燃烧区，或用不燃烧区、不燃物质冲淡空气，使燃烧物得不到足够的氧气而熄灭的灭火方法。简单来说，就是使助燃物不存在，致使燃烧停止。具体方法如下。

1）用沙土、水泥、湿麻袋、湿棉被等不燃或难燃物质覆盖燃烧物。

2）喷洒雾状水、干粉、泡沫等灭火剂覆盖燃烧物。

3）用水蒸气或氮气、二氧化碳等惰性气体灌注发生火灾的容器、设备。

4）密闭起火建筑、设备和孔洞。

5）将不燃的气体或不燃液体（如二氧化碳、氮气、四氯化碳等）喷洒到燃烧物区域内或燃烧物上。

2. 电气防火措施

防止发生电气火灾的措施，除了选用合理的电气设备外，还包括必要的防火间距、保持电气设备正常运行、保持通风良好、采用耐火设施、装设良好的保护装置等技术措施。

（1）消除或减小爆炸性混合物

消除或减小爆炸性混合物的主要技术措施如下。

1）采取封闭式作业，防止爆炸性混合物泄漏。

2）清理现场积尘，防止爆炸性混合物积累。

3）采取开放式作业或通风措施，稀释爆炸性混合物。

4）在危险空间充惰性气体或不活泼气体，防止形成爆炸性混合物。

5）设计下压室，防止爆炸性混合物侵入。

6）安装报警装置，当混合物中危险物品的浓度达到其爆炸下限的 10% 时，报警装置报警。

（2）保持防火间距与隔离

选择合理的安装位置，保持必要的安全间距也是防火防爆的一项重要措施。电气装置特别是高压、充油的电气装置，应与爆炸危险区域保持规定的安全距离。变、配电站不应设在容易沉积可燃粉尘或可燃纤维的地方。天车滑触线的下方，不应堆放易燃物品。

隔离是将电气设备分室安装，并在隔墙上采取封堵措施，以防止爆炸性混合物流入。电动机隔墙传动、照明灯隔玻璃照明等都属于隔离措施。为了防止电火花或危险温度引起火灾，开关、插销、熔断器、电热器具、照明器具、电焊设备、电动机等均应根据需要，适当避开易燃物或易燃建筑构件。

10kV 及以下的变、配电室不应设在爆炸危险场所的正上方或正下方；变、配电室与爆炸危险场所或火灾危险场所毗连时，隔墙应是非燃材料制成的。

（3）消除引燃源

消除引燃源主要有以下几种措施。

1）按爆炸危险环境的特征和危险物的级别、组别选用电气设备和设计电气线路。

2）保持电气设备和电气线路安全运行。安全运行包括电流、电压、温升和温度不超过允许范围，以及绝缘良好、连接和接触良好、整体完好无损、清洁、标志清晰等。

3）在爆炸危险环境应尽量少用携带式设备和移动式设备，一般情况下不应进行电气测量工作。

（4）危险场所接地和接零

在爆炸危险场所，除生产上有特殊要求的以外，一般场所不要求接地（或接零）的部分仍应接地（或接零）。如在不良导电地面处，交流电压 380V 及以下、直流电压

440V 及以下的电气设备正常时不带电的金属外壳，还有直流电压 110V 及以下、交流电压 127V 及以下的电气设备，以及敷设有金属包皮且两端已接地的电缆用的金属构架，这些电气设备在正常干燥场所允许不采取接地或接零措施，但在爆炸危险环境，仍应接地或接零。

1）整体性连接。

在危险场所内的所有不带电金属，必须接地（或接零）并连接成连续整体，以保持电流途径不中断；接地（或接零）干线宜在爆炸危险场所不同方向不少于两处与接地体相连，连接要牢靠，以提高可靠性。

2）保护导线。

单相设备的工作零线应与保护零线分开，相线和工作零线均应装设短路保护装置，并装设双极开关同时操作相线和工作零线。保护导线的最小截面：铜线不得小于 $4m^2$，钢线不得小于 $6m^2$。

3）保护方式。

在不接地电网中，必须装设一相接地时或严重漏电时能自动切断电源的保护装置或能发出声、光双重信号的报警装置。在中性点直接接地的电网中，最小单相短路电流不得小于该段线路熔断器额定电流的 5 倍或自动开关瞬时（或短延时）动作过电流脱扣器整定电流的 1.5 倍。

3. 火灾逃生自救法

（1）第一要诀：熟悉环境，牢记出口

当你身处陌生环境，特别是室内大型场所，如商场、电影院、歌厅、酒店等大型建筑物时，为自身安全，务必留意疏散通道、安全出口及楼梯方位等，以便关键时刻能迅速找到安全出口，尽快逃离危险现场。

请记住：安全无事时要居安思危，给自己预留一通道。

（2）第二要诀：通道出口，畅通无阻

楼梯、通道、安全出口等是火灾发生时最重要的逃生之路，应保证畅通无阻，切不可堆放杂物或设闸上锁，以便紧急时能安全迅速通过。

请记住：自断后路，必死无疑。

（3）第三要诀：扑灭小火，惠及他人

当发生火灾时，如果发现火势不大，且尚未对人造成很大威胁，当周围有足够的消防器材（如灭火器、消防栓等），应奋力将小火控制、扑灭，千万不要惊慌失措地乱叫乱窜，置小火于不顾而酿成大灾。

请记住：争分夺秒，扑灭“初期火灾”。

（4）第四要诀：保持镇静，明辨方向，迅速撤离

突遇火灾，面对浓烟和烈火时，首先要强令自己保持镇静，迅速判断危险地点和安全地点，决定逃生的办法，尽快撤离险地。千万不要盲目地跟从人流相互拥挤、乱冲乱窜。撤离时要注意往明亮或外面空旷地方跑，要尽量往楼下面跑，若通道已被烟

火封阻，则应背向烟火方向离开，通过阳台、气窗、天台等往室外逃生。

请记住：人只有沉着镇静，才能想出好办法。

（5）第五要诀：不入险地，不贪财物

身处险境，应尽快撤离，不要因害怕或顾及贵重财物，而把逃生时间浪费在寻找搬离贵重物品上。已经逃离险境的人员，切莫重返险地，自投罗网。

请记住：留得青山在，不怕没柴烧。

（6）第六要诀：简易防护，蒙鼻匍匐

逃生时如经过充满烟雾的路线，要防止烟雾中毒，预防窒息。为了防止火场浓烟呛入，可采用毛巾、口罩蒙鼻，匍匐撤离的办法，烟气较空气轻而飘于上部，贴近地面撤离是避免烟气吸入、滤去毒气的最佳方法。穿过烟火区，应佩戴防毒面具、头盔、阻燃隔热服等护具，如无这些护具，可向头部、身上浇冷水或用湿毛巾、湿棉被或湿毯子等，将头、身裹好再冲出去。

请记住：多件防护工具在手，总比赤手空拳好。

（7）第七要诀：善用通道，莫入电梯

规范设计的建筑物，都会有两条以上的逃生楼梯通道或安全出口。发生火灾时，要根据情况选择进入相对较为安全的楼梯通道，除可以采用的楼梯外，还可以利用建筑物的阳台、窗台、天面、屋顶等攀到周围的安全地点，沿着下水管、避雷线等建筑物结构中凸出物滑下也可以脱险。在高层建筑中发生火灾时，千万不要乘电梯逃生，因为电梯会随时断电或因热变形而使人被困，同时各层的烟雾都能进入电梯井，会直接威胁被困人员。

请记住：逃生时候，乘电梯极危险。

（8）第八要诀：缓降逃生，滑绳自救

高层、多层公共建筑内一般有高空缓降器或救生绳，可以利用它们脱离危险楼层，如没有这些救生设备，则可以利用身边的绳索或床单、窗帘、衣服等自制简易救生绳并用水打湿，从窗台或阳台沿绳缓滑到下面楼层或地面。

请记住：胆大心细，救命绳就在身边。

（9）第九要诀：避难场所，固守待援

假如用手摸房门已感到烫手，此时一旦开门，火焰与浓烟势必迎面扑来，逃生通道被切断，且短时间内无人救援，这时可采取创造避难场所，固守待援的办法。首先应关紧迎火的门窗，打开背火的门窗，用湿毛巾、湿布塞堵门缝或用水浸湿棉被蒙上门窗，然后不停用水淋透，防止烟火渗入，固守房内，直到救援人员到达。

请记住：坚盾可惧利矛。

（10）第十要诀：缓晃轻抛，寻求援助

逃生通道被切断，被迫在避难场所待援的时候，除了固守以外，还要及时通知其他人前来救援。此时，应迅速用通信设备拨打 110 或 119 报警，如无通信设备，可用深色的布（白色或红色）伸出窗台缓晃、向楼下轻抛衣服、毛巾、布片等轻物，寻求他人援助。

请记住：充分暴露自己，才能争取有效拯救自己。

（11）第十一要诀：火已及身，切勿惊跑

身上着了火，千万不可惊跑或用手拍打，应赶紧设法脱衣或就地打滚，压灭火苗，跳入水中或向身上浇水、喷灭火剂更好更有效。

请记住：就地打滚虽狼狈，烈火焚身可免除。

（12）第十二要诀：跳楼有术，虽损求生

跳楼逃生也一法，但应注意，只有消防人员准备好救生气垫并跳楼时或楼层不高（一般4层以内），非跳楼即烧死的情况下，才采用此法。跳时也要讲技巧，尽量往气垫中部跳，或选择有水池、软雨篷、草地等方向跳，如有可能，要尽量抱些棉被、沙发垫等松软物品或打开大雨伞跳，以减缓冲击力。如果徒手跳楼，一定要扒窗台或阳台，使身体自然下垂跳下，以尽量降低垂直距离，落地前要双手抱紧头部，身体弯曲成一团，以减少伤害。

请记住：跳楼不等于自杀，关键是要有办法。

考核评价

1．理论知识考核（表9.3）

表9.3 用二氧化碳灭火器灭火的操作方法理论知识考核评价表

班级		姓名		学号	
工作日期		评价得分		考评员签名	
1）简述用二氧化碳灭火器灭火的操作方法。（30分）					
2）简述用二氧化碳灭火器灭火的注意事项。（20分）					
3）简述电气防火措施。（50分）					

2. 任务实施考核（9.4）

表 9.4 用二氧化碳灭火器灭火的操作方法任务实施考核评价表

班级			姓名		最终得分	
序号	评分项目	评分标准			配分	实际得分
1	制订计划	包括制订任务、查阅相关的教材、手册或网络资源等，要求撰写的文字表达简练、准确： ________ ________ ________			10	
2	材料准备	列出所用的工具材料： ________ ________			10	
3	实作考核	检查指针所指区域，没有检查扣 5 分；指针指在红色区域仍用者，扣 20 分 到火源附近不会马上拔掉铅封者，扣 5 ～ 10 分 忘记拔掉保险销，扣 5 ～ 10 分 操作错误导致人体触电，扣 25 分 没有站在上风头处灭火者，扣 5 分 距离火源太近或太远喷射者，扣 5 ～ 10 分 手或裸露的身体碰到灭火器的瓶身，扣 10 ～ 20 分			50	
4	安全防护	在任务的实施过程中，需注意的安全事项： ________ ________ ________ ________			10	
5	7S 管理	包括整理、整顿、清扫、清洁、素养、安全、节约： ________ ________			10	
6	检查评估	包括对整个工作过程和结果进行检查评估、针对出现的问题提出建设性的意见或建议： ________ ________ ________ ________			10	

注：各项内容中扣分总值不应超过对应各项内容所分配的分数。

参 考 文 献

范银华，等，2007．电工安全技术 [M]．广州：广东省安全生产宣传教育中心．
刘积标，黄西平，2007．电工技术实训 [M]．广州：华南理工大学出版社．
潘伟，蔡幼君，2017．电工技术实训 [M]．北京：中国铁道出版社．
杨有启，2006．电工 [M]．2 版．北京：中国劳动社会保障出版社．
张伯虎，2020．经典电工电路 [M]．北京：化学工业出版社．
左丽霞，李丽，2006．实用电工技能训练 [M]．北京：中国水利水电出版社．